赵口大型灌区工程效益
分析与研究

师现营　罗福生　主编

黄河水利出版社
·郑州·

图书在版编目(CIP)数据

赵口大型灌区工程效益分析与研究/师现营,罗福生主编. —郑州:
黄河水利出版社,2021.6
ISBN 978-7-5509-3004-9

Ⅰ.①赵… Ⅱ.①师…②罗… Ⅲ.①灌区-水利工程-研究-河南
Ⅳ.①TV632.61

中国版本图书馆 CIP 数据核字(2021)第 114305 号

出 版 社:黄河水利出版社   网址:www.yrcp.com
   地址:河南省郑州市顺河路黄委会综合楼 14 层 邮政编码:450003
发行单位:黄河水利出版社
   发行部电话:0371-66026940、66020550、66028024、66022620(传真)
   E-mail:hhslcbs@126.com
承印单位:河南新华印刷集团有限公司
开本:787 mm×1 092 mm 1/16
印张:13.5
字数:418 千字   印数:1—1 000
版次:2021 年 6 月第 1 版   印次:2021 年 6 月第 1 次印刷

定价:100.00 元

《赵口大型灌区工程效益分析与研究》
编 委 会

序

　　赵口大型灌区是河南省粮食生产核心区建设规划重点项目,灌区工程始建于1970年,续建配套与节水改造工程设计灌溉面积366.5万亩。灌区二期工程是河南省委、省政府贯彻落实习近平总书记"节水优先,空间均衡,系统治理,两手发力"的治水思路而谋划的"四水同治"十大工程之一,是国家172项重大节水供水工程之一,并且是纳入全国新增1 000亿斤粮食生产能力规划的重点水利项目。赵口大型灌区位于河南省中东部黄河南岸平原,灌区所属流域为淮河流域。工程建成后,能够有效贯通豫东平原的渠道和河沟,实现黄淮连通,有效提升输水能力,进一步改善豫东地区水生态环境。可实现年新增引黄水量2.37亿 m³,同时向郑州、开封、周口、许昌、商丘五个市的中牟、尉氏、通许、鹿邑、鄢陵等13个县(区)供水,极大地提升区域水资源配置能力。新增灌溉面积220.5万亩,总灌溉面积达到587万亩,是河南省第一大灌区,全国第四大灌区,年新增粮食4亿斤以上,切实提高河南省粮食综合生产能力。

　　赵口灌区二期工程,将治理河道263 km,改建渠道31条,扩挖清淤河沟28条,有效提升输水能力,提供年生态用水950万 m³,年均压采浅层地下水3 580万 m³,增加排涝面积1 400 km²,还可向涡河、惠济河进行生态补水,解决隋唐大运河国家文化公园建设缺水问题。赵口大型灌区工程建设完成投入运行后,必将对当地区域的工农业生产、社会经济、自然环境、生态环境、推动黄河流域生态保护和高质量发展等产生积极的作用。

　　《赵口大型灌区工程效益分析与研究》是一部大型灌区综合效益分析书。该书通过对赵口灌区建设工程的经济、社会及生态环境等指标进行经济、社会、生态环境等各方面的效益分析与研究,建立大型灌区工程综合评价的最佳评价指标体系与评估方法,建立灌区效益评价理论、选择合适的灌区效益评价方法并应用于灌区效益评价实践,进一步完善和发展大型灌区工程的效益分析与综合评价理论。

　　河南省赵口灌区续建配套与节水改造工程建设管理局编写的这本书,条理清晰,结构合理,内容翔实,理论由浅入深,并穿插图表,阅读理解方便,是一部实用性、知识性、科学性为一体的灌区水利参考丛书。该书具有较高的理论、工程实践和学术参考价值,丰富了河南省灌区建设投资综合效益分析方面的技术宝库,对提高大型灌区工程效益分析和综合评价有重要的参考价值,不仅对河南省乃至全国的大型灌区工程项目投资决策有着重要的借鉴作用,也可为后期的水利工程设计、管理与施工人员提供技术参考。

刘正才

2021年3月

前　言

　　赵口灌区担负着国家粮食生产基地豫东平原的农业灌溉任务,实施中的河南省赵口灌区二期工程是国家新增1 000亿斤粮食生产能力规划项目,是国家172项重大水利工程之一;赵口灌区的工程建设是豫东区域经济发展的重要支撑,是豫东平原的一项民生工程。豫东灌区的水源、输配水和灌溉系统构成了区域水资源配置的基本格局,在担负着农田灌溉任务的同时,还兼有向城乡生活和企业供水的功能。随着城镇化水平的不断提高以及社会主义新农村建设的不断推进,赵口灌区在豫东区域、流域水资源配置和城镇、新农村建设中的作用将越来越重要。另外,赵口灌区在促进黄河流域生态保护和高质量发展战略方面也有着特别重要的影响,对缓解当地缺水问题,以及带动当地工农业经济发展有着重要意义,对我国的区域经济发展以及人们的安居乐业具有积极的作用。

　　赵口灌区自建设以来,历经40多年的运用和灌区续建配套与节水改造及灌区二期工程建设,灌区面积逐渐扩大,设施逐步在完善,供水灌溉体制逐步在形成。已基本完成了渠系配套及节水改造的工程体系,并初步形成了一套灌溉管理体系。自1972年赵口灌区开灌以来,有效实施灌溉面积达300多万亩;累计引水约90亿 m^3,灌溉、补源面积达1亿万亩次;年新增当地区域总效益2 463.8万元。灌区承担着农业灌溉、防洪、分洪、排涝、沉沙改土、防治盐碱、补给地下水、改善豫东地区生态环境等任务。灌区充分利用黄河水资源为工农业生产服务,改变灌区面貌,增强农业后劲,促进工农业生产发展,提高人民生活质量。取得了明显的经济效益和社会效益,保障了国家粮食安全,逐步发展成为河南省最重要的粮食产区之一,对促进灌区农、林、牧、副、渔业全面发展,为该地区工农业生产的经济振兴,改善人民生活提供了保障作用,为黄河流域生态保护以及高质量发展战略方面起到了积极的推动作用。

　　为了全面、客观地分析赵口大型灌区续建配套与节水改造工程和二期工程实施的效果,总结及推广经验。本书从赵口灌区续建配套与节水改造工程和二期工程的实际出发,在查阅国内外大量相关文献资料的基础上,采用理论研究、调查分析、数据统计,结合实际对该项目进行了经济效益、社会效益及环境生态效益等各方面的分析与研究,并更新观念,结合黄河流域生态保护以及高质量发展战略,树立灌区效益评价可持续的全新价值观,实现从工程水利向资源水利、从传统水利向现代水利与水利可持续发展的转变,进行了全面的综合评价;建立了大型灌区工程综合评价的最佳评价指标体系与评估方法,建立灌区效益评价理论,选择合适的灌区效益评价方法并应用于灌区效益评价实践,进一步完善和发展大型灌区工程效益分析与综合评价理论。

　　本书共分七章,第1章、第2章叙述了赵口灌区的布置、工程建设及在区域中的地位和作用;第3章提出了灌区效益评价的发展历程及理论基础和主要研究内容;第4章、第5章及第6章针对赵口灌区续建配套与节水改造工程和二期工程,根据经济、社会及环境生态等指标进行经济、社会、环境生态等各方面的效益分析与研究,建立大型灌区工程综合评价的最佳评价指标体系与评估方法及灌区效益评价理论,选择合适的灌区效益评价方法并应用于灌区效益评价实践,进一步完善和发展大型灌区工程的效益分析与综合评价理论。第7章科学地总结了赵口灌区效益分析与研究的成果,并对未来提出展望和建议。

　　全书以文为主,图、表、照片分别穿插于各章节中,力求图文并茂,资料翔实,数据准确,理论先进,基础可靠,方法正确,分析技术线路得当,使其能够较为详尽地反映赵口大型灌区投资运用及效益使用情况。全书集知识性、基础性、现代性、专业性、指导性于一体,深入浅出,立意新颖,内容翔实丰富,具有较高的学术价值。希望能成为未来从事灌区水利建设投资项目决策的参考依据,以及未来为从事水利工程投资效益分析的设计人员、管理人员及施工人员提供资料借鉴。

　　本书在编制过程中,河南省水利厅领导和专家给予了悉心指导;另外,本书在编制过程中参考了相关类似效益分析的专著、论文,在此一并表示感谢。

　　书中如有不当之处,敬请广大读者批评指正。

编　者

2021 年 3 月

目　录

第1章　赵口灌区概况

1.1　赵口灌区基本情况

河南省赵口灌区位于河南省中东部黄河南岸平原,北纬33°40′~34°54′,东经113°58′~115°30′,北以黑岗口、三刘寨、狼城岗干渠为界;南面以涡河干流、通许与扶沟、尉氏与鄢陵县为界;西以总干渠、西干渠和西三分干渠为界;东至惠济河干流、开封、通许与杞县为界。工程地理位置如图1-1所示。

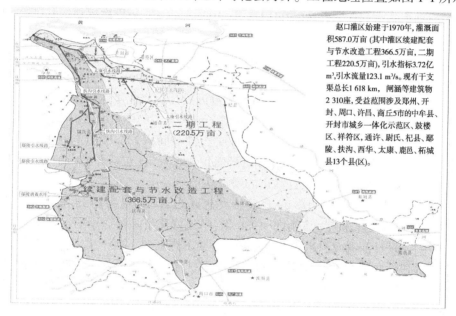

赵口灌区始建于1970年,灌溉面积587.0万亩(其中灌区续建配套与节水改造工程366.5万亩,二期工程220.5万亩),引水指标3.72亿m³,引水流量123.1 m³/s。现有干支渠总长1 618 km,闸涵等建筑物2 310座,受益范围涉及郑州、开封、周口、许昌、商丘5市的中牟县、开封市城乡一体化示范区、鼓楼区、祥符区、通许、尉氏、杞县、鄢陵、扶沟、西华、太康、鹿邑、柘城县13个县(区)。

注:1亩=1/15 hm²,下同。

图1-1　赵口灌区工程地理位置

河南省赵口灌区地域涉及郑州、开封、周口、许昌、商丘5个市的中牟、尉氏、通许、鹿邑、鄢陵等13个县(区)。灌区总土地面积5 869.1 km²,设计灌溉面积587.0万亩,是河南省最大的灌区。于1970年动工兴建,1972年开始引水,经过了40多年的开发建设,灌区面积逐渐扩大,承担着农业灌溉、防洪、分洪、排涝、沉沙改土、防治盐碱、补给地下水、改善豫东地区生态环境等任务。其中,列入续建配套与节水改造一期工程规划面积为366.5万亩,二期工程面积220.5万亩,有效灌溉面积366.5万亩,主要种植作物为小麦、玉米、棉花,复种指数185。

赵口灌区骨干渠道为灌排合一渠道,灌区内河流、沟渠众多,主要骨干河流有涡河、惠济河和贾鲁河等,均沿着地势自西北流向东南。另外,灌区内还有排灌合一的干沟(河)(流域面积大于100 km²)30多条,支沟河(流域面积10~100 km²)40多条,干支沟(河)与干支渠(沟)道纵横交错,已形成能灌能排的渠沟(河)网络,水资源丰富,灌区自1972年开灌以来,累计引水约90亿m³,灌溉、补源面积达1亿亩次,赵口灌区为当地的工农业生产及减轻自然灾害,提高区域内人民群众的生活水平,对该地区工农业生产的发展和经济的振兴等发挥着重要作用。

1.1.1　灌区建设历程

赵口灌区的前身为1985年的"东风干渠"灌区,规模很大,规划还有航运功能。根据规划,该灌区由花园口引水,通过东风干渠输水至贾鲁河,再分别送入东一干、东二干、东三干等,后因东三干、西三干与贾鲁河已经挖通,在干旱时可以引用贾鲁河内的城市污水及上游退水,使该工程中途夭折。1970年经水利部批准,在位于中牟县的赵口兴建引黄闸,并开挖总干渠,与东一干、东二干连接,形成赵口灌区,并被列为引黄放淤试点工程,同年4~11月建成赵口引黄渠首闸,并相继建成一批关键性工程,如秫米店节制闸、穿陇海铁路大胖倒虹吸等。20世纪70年代的灌区几乎没有支渠,多在干渠建口门或扒口放水淤地,80年代初根据水利厅安排,又对赵口总干渠进行扩建。

1975年起,引黄淤灌区渠系和建筑物工程陆续兴建,总干渠工程先按设计流量50 m³/s兴建,建筑物工程按110 m³/s建成,其后又相继兴建了仓寨支渠、北干、东一干、东二干、朱仙镇、刘元砦、范村等分干渠及一些支、斗渠和淤区工程,并初步治理了马家沟、干排等主要退水河道以及相关的排水沟河,使赵口引黄淤灌区初具规模。1977年开始进行放淤,效益十分显著。

1984~1987年在执行"世界粮食计划署援助项目"期间,以清淤为主,逐渐修建了一些大断面的支渠及被淤土地的围堰,但仍未完全解决扒口灌淤的现象。

1984年9月,河南省水利勘测设计院在1975年、1976年、1979年历次规划的基础上,提出了《赵口引黄灌区规划(修订本)》,确定最终灌溉面积228万亩,放淤面积75万亩;1987年11月河南省水利勘测设计院完成了赵口灌区一期工程设计;1989年5月河南省水利勘测设计院编制完成了赵口灌区可行性研究报告,最终确定灌溉面积230万亩,放淤面积23.12万亩;1990年3月河南省水利勘测设计院完成了赵口灌区工程初步设计;1991年3月河南省水利勘测设计院完成了赵口灌区二期工程设计。二期工程设计灌溉面积572万亩,地域涉及郑州、开封、周口、许昌4市的中牟、开封、尉氏、通许、杞县、太康、鹿邑、西华、扶沟、鄢陵10县及开封市金明区。其中,充分灌溉面积236万亩(包括开封市的开封、通许、尉氏3县及开封市郊区的少部分地区),非充分灌溉面积336万亩(包括开封市的杞县,尉氏的小部分面积,周口市的太康、扶沟、西华、鹿邑及许昌市的鄢陵县)。

两次大规模灌淤的成品地共16万多亩,已将沙漠盐碱低洼地改造为良田,灌淤活动止于1987年。20世纪80年代灌淤活动频繁,抗旱灌溉始于1988年,当年修建了陈留分干渠。1988年水利厅又对赵口灌区实施一期工程,设计灌溉面积达到230万亩。一期工程新建了西干渠,与东三干、西三干连接起来,在总干渠朱固处建设西干渠进水闸;将原刘元砦分干扩建为东二干。1991年实施世界银行贷款项目,项目范围是开封县❶、尉氏县、通许县。项目内容主要为东三干、西三干、西三分干等老干渠建筑物大部分重建;高砦、赵坟、郭厂、坚岗等分干渠、支渠新建,以及部分老支渠、50万亩等配套工程,至1992年赵口灌区大框架基本形成。

由于周口、许昌两市多次向河南省水利厅请示,强烈要求加入赵口灌区,引水愿望迫切,1989年河南省水利厅委托设计院对赵口灌区重新规划,正式将周口、许昌2市纳入灌区,规划面积572万亩,该规划于1997年得到河南省水利厅批复(河南省水利厅以豫水计字〔1997〕236号文批复)。

1999年12月,河南省水利勘测设计院编制完成《河南省赵口引黄灌区续建配套与节水改造规划》(简称"99规划"),该规划于2000年通过水利部审查,并以水规计〔2001〕514号文批复续建设计灌溉面积为366.5万亩,确定赵口灌区工程等别为Ⅰ等,工程规模为大(1)型。该项目于2007年6月,经国家发展和改革委员会及水利部批准实施,总投资9.75亿元,其中省直赵口总投资共4.23亿元。

2015年7月13日,水利部以《关于赵口引黄灌区二期工程规划的批复》(水规计〔2015〕291号)批复赵口引黄灌区二期工程设计灌溉面积220.5万亩;2019年11月15日,河南省水利厅以《河南省水利厅准予水行政许可决定书》(豫水许准字〔2019〕234号)批复工程初步设计报告,批复概算总投资(规划投资)38.88亿元。该工程于2019年12月开工建设,工期2年。

1.1.2　灌区水文地质情况

1.1.2.1　气象水文

灌区属季风型大陆性气候,多年平均降雨量700 mm,降雨量年际变化大,75%设计保证率时为

---

❶　2014年,开封县更名为祥符区,属开封市,后同。

544.2 mm,多雨年可达 1 051 mm,少雨年可达 318 mm。降雨量年内分配很不均匀,7、8、9月三个月占全年降雨量的55%。多年平均蒸发量 1 320 mm,为多年平均降雨量的2倍。灌区内光能资源充足,据资料统计年平均日照数 2 392 h,日照百分率为54.6%。年均太阳辐射总量为120.23 kW/cm²,光合有效辐射量为59.07 kW/cm²。日平均气温大于或等于10 ℃,光合有效辐射量为41.3 kW/cm²,占全年有效辐射的69.92%,可为作物生长提供充足的光能资源。

本灌区热量资源比较丰富,多年平均气温为14.1 ℃,一般变化在13~15.1 ℃。无霜期年平均为217 d,最长年份达261 d,最短年份178 d。初霜期一般在10月30日前后,终霜期在3月30日前后。

灌区地下水主要来源靠降雨补给,在沿黄大堤背洼地也有黄河渗透补给,近十年来,由于引黄放淤和灌溉,灌区北半部地下水埋深在1.5~2.5 m,局部地方为1.1 m;南半部由于天气干旱,超采提灌地下水,其地下水位普遍下降,埋深一般在5~7 m,且降落的深度及范围在逐年扩大。

灌区内干旱、洪涝、风沙、雹霜和盐碱等自然灾害时有发生,旱灾以初夏出现概率最多,春季次之,秋旱、伏旱亦有发生。涝灾多发生在汛期,来势迅猛,且危害严重,旱涝灾害仍为灌区内主要灾害,也是制约灌区工农业生产和影响人民生活的主要因素。

1.1.2.2 水文地质

由于黄河多次决口南泛,微地形起伏大,局部地区岗洼相间,沙丘连绵。灌区北部大部分为沙壤土,部分为沙土;南半部大部分为壤土,少部分为沙壤土;有盐碱地33.5万亩。灌区水文地质条件较好,富水区(单井出水量10~30 t/h)约占总面积的87%;贫水区(单井出水量小于5 t/h)约占总面积的13%,主要分布在通许县东南部。

1.1.2.3 地形地貌

河南省赵口灌区为黄泛平原,地势由西北向东南倾斜,地面坡降1/3 000~1/5 000。灌区内大地平坦,但由于历史上黄河多次决口南犯,近代黄河泛滥历史,不仅对本区全新统地层的发育起重要作用,而且直接影响到本区的微地貌形态,使得灌区内总体地形较为平坦,局部地段受河流切割影响,微地形起伏较大,具有明显的坡、平、洼。本区按地貌形态可划分为黄河漫滩区和黄河冲积平原区。其中,黄河漫滩区分布在灌区北部黄河大堤以内,地面高程82~87 m,为黄河近代冲积物。靠近大堤为高漫滩,靠近河流处为低漫滩。黄河冲积平原区,西北高东南低,大部地形平坦,局部受河流、冲沟切割形成沟谷微地貌。

1.1.3 灌区工程建设情况

1.1.3.1 渠首

赵口灌区渠首位于黄河右岸桩号42+500(中牟县万滩乡弯道凹岸顶冲)处,建于1970年,共16孔,每孔高2.5 m,宽2.56 m,闸底高程82.7 m,设计闸前水位86.80 m,闸后水位85.85 m,设计引水流量215 m³/s。该闸左边一孔引水流量15 m³/s入狼城岗干渠,右边三孔引水流量40 m³/s入三刘砦灌区灌首,其余12孔引水流量150 m³/s入赵口总干渠。

1.1.3.2 灌溉渠系

灌区规划总干渠1条,长27.545 km;干渠4条,分干渠11条;总长313.98 km;支渠88条,总长458.61 km。

1.总干渠

总干渠全长27.545 km,远期设计流量150 m³/s,近期设计流量110 m³/s,总干渠在秫米店节制闸(20+370)以上按90 m³/s、以下按70 m³/s设计断面,现有建筑物按110 m³/s建成。其下设北干渠、东一干渠、东二干渠、西干渠。

2.北干渠

北干渠从总干渠秫米店节制闸(20+370)开始,全长7.9 km,控制面积3.4万亩,设计流量1.84 m³/s。

3.东一干

东一干利用1958年兴建的老引黄渠道加以培修,改建配套而成。东一干原开口于大胖节制闸上游

400 m处,由于进水口远离节制闸、进水闸,加上上段水流方向不顺,1995年2月开封县对东一干上段进行了改道。东一干上段改道段从王庄支渠进口处(27+456)起,途径王庄村北、安墩寺村北,在郑汴公路北150 m处与原东一干相汇,全渠长26.9 km,控制面积11.24万亩,设计流量6.4 m³/s。

4.东二干

东二干从大胖节制闸起,向东南至扇车李折向东,经老饭店、刘元砦再折向东南至通许县小城,全长36.9 km,设计流量60.55 m³/s,控制灌溉面积103.648万亩。目前,东二干渠分四个流量段:①渠首至老饭店(13+465)长13.5 km,输水能力为40 m³/s;②老饭店(13+465)至刘元砦(19+673)段长6.2 km,过水能力为30 m³/s;③刘元砦(19+673)至余元(27+800)段长8.1 km,设计流量为33.45 m³/s;④余元(27+800)至小城(36+947)段长9.1 km,设计流量为15 m³/s。沿途有节制闸7处:老饭店、刘元砦、孙庄、张坟、余元、荆柯、小城。

5.西干渠

西干渠自总干渠朱固节制闸以上引水,向南经过东西吴庄、老弯嘴于仓寨穿陇海铁路和郑汴公路后进入开封县境,经孙口、高寨、徐口、郭厂、史岗、南岗等村庄,全长28.2 km,灌溉运粮河和涡河本干渠以西的开封、通许、尉氏三县,灌溉面积108万亩,其中自流灌溉48万亩,提灌面积60万亩,设计流量69.66 m³/s。

西干渠下设赵坟分干、高寨分干、郭厂分干、东三干、东三南干、东三北干、竖岗分干、西三干以及西三分干等9条干渠。其中,赵坟、高寨、郭厂三条分干渠按现在规划面积不满足设计要求的分干渠规模,为了与一期工程名称吻合,故不再变动。

1.1.3.3 排水沟系

灌区主要排水河道为涡河及其支流,其次是贾鲁河和惠济河。惠济河已于1977年冬按5年一遇除涝标准治理。流域面积在100 km²以上的主要排水河道有运粮河、孙城河、马家河、上惠贾渠、下惠贾渠、涡河故道、百邸沟、小清河、标台沟、康沟河、马家河等11条,其中百邸沟和马家河已达5年一遇排涝标准,上东一干排为新规划干沟,因此尚需治理和新开挖的干沟共有10条,长283.64 km。

支沟是根据支渠的规划布置,利用天然支沟或新规划支沟,使排水沟自成系统,可随时排除降雨形成的地面径流,同时排水沟可接纳灌溉退水,全灌区共布置支沟75条,灌排合一渠沟21条,共96条,全长638.08 km。

1.1.3.4 沉沙池工程

赵口灌区有较好的沉沙条件,有大面积沉沙的地方。沉沙池位置主要在总干渠两侧,陇海铁路以北,西干渠以东,共规划有七处沉沙池,总面积达84.39 km²。已建成有第一沉沙池第一条池,长约9.865 km,宽265~785 m,面积4.9 km²,沉沙容量600万m³。

1.1.4 灌区管理情况

1.1.4.1 组织管理

赵口灌区实行分级管理、分级负责、专管与群管相结合的管理模式,支渠以上渠道由专管机构直接管理,支渠及其以下工程由受益乡、村群管组织负责。

1.1.4.2 用水管理

灌区水管单位不直接收取水费。水费一直由县财政代收,县政府通过每年夏粮征收、秋粮征收来代征水费。用水户以夏粮、秋粮的方式,折合成水费上缴粮食征收部门,县政府掌握水费管理使用权。灌区水费征收形式有以下两种:

(1)县以下按亩收费,灌区各县收费标准不一,一般每亩每年收6~10元不等。

(2)市级以上管理单位按方收费,用水签票。

1.2　赵口灌区在区域发展中的地位和作用

1.2.1　国家新增 1 000 亿斤❶粮食生产能力规划项目

粮食是关系国计民生的重要商品,是关系经济发展、社会稳定和国家自立的基础,保障国家粮食安全始终是治国安邦的头等大事。随着人口的增加,我国粮食消费呈刚性增长,同时,城镇化、工业化进程加快,水土资源、气候等制约因素使粮食持续增产的难度加大;生物燃料发展,全球粮食消费增加,国际市场粮源偏紧,粮价波动变化加剧,利用国际市场调剂余缺的空间越来越小。为此,必须坚持立足国内实现粮食基本自给的方针,着力提高粮食综合生产能力,确保国家粮食安全。

依据《国家粮食安全中长期规划纲要(2008—2020 年)》(简称《纲要》),2020 年全国粮食消费量将达到 5 725 亿 kg,按照保持国内粮食自给率 95% 测算,国内粮食产量应达到约 5 450 亿 kg,比现有粮食生产能力增加近 450 亿 kg。考虑到影响粮食生产和有效供给的不确定性因素较多,本着提高粮食综合生产能力、确保供给、留有余地的原则,未来 12 年间,需要再新增 500 亿 kg 生产能力,提高国家粮食安全的保障程度。赵口灌区是国家新增 1 000 亿斤粮食生产规划项目,是国家 172 项重大水利工程。

1.2.2　河南省粮食生产核心区重点项目

在党的十七届三中全会的决议中,明确指出了粮食生产核心区建设在国家粮食发展战略中的重要地位。粮食生产核心区建设是保证国家粮食安全的必然要求,任何一个国家的经济发展、社会稳定和国家安全是建立在粮食安全的基础上的。河南省平原面积大,气候条件较为优越,适宜粮食作物生长,河南是全国 13 个粮食主产省区之一。2020 年 5 月 13 日,河南省政府办公厅印发了《关于加强高标准农田建设打造全国重要粮食生产核心区的实施意见》(简称《河南省意见》),其中提出,到 2025 年,河南省要建成 8 000 万亩高标准农田,提升 2 000 万亩以上,稳定保障 650 亿 kg 以上粮食产能;到 2035 年,通过持续改造提升,河南省高标准农田保有量进一步增加,不断夯实粮食安全保障基础。

根据《河南省意见》,河南要全面采集高标准农田建设历史数据,把全省高标准农田建设项目立项、实施、验收、使用等各阶段相关信息上图入库,做好河南省全国农田建设"一张图"和监管系统建设有关工作。新建成的高标准农田要在项目竣工验收合格后完成上图入库,实现有据可查、全程监控、精准管理、资源共享。

同时,河南省加大财政投入,高标准农田项目建设资金按照省、市、县三级 6:2:2 的比例分担,财政直管县(市)中省辖市负担部分由省级承担。此外,河南省要将建成的高标准农田划为永久基本农田,实行特殊保护,防止"非农化",任何单位和个人不得损毁、擅自占用或改变用途。同时,严禁将不达标污水排入农田,严禁将生活垃圾、工业废弃物等倾倒、堆存到农田里。

赵口灌区是确保该区域高标准农田能否长久实施的关键工程,是河南省粮食生产核心区建设规划重点项目,是河南实施"四水同治"十大工程之一。

1.2.3　造福河南的民生工程

"引来黄河水,灌溉万顷田,增收万担粮,造福一方民",赵口灌区规划设计灌溉面积 587 万亩,是全国第四、河南省第一大灌区。赵口灌区续建配套及节水改造一期工程已投资实施 9.75 亿元,二期续建配套节水改造工程规划总投资 38.88 亿元,将在现有工程基础上,建设灌区灌排工程系统和配套工程,解决灌区农业灌溉和农村生活工业用水要求。

赵口灌区二期是国务院确定的 172 项节水供水重大水利工程之一;是河南省实施"四水同治"开工建设的十大水利工程之一;是认真落实习近平总书记提出的"节水优先、空间均衡、系统治理、两手发

---

❶　1 斤 = 0.5 kg,全书同。

力"的新时代治水思路,打造粮食生产核心区的重要途径;是提升区域水资源配置能力的基础工程。

该工程先后被纳入《全国新增1 000亿斤粮食生产能力规划》和《河南粮食生产核心区建设规划》重点建设项目。工程建成后,将对提高粮食生产能力、保证国家粮食安全,打通输水通道、构建豫东水网,回补涵养水源、改善区域水生态水环境都具有十分重要的意义。

1.2.4 促进区域性工农业协调发展

通过赵口灌区工程的建设可以推进产业化经营,推进农业科技进步,改善农业生产条件来提高农民收入,可以促进粮食生产向优势区域集中,优化农业生产布局,实现粮食生产规模效益;通过加强粮食核心区的农业基础设施建设,提高单产水平和种粮效益;大力发展规模化养殖和农副产品加工等产业。通过提高粮食生产效益,将粮食优势转化为经济优势,进一步提高农民收入,实现粮食增产和农民增收有机结合,实现增产和增收相互促进的良性循环。

工业和农业的协调发展有利于发挥区内与区际间的资源互补性与生产结构互补性。工业经济发展必须要以农业基地作为依托,走工农业相结合的道路,促进经济的全面繁荣。赵口灌区内有众多河南省重要的工农业生产基地,地域涉及郑州、开封、周口、许昌、商丘5个市,承接起了河南省部分经济隆起带,贯穿起了部分中原城市群。随着"工业强市"战略的实施,区域内一些大型工业项目如开封碳素厂、开封火电厂、资产重组后的晋煤化工、永煤空分、平煤开伐步入良性运行,汴西新区平原水库正在酝酿中,高校园区初具规模,商丘民权电厂一期2×600 MW发电机组并网投产,二期2×1 000 MW发电机组完成可性行论证并上报审批,预计该建设项目投入运行后,年取水规模达到2 000万t。引黄供水的潜在空间非常广阔,豫东地区的工业发展与赵口灌区引黄水资源密不可分,引黄供水将大力推动地方经济的快速发展。所以,赵口灌区的兴建能保证工业农业用水,并将成为豫东地区经济起飞的重要保障。

1.2.5 协调区域性粮食的平衡作用

粮食安全问题是关系国计民生的重大问题,近几年来,随着粮食生产的连年丰收和卖粮难问题的出现,我国粮食安全的形势已从总量不足演变为供需平衡,粮食供求在区域间的不平衡矛盾随之凸显出来。

赵口引黄工程全灌区总土地面积5 949 km²,涉及灌溉面积587万亩,其中列入续建配套与节水改造工程规划面积为366.5万亩,工程设计灌溉面积为220.5万亩。主要种植作物为小麦、玉米、棉花,复种指数185。赵口灌区骨干渠道为灌排合一渠道,水资源丰富,自1972年开灌以来,已累计引水90亿m³,灌溉面积达1亿亩次;二期工程建设完成后,灌区内有效灌溉面积显著增加,有效地解决了区域内的粮食供求不平衡矛盾,对灌区农、林、牧、副、渔业全面发展起到了显著作用,对协调区域性粮食安全起到了十分重要的平衡作用。

1.2.6 促进贫困地区的人口流动及城镇化建设

习近平同志指出,城镇化是现代化的必由之路,新型城镇化建设一定要站在新起点,取得新进展。要坚持以创新、协调、绿色、开放、共享的发展理念为引领,以人的城镇化为核心,更加注重提高户籍人口城镇化率,更加注重城乡基本公共服务均等化,更加注重环境宜居和历史文脉传承,更加注重提升人民群众的获得感和幸福感。要遵循科学规律,加强顶层设计,统筹推进相关配套改革,鼓励各地因地制宜、突出特色、大胆创新,积极引导社会资本参与,促进中国特色新型城镇化持续健康发展。

贫困地区的人口流动及城镇化建设需要有粮食做保障,赵口灌区二期工程建成后,将使灌区面积达到587万亩,比原来增加220.5万亩,成为河南省第一大灌区、全国第四大灌区,可年新增粮食4亿斤以上。这不仅对提高河南省粮食综合生产能力、打造全国粮食生产核心区具有重要支撑作用,也能够对促进贫困地区的人口流动及城镇化建设起到积极的推动作用和保障作用。

1.2.7 有利于区域生态环境的综合治理

赵口灌区二期工程,将治理河道263 km、改建渠道31条、扩挖清淤河沟28条,有效提升输水能力,提供年生态用水 950 万 m³,年开采浅层地下水 3 580 万 m³,增加排涝面积 1 400 km²,还可向涡河、惠济河进行生态补水,切实解决隋唐大运河国家文化公园建设缺水问题,进一步改善豫东地区水生态环境,还老百姓清水绿岸、鱼翔浅底的美丽景象。另外,在治理惠济河、黄汴河污染问题上,一个重要的办法就是利用引黄冲污净化;在惠济河和贾鲁河沿岸,由于群众长期使用污水灌溉,造成了浅层地下水污染,无法饮用,国家不得不投巨资解决当地群众安全饮水问题。根治地下水污染的最终途经还在于引黄灌溉,逐步改良环境,彻底消除污染。

1.3　赵口灌区水源情况

赵口灌区内河流、沟渠众多,主要骨干河流有涡河、惠济河和贾鲁河等,均沿着地势自西北流向东南。另外,区域内还有排灌合一的干沟、河道(流域面积大于 100 km²)30 多条,支沟河(流域面积 10~100 km²)40 多条,干支沟(河)与干支渠(沟)道纵横交错,已形成能灌能排的渠沟(河)网络,这些水利工程为当地的工农业生产及减轻自然灾害,提高群众的生活质量发挥着重要作用。

1.3.1　黄河水

赵口灌区取水来自花园口的黄河水,赵口灌区闸前的黄河来水量采用花园口站水量扣除花园口站至赵口闸区间的工农业及人畜用水量。预测在保证率 50% 时,黄河花园口站来水量为 239.64 亿 m³,赵口渠首闸前黄河来水量 184.61 亿 m³。其中,汛期 7~10 月为 102.31 亿 m³,占 55.42%;非汛期 11 月至次年 6 月为 82.3 亿 m³,占 44.58%;赵口灌区年引黄量仅为 9 亿 m³,约占非汛期黄河来水 82.3 亿 m³ 的 10.9%。

1.3.2　地表水

参照《河南省水资源评价》中的成果,结合灌区内提供的实测数据。经分析,当地径流可利用量保证率 50% 时为 4.03 亿 m³。

1.3.3　地下水

采用河南省水利勘测设计院编制的《河南省水中长期供求计划》报告中的有关数据,并结合灌区内目前地下水的现状,以采补平衡为控制标准。经分析,多年平均地下水可开采量为 6.79 亿 m³。

经计算,到 2015 年全灌区灌溉面积 570.1 万亩,各业年净用水量约 11.82 亿 m³,其中农业用水量 6.22 亿 m³,城市工业生活用水量 2.24 亿 m³;乡镇企业及农村人畜用水量 3.35 亿 m³。全灌区年需供水量约 19.83 亿 m³,其中可利用地表水量 4.03 亿 m³,可利用地下水量 6.79 亿 m³,引黄水量 9.0 亿 m³。

从灌区水资源平衡分析结果可以看出,在灌区设计灌溉保证率 P=50%,设计水平年为 2015 年,供需平衡有结余,供水量可以保障灌区 570.1 万亩农田灌溉、城市工业生活用水、乡镇企业及农村人畜用水,满足灌区可持续发展的要求。

赵口灌区引水闸靠近黄河主流,引水条件好,赵口灌区骨干渠道为灌排合一渠道,水资源丰富、可靠、水质好。灌区水源工程渠首闸位于黄河右岸桩号 42+500(河南省中牟县万滩乡弯道凹岸顶冲)处,1970 年建成,共 16 孔,设计流量 210 m³/s,其中东一孔入狼城岗干渠,西三孔入三刘寨干渠,中十二孔入赵口总干渠。目前,灌区已有干渠 56 条、长 731.9 km。支渠 144 条、长 857.5 km,闸涵等控制建筑物 2 310 座,基本形成了干、支渠输水框架。灌区内建筑物完好率约 80%,通过续改工程建设,配套率约 85%。

据赵口灌区取水许可证《河南省人民政府关于批转河南省黄河取水许可总量控制指标细化方案的通知》(豫政〔2009〕46 号)文件及《赵口引黄灌区二期工程项目取水许可审批准许行政许可决定书》(黄许可决〔2019〕35 号)文件批复,赵口灌区目前引黄取水总量为 41 673 万 m³,其中郑州市引水指标 218 万 m³,开封市引水指标 28 124 万 m³,周口市引水指标 7 477 万 m³,许昌市引水指标 5 000 万 m³,商丘市引水指标 854 万 m³。

1.4　工程建设前赵口灌区存在的问题

　　赵口灌区经过几十年的开发建设,整个灌区在抗旱灌溉中发挥了显著效益。虽然干、支渠(沟)骨干工程初具规模,田间工程也有一定基础,但现有的工程,仅能达到抗旱送水的标准。由于灌区工程配套较差,排水标准不高,有的沟道还不足 3 年一遇的除涝标准,需继续改建扩建。

　　非充分灌区多是由各个独立小型灌区发展起来的老灌区,历经数十年的建设,有部分工程是利用 1958 年的老引黄灌溉工程,有部分则是引用当地河水灌溉。这类小型灌区,虽然干、支渠(沟)基本形成,但建筑物工程太少且不配套,有的建筑物工程已严重破损,陈旧简陋,带病运行,破烂不堪,存在安全隐患,需要进行重建或维修;许多田间工程配套跟不上,甚至有的田间工程未做,充其量也只能满足抗旱送水标准。

　　由于灌区工程配套差,供水无保证,加之建设标准偏低,工程老化,年久失修,工程简陋,残缺不全,破烂不堪,调蓄工程少,有水蓄不住;灌水系统均为土渠,硬化渠段甚少,灌水方式粗放,多数仍采用大水漫灌的习惯。有条件的农民也有采用小白龙(塑料软管)分散灌水,节水灌溉先进技术及先进设备推广应用几乎没有,水利用系数很低,水资源浪费严重。具体反映在以下几个方面。

1.4.1　引黄指标不够,远远不能满足灌区供水能力需要

　　据赵口灌区取水许可证《河南省人民政府关于批转河南省黄河取水许可总量控制指标细化方案的通知》(豫政〔2009〕46 号)文件,赵口灌区已批准引黄取水总量为 15 200 万 m³。

　　赵口灌区用水主要包括城市工业用水、城市生活用水、乡镇企业用水、农村人畜用水、农业用水。经计算,灌区设计水平年(2015 年)总净用水量约 11.82 亿 m³,其中城市工业生活用水量为 25.24 亿 m³,乡镇企业及农村人畜用水量 3.35 亿 m³,农业用水量 6.22 亿 m³。引黄水量 9.0 亿 m³,尚不能满足灌区供水能力需要。

1.4.2　已建工程标准低、老化、体系不完整

　　赵口灌区是 20 世纪 70 年代兴建的老灌区,工程建设标准低,施工质量差。水利工程建设中边勘察、边设计、边施工的"三边"现象比较普遍,依靠发动群众运动修建,施工质量差,造成先天不足,难以保证正常运行,给后期运行管理带来极大困难。加上多年投入不足,工程老化失修率达 42.54%,渠系建筑物老化失修,渠道淤积严重,渠道沿途渗漏损失严重,水利用率低。灌区水利用率不到 0.4,县乡二级管理的渠道更是缺失计量设施。另外,缺少必要的运行管理费用等,致使工程老化失修、损毁严重,渠道淤积、渗漏,输水利用系数低,严重影响了效益的发挥。

　　目前,灌区实有总干渠 1 条,长 27.5 km,设计引水流量 150 m³/s,实际输水能力 90 m³/s;干渠 55 条,长 731.9 km;支渠 144 条,长 857.5 km;渠道建筑物有 2 310 座。灌区虽已形成干、分干渠输水基本框架,但支渠以下渠道及建筑物配套较差,突出表现在以下方面。

1.4.2.1　半拉子工程

　　1970 年建设以来,灌区历经初建、一期工程、世界银行开发项目等,已初步形成干、分干渠输水基本框架,但各个时期建设的新老工程配套缺口都很大。

1.4.2.2　工程老化失修

　　灌区建于 20 世纪 70 年代,由于地方财力拮据,不可能大量投入人力、物力、财力进行工程完善,建筑物标准低,且历经几十年运行,风化、侵蚀严重。目前,除西干渠、东二干渠等新建工程外,大部分建筑物急需维修、改建、重建。

1.4.2.3　工程效益远没有发挥

　　赵口灌区规划面积 587 万亩,但面上配套面积不足 1/2。

1.4.3　农业灌溉方式落后、水资源紧缺且利用低

赵口灌区可供灌溉水量 25 600 万 m³,取水许可水量 13 500 万 m³,2016 年用水量 22 232 万 m³、2017 年用水量 21 305 万 m³、2018 年用水量 26 269 万 m³、2019 年用水量 30 500 亿 m³,水资源十分紧缺。

渠道沿途渗漏损失严重,水利用率低,灌区水利用率不到 0.4。县乡二级管理的渠道更是缺失计量设施。田间更是采用大水漫灌、利用率更低。

1.4.4　灌溉技术落后

综观整个灌区,不合理灌溉用水、引水秩序混乱非常严重,常常上游为了用水,把总干渠节制闸关闭,造成闸前严重淤积。上游大水漫灌、日灌夜排、灌后退水,下游却用不上水。因此,上下游常常发生用水矛盾,致使下游周口、许昌的一些县被迫中断引黄,改黄灌为井灌,工程效益难以充分发挥,灌区的灌溉面积衰减。

1.4.5　灌区客水多,水路不畅

赵口灌区临近区域内不到 50 km 的范围,尚有狼城岗灌区、三刘寨灌区、扬桥灌区、黑岗口灌区、柳园口灌区。赵口灌区跨 4 个省辖市,上下游各用水单位及水管单位之间,常因水量、水费、清淤等问题发生矛盾。灌区跨地区送水困难很大。赵口灌区下游有些县现有工程稍加疏通,便可引到相邻灌区的水,近几年下游有些县已改用其他水源灌溉,造成赵口灌区用水量减少、灌溉面积衰减。

1.4.6　水费收缴困难大、水费截留、挪用现象严重

灌区供水环节太多,易失控,且各县只考虑自身利益。放水时间极不统一。偌大一条干渠经常出现仅为一个县放水的现象,不仅造成干渠淤积,且因水小水位低,上游为提高水位经常落闸节制,下游等不到水意见很大,影响团结。由于灌区分散管理,地处灌区下游的市、县用水必须向与其搭界的上游市、县要水并交水费,层层水费不能足额上交,用水不仅困难,这样形成恶性循环,恶化了灌区的内部管理环境。

灌区用水管理环节太多,比如,周口市用水,要向开封市申报,开封市再向赵口分局申报,赵口分局又要向赵口大闸引水口申报,收费亦是如此。目前,灌区水费改为直接由灌区各县财政代收,水费都是在夏粮、秋粮征购时,将粮食按当时政府价格折合成水费后上缴粮食部门,最后存入县政府掌握的经管站。这种由政府部门代收水费的征收办法,存在的突出问题很多,如水费征收环节多、截留多、水费到位率低。

赵口灌区核定水价标准为 0.145 元 /m³,而目前省定标准只有 0.04 元/m³,不足供水成本的 1/3,同时,由于水费中间环节过多,致使管理单位水费到位率长年徘徊在 50% 左右。

据统计,1999~2001 年赵口灌区所属开封市 3 县的水费征收随着农业税一次性征收,而后上缴农经站或预算外资金管理局管理。灌区管理部门要使用水费须写出水费使用报告,上报县政府主管领导批准,再拨付使用,3 年水费到位率平均为 49.86%,真正用于灌区水费不足实收的 50%。灌区管理部门失去了水费自主权,大量的水费被各级政府挪用,造成灌区管理单位无钱购买黄河水,无钱支付职工工资,无力进行必要的工程建设和工程维修。

2006 年农业税停止征收后,按一事一议的规定,管理单位收缴水费的难度更大,基本处于无作为状态。以至于水管部门无法维持生计,工程维修更是无从谈起。

1.4.7　灌区各级水管单位关系不顺畅

目前,赵口灌区省、市、县的管理机构虽然都在围绕灌区开展工作,但因分属各级不同的政府,各自为政,导致整个灌区无法做到统一意志、统一步调、统一人员调配、统一管理标准、统一水费计管、统一考

虑利益的局面。随着灌区的发展、范围的扩大,管理体制不完善在灌区管理上也暴露出来。

分级管理、分级负责的管理体制已无法适应市场经济发展的要求,行政干预、本位主义意识已成为灌区发展的桎梏。灌区管理单位各自为政,中间环节多,需水不能直接向供水方申请,常常造成上游水满为患,下游无水可用。目前,规划面积为 587 万 hm^2 的灌区,而有效灌溉面积为 11.53 万 hm^2,仅占规划面积的 29%,总干渠设计引水流量 150 m^3/s,日常引水量仅为 30 m^3/s;最大引水量 60 m^3/s。

灌区实行分级管理、分级负责、专管与群管相结合的管理体制。这种管理体制在灌区发展的初期,确实对灌区工农业生产的发展起到了巨大的推动作用。随着灌区的发展,现有的管理体制已无法适应灌区的发展。供需水双方脱节,中间环节太多,用水单位之间,水管单位之间,常常因水量、水费等问题发生矛盾,造成灌区各水管单位关系不顺畅,影响到灌区的整体发展。

1.4.8　田间工程配套率低,工程不配套,效益发挥差

灌区建于 20 世纪 70 年代,设计标准低,经过几十年运用、风化、侵蚀,再加上常年失修,损坏严重,已有部分生产桥倒塌。启闭机吨位太小,螺杆弯曲,常常发生启不开、闭不住现象,闸门漏水严重。干渠、分干渠建筑物勉强能够运用的仅有 80%。大多建筑物带病运行,完好率不足 60%,急需维修加固、改建、重建。

灌区工程老化、失修严重,渠系不完整,小型农田水利设施缺乏。以干渠为主的灌区雏形已经形成,但干渠以下的几级渠道很多并未续建,骨干渠道虽能引来水,因缺乏田间工程,流不到农田,引黄灌溉的优势远未发挥出来。受投资政策的影响,过去建设的水利工程大多为骨干工程,田间小型工程数量极少,灌区现有田间排灌工程设施大部分是 20 世纪六七十年代兴建的,除小部分工程利用国家投资进行改造维修外,多数工程严重老化、年久失修,处于超期服役、带病运转的状况,排灌能力大大降低,因此制约着粮食生产的持续增长。

经过近几年的灌区续建配套与节水改造项目,赵口灌区取得了较大的灌溉效益。但是由于投资有限,对末级渠系改造工程投资较少,并且灌区个别建设初期配套比较齐全的田间工程因老化已丧失功能,面临败废的危险,为了灌区的骨干工程与田间工程组成一个完整的灌溉系统,建议在增加国家投资的基础上,加快灌区末级渠系改造工程的步伐,使灌区能够发挥灌排工程的整体效益。

1.4.9　渠道淤积严重

赵口灌区至建成以来,淤积问题较严重,平均淤深 0.92 m。由于近几年引水很少,清淤费很难解决,未能及时清淤。沿渠节制多,各行政区各自为政,无法实现水的统一调配,造成渠道淤积。总干渠设计流量 90 m^3/s,平时引水流量不足 30 m^3/s;西干渠设计流量 60 m^3/s,平时引水流量不足 20 m^3/s。

1.4.10　确权划界不落实,而且存在建设用地占用骨干工程问题

目前,赵口灌区渠段、建筑物、沉沙池未进行确权划界工作。因此,水管单位常和当地农民发生矛盾,有时农民有些过激行为,毁坏灌区的管理设施,影响灌区正常工作的开展,对灌区管理造成不利影响。

1.4.11　沉沙池运用困难

赵口灌区设计灌溉面积 587 万亩,黄河水含沙量大,且出渠首闸后灌区引黄渠道比较长,若不设沉沙池,在长距离输水过程中势必造成灌区渠道大量淤积,对下游灌排合一渠道、河道来说,淤积的结果势必影响到汛期行洪安全。目前,由于灌区工程不配套,受益面积太小,受益区经济困难,承担不了沉沙池清淤费,加之上级部门对沉沙池工程一直未进行验收等诸多原因,致使沉沙池一直未投入使用。沉沙池长期不用,造成下游渠道严重淤积。

1.4.12　水价偏低不合理,未进行水价成本测算

水费计收体系未能根本改变计划经济模式,不能反映水的商品属性,也不利于水费由行政收费转变

为经营性收费的改革。

由于黄河渠首闸的水费按 2000 年 12 月国家发展计划委员会下发了《关于调整黄河下游引黄渠首工程供水价格的通知》(计价〔2000〕2055 号),将农业用水价格调整为 4~6 月按 0.12 元/m³,其他月份 0.01 元/m³,规定 2000 年 12 月 1 日执行,调价目的在于利用价格杠杆促进节约用水,黄河水费上调约 1 倍,但各灌区收费仍执行豫价字〔1997〕91 号文,因而灌区水价明显偏低。

2020 年,赵口分局委托河南精诚联合会计师事务所,对赵口灌区供水成本(不含二期工程投入成本)、水价进行了测算,测算结果如下:

(1)农业供水成本 0.041 1 元/m³。

(2)非农业供水成本 0.155 6 元/m³。

(3)非农业供水价格(含流转税)0.178 5 元/m³。

(4)非农业供水价格(含流转税、利润)0.195 9 元/m³。

在不含二期工程投入成本下,水费收入已明显低于测算的水价成本,因此现灌区水价仍需向上调整。

1.4.13　蓄水型水源工程少,调蓄能力差

我国降水和水资源的特点是年际、年内分布不均,河川径流季节性强。赵口灌区是引黄灌区,水源工程较少,不少水源工程为低坝型引水甚至是无坝型引水,造成水资源调蓄能力低下,灌溉保证率不高,实际灌溉保证率不足 50%。

1.4.14　灌区管理体制僵化,灌区管理人员少,自我发展能力差

赵口灌区存在管理体制僵化、机制不活、责权不清等问题,加之灌区管理人员少、管护设施简陋、手段落后,管理人员技术素质和管理水平低下,管护经费短缺,水价偏低以及水费征收困难等问题,因此自我发展能力差。

1.4.15　灌区信息化自动化水平低,量水设施不齐全

(1)灌区信息化自动化,可以实现灌区供水远程控制、闸门远程启闭、渠道/水池水情实时测报、用水量自动采集和图像实时监控等多项功能,可达到节约灌溉用水和科学、高效管理灌区的目的。灌区信息化自动化可确保灌区工程安全运行、实现水资源优化配置、提高用水效率和保障灌区可持续发展。赵口灌区信息化自动化水平低,没有进行相关建设,制约了节约用水、高效管理及提高用水效率、灌区可持续发展。

(2)灌区量水是节约灌溉用水、提高灌溉质量和灌溉效率的有力措施,是实行计划用水和准确引水、输水和配水的重要手段。灌区量水虽然不是直接的节水措施,但它是灌区农业用水合理分配、采取高效节水措施的前提性工作。赵口灌区量水设施不齐全,县乡二级管理的渠道更是缺失计量设施,因此农业灌区量水工作的全面推广势在必行。

第2章 赵口灌区续建配套与
节水改造及二期工程概况

2.1 赵口灌区续建配套与节水改造及二期工程的意义

2.1.1 改善民生和提高灌溉条件、建设河南省粮食生产核心区的重要举措

赵口灌区建成初期,主要为放淤而建,设计标准低,加之常年失修,淤积严重,一些骨干输水渠道及主要建筑物损坏较大,局部出现倒塌,严重影响干渠的输水,降低灌溉能力;加之改革开放以来,人民生活水平的不断提高,城镇化建设水平的不断提高以及社会主义新农村建设的不断推进,当地民生急需改善生活条件,工农业快速发展,导致需水量迅速增加;其次各部门间竞相开发所导致的不合理利用、水环境也日趋恶化,使水资源供需矛盾日益突出。原有赵口灌区已远远不能满足当地灌溉需求,急需拆除重建、改建及新建。

赵口灌区续建配套及节水改造工程的建设,尤其对工程薄弱环节及存在安全问题的建筑物优先进行了续建改造,对主要渠道进行了整治、硬化、扩建及新建,改建和重建了桥、闸、涵等建筑物工程。进一步增强了灌区调蓄和补给地下水能力,扩大了灌溉面积,提高了灌溉保证率,对缓解灌区日益突出的水资源供需矛盾,改善区域生产、生活条件和生态环境,提高区域人民群众生活水平有着非常重要的意义,为该地区工农业生产的发展和经济振兴发挥了重要作用。灌区工程建设已列入国家新增1 000亿斤粮食生产能力规划项目,是建设河南省粮食生产核心区的重点举措。

2.1.2 灌区无客水源、引黄灌溉成唯一

灌区缺乏修建大库容积平原水库的条件,边界河流水量小,又不在南水北调供水范围之内,灌区水资源包括黄河水、地表水、地下水三部分。地表水径流小,地下水匮乏,只有引黄才能解决灌溉区域工农业及居民生活等用水紧张问题,因此黄河水成了灌区的主要水源,也是唯一的水源。同时,赵口灌区渠首闸位于黄河右岸桩号K42+675处,始建于1970年,共16孔,设计流量210 m³/s,加大流量240 m³/s。黄河水利委员会于1981年10月至1983年12月对赵口引黄闸进行了改建,改建后的闸由于黄河控导工程及所处的有利地形,工程运行40多年来,引水口基本靠自流,从未出现脱流情况,是引黄口门中最好的引水口。

2.1.3 缓解灌区水资源矛盾,区域大力发展引黄灌溉的迫切要求

赵口灌区区域范围内土壤丰硕,自然条件好,具有进一步扩大灌溉面积、增加粮食生产的潜力,但受水资源条件限制,加之各部门间竞相开发所导致的不合理利用、每逢干旱气候所辖范围内水资源供需矛盾比较严重。在干旱时期,为了保证灌区的上游用水,下游根本用不上水,上下游引水矛盾日益增加;主要骨干输水渠道工程建设标准低、配套设施年久失修,引水线路不畅通。

为了加快缓解赵口灌区水资源供需严重失衡、改善区域水资源和生态环境,促使灌区社会经济发展,加速河南省粮食生产基地建设,在原有灌溉设施和灌溉等级基础上进行续建配套与节水改造工程,大大改变工程现状和用水条件,提高输水效率,平衡灌区内的生态用水,充分解决上下游及沿线区域引水矛盾,使其满足当地灌区农业灌溉、农村生活及工业用水需求。

2.1.4 全面贯彻绿水青山就是金山银山,生态补源促进区域经济可持续发展的需要

全面贯彻党中央提出的绿水青山就是金山银山生态保护的思路,以及要把黄河流域生态保护和高

质量发展作为事关中华民族伟大复兴的千秋大计,遵循自然规律和客观规律,统筹推进山水林田湖草沙综合治理、系统治理、源头治理,改善黄河流域生态环境,优化水资源配置,促进全流域高质量发展,改善人民群众生活,保护传承弘扬黄河文化,让黄河成为造福人民的幸福河。

赵口灌区毗邻黄河,多年来豫东地区依托赵口、黑岗口、柳园口、三义寨等四大引黄灌区,大力实施黄河水资源的优化配置,采取多种水源并用,形成引黄经济用水与引黄农业直灌和引黄补源用水相结合,改善生态环境建设,发展旅游产业,促进经济社会与可持续发展相结合的综合水资源开发利用。利用黄河水进行地下水补源,逐步恢复沉陷漏斗区域的地下水位,增加地表植被和林草覆盖率,遏制和消除土壤沙化,有效改善地表水质,减轻污染。

目前,郑州市中牟县利用赵口灌区引水条件兴建雁鸣湖风景区。雁鸣湖生态风光名胜区水林融合,农产品丰硕、水产稀有,具备独特的田园魅力,更符合城市游客回归原生态的心思谋求,迎合了当前旅游发展的新趋势,经过几年的发展,现在已经成为新的经济增长点。鄢陵县为加快实施水系连通工程,使黄河水贯穿各个河道水系,建设了鄢陵县鹤鸣湖引黄调蓄工程,占地面积 220 hm²,总存储容量 450 万 m³,调蓄容量 419 万 m³。鹤鸣湖引黄调蓄工程的建设加快了鄢陵水系连通工程进程,确保该县以引黄调蓄湖为中心,建成有生活、留住水的储存和监管网系统建设,进而改善水生态环境,提高水资源管理水平和供水保障程度。使调蓄湖真正成为拉动城市发展之湖、支撑县域经济发展之湖,真正实现鄢陵"兴水之梦"。

2.1.5　完善水利基础设施,巩固河南全面建成小康社会的需要

赵口灌区建于 20 世纪 70 年代,大多工程为放淤而建,设计标准低,经过 40 多年的运用、风化、侵蚀,再加上常年失修,输水渠道及建筑物淤积、破坏严重,甚至倒塌,急需拆除重建、新建。管理设施亦出现冻融老化、房顶漏水、内粉刷鼓泡脱落、室内地坪下陷、窗户变形等现象。

针对上述现象,国家加大赵口灌区的续建配套与节水改造工程,逐步完善和增加灌区水利基础设施,提高整个灌区的灌溉能力和保证率。赵口灌区的续建配套及节水改造共分 2 期,其中赵口灌区续建配套与节水改造项目一期总投资 9.75 亿元(规划投资 17.86 亿元);主要建设内容覆盖中牟县、鄢陵县、扶沟县、太康县、西华县、鹿邑县等干支渠的渠道整治、衬砌及桥梁、水闸重建、新建工程等。赵口引黄工程为二期,工程总投资 38.88 亿元,灌溉面积为 220.5 万亩,总土地面积 2 174 km²,范围涉及郑州、开封、周口、商丘等 4 个地市,工程主要建设内容有 31 条渠道;28 条河(沟)道治理;改造各类建筑物1 035 座,其中新建 247 座、重建 765 座、改建 2 座、维修利用 21 座。

工程实施后,使渠系水利用系数由现状的 0.45 提高到 0.56,年均节约引水量约 3 500 万 m³,改善灌溉面积 115.9 万亩,补源面积约 1 300 万亩次。土壤改良效果显著,粮食生产能力得到提高,取得了明显的经济效益和社会效益,保障了国家粮食安全。对促进灌区农、林、牧、副、渔业全面发展,改善人民生活和实现可持续发展发挥了重要作用。

2.1.6　构建豫东平原输水网络,提高区域水资源配置能力要求

结合河南省实施的四水同治战略部署,实现豫东地区水系连通。以赵口灌区续建配套与节水改造项目和赵口引黄二期工程为基础,涡河、惠济河、贾鲁河等骨干河道为补充,形成黄河水与长江水丰涝互补;涡河、贾鲁河、惠济河与灌区互连互通,有效连通豫东平原的渠道和河沟,形成以引黄渠道、河流水系、供水管网为骨架的输水网络,完善豫东地区水资源宏观调配格局,提高水资源空间调控能力,构建南北互济、东西相通、丰枯调剂、多源互补、调控自如的多功能现代水网,实现水资源的综合利用,确保灌区可持续发展,为豫东地区经济社会发展提供强有力的水利支撑。

2.2　赵口灌区续建配套与节水改造及二期工程的社会影响

2.2.1　赵口灌区续建配套与节水改造及二期工程建设得到了国家及水利部的肯定和赞许

《河南省赵口灌区续建配套与节水改造规划报告》于 2000 年 4 月 17 日通过水利部组织的专家评审，并收入国家大型灌区续建配套与节水改造基建项目储备库。水利部以水规计字〔2001〕514 号文批复了赵口灌区续建配套与节水改造面积 366.5 万亩。

2007 年 6 月国家发展和改革委员会及水利部批复了赵口灌区续建配套及节水改造工程。

2015 年水利部以《水利部关于赵口引黄灌区二期工程的批复》（水规计〔2015〕291 号）批复了赵口灌区二期规划。

2015 年初，赵口灌区二期工程列入国家 172 项节水供水重大水利工程，也是纳入"全国新增 1 000 亿斤粮食生产能力规划"的重点水利项目。

2.2.2　赵口灌区续建配套与节水改造及二期工程得到了河南省政府及沿渠当地各级政府的首肯和赞扬

为响应中央 2008 年一号文件提出的"实施粮食战略工程，集中力量建设一批基础条件好、生产水平高和调出量大的粮食核心产区"的号召，在深入调研和科学论证的基础上，河南省委、省政府提出建设粮食生产核心区，探索建立粮食生产稳定增长的长效机制，力争到 2020 年全省粮食产量达到 1 300 亿斤。《河南粮食生产核心区建设规划（2008—2020 年）》将赵口灌区二期工程列为粮食核心区建设规划中重点建设的大型新建水利工程建设项目，分配增产任务 2.65 亿斤。

河南省水利厅以《关于我省重大水利工程项目名单和工程进度安排的通知》（豫水计〔2014〕66 号文）要求加快推进项目前期工作，并指定"豫东水利工程管理局"，负责赵口灌区二期协调工作。

2018 年 11 月 4~11 日，在河南省推进"水资源、水生态、水环境、水灾害"统筹治理的工作任务中，河南省省长陈润儿带队先后赴郑州、周口、商丘、新乡、焦作、济源、洛阳、驻马店、信阳等 10 地市，实地查看河南省十项重大水利工程规划建设情况，现场听取设计方案汇报，并针对这些重大工程分别召开座谈会，听取各方意见。2018 年底，"赵口引黄灌区二期工程建设管理局"成立，负责赵口二期工程前期工作及建设实施。赵口灌区被列为河南省实施"四水同治"十大水利工程中第七个开工的项目。

2.2.3　赵口灌区续建配套与节水改造及二期工程建设得到了社会各界的赞许

2018 年，在庆祝改革开放 40 周年水利专题调研活动中，多家媒体记者对河南省农田水利建设情况进行了参观调研，其中对赵口灌区覆盖范围内的引水机构负责人和沿渠百姓进行了采访，河南电视台也对赵口灌区的建成后效益进行了报道。

开封市尉氏县张市镇沈家村属于赵口灌区，实行的是引黄灌溉和井灌双配套，和其他没有黄河水补源的乡镇相比，浇灌补源促进张市镇地下水位高出 30 多 m，维持着地表水生物的多样性，改进了水生态环境保护。沈家村村民石某说："现在这浇水很方便，河水都引到地头了，如果河水紧张了，我们也可以刷卡用井水，实现了井水河水双配套。"

开封市引黄管理处处长庞红伟说："我们（开封）赵口灌区灌溉面积大约有 360 万亩，每年引水量约 2 亿 m³，在满足农业灌溉的同时，有效补充了地下水，改善了生态环境。"

2.3　赵口灌区续建配套与节水改造及二期工程的任务及范围

2.3.1　续建配套与节水改造任务及范围

根据《河南省赵口引黄灌区续建配套与节水改造规划报告》（简称《99 节水规划》目标设计，灌区规划面积 574.1 万亩,农业灌溉设计保证率 75%,灌溉水利用系数 0.6,单位面积用水量比技改前节约 36.2%。本次规划续建和新建的全部骨干工程有:续建干支渠沟共 278 条,总长 3 091.5 km,其中干支渠长 1 785.7 km,干支沟长 1 305.8 km;规划各类建筑物共 2 881 座,田间配套各类建筑物共计 23 238 座;本次规划混凝土护砌干支渠共长 878.5 km,其中总干渠长 27.6 km,干支渠长 851 km;一期规划全部工程总投资为 17.86 亿元。

2000 年水利部审查后,实际批复赵口灌区续建配套与节水改造规模,灌区续建配套灌溉面积 366.5 万亩(水利部"水规计字〔2001〕514 号文"),批复实施的总投资为 9.75 亿元。批复项目范围涉及中牟、开封、尉氏、通许、扶沟、西华、太康、鹿邑、鄢陵等 9 个县,总土地面积 3 695.08 km²,包括赵口灌区总干渠、运粮河、涡河以西以南地区,北起总干渠、运粮河、涡河至出太康县境,南抵西华、太康、鹿邑,西至中牟境贾鲁河支流水溃沟、鄢陵境双泊河、清潩河接壤,东以鹿邑县惠济河为界。工程建设内容续改建渠道长 720.54 km,续改建骨干排水沟 705.61 km,续改建渠道建筑物 558 座。

2.3.2　二期工程任务与范围

赵口灌区二期工程位于原赵口引黄灌区东部,是赵口引黄灌区的重要组成部分。赵口灌区二期工程设计灌溉面积为 220.5 万亩,总土地面积 2 174 km²,范围涉及郑州、开封、周口、商丘等 4 个地市,包括中牟、通许、杞县、太康、柘城等 5 个县及开封市城乡一体化示范区、鼓楼区、祥符区等 3 个区。

工程主要建设内容有 31 条渠道、总长约 373.98 km,其中总干渠 1 条、长 23.62 km,干渠 9 条、长 158.84 km,分干渠 6 条、总长 120.28 km,支渠 15 条、长 71.24 km;28 条河(沟)道治理、总长 262.57 km;改造各类建筑物 1 035 座,其中新建 247 座、重建 765 座、改建 2 座、维修利用 21 座。

2.4　赵口灌区续建配套与节水改造及二期工程总布置

1999 年,河南省水利勘测设计院编制了《河南省赵口引黄灌区续建配套与节水改造规划报告》,规划灌溉面积为 574.1 万亩,2001 年水利部以水规计字〔2001〕514 号文批复了赵口灌区续建配套与节水改造面积为 366.5 万亩,骨干工程总投资 51 367 万元,为支持河南省粮食核心区建设,国家对大型灌区续建配套与节水改造项目新增了约 21 亿元的投资任务,其中赵口灌区新增工程投资 41 927 万元,根据水规计〔2011〕427 号文投资调整要求,最终确定赵口灌区新增骨干工程投资 47 114 万元。水利部批复的 366.5 万亩灌溉面积,分布在全灌区 574.1 万亩范围内。

2012 年,在编制《河南省赵口引黄灌区续建配套与节水改造骨干工程总体可行性研究报告》时,河南省水利厅提出了对赵口灌区续建配套与节水改造项目区范围进行了调整,并以《河南省水利厅关于调整赵口灌区续建配套与节水改造工程和赵口灌区二期工程规划范围的函》(豫水计〔2012〕73 号)上报水利部规计司,明确赵口灌区续建配套与节水改造范围为总干渠—运粮河—涡河以西区域(不含柘城县涡河以西部分),调整后的设计灌溉面积依然为 366.5 万亩。

根据《河南粮食生产核心区建设规划(2008—2020 年)》,2010 年河南省水利勘测设计研究有限公司开始着手编制《河南省赵口引黄灌区二期工程规划》(简称《二期工程规划》),并与 2014 年 12 月将《二期工程规划(报批稿)》报送水利水电规划设计总院,2015 年 1 月底,水利水电规划设计总院出具了《二期工程规划》的审查意见,2015 年 7 月,水利部以水规计〔2015〕291 号文批复。审查意见"原则同意《二期工程规划》提出的赵口引黄灌区二期工程灌溉规模",审查认为,"该灌区工程的规划范围和规模基本合理,规划方案总体可行,建设条件及环境等方面不存在制约因素,可作为下阶段工作的基础。"经审查,"基本同意该《二期工程规划》"。《二期工程规划》中二期项目建设方案确定了对续建配套与节水改造项目区范围进行调整,以赵口引黄总干渠—运粮河—涡河为界,以西(不含柘城县涡河以西部分)作为调整后的赵口灌区续建配套与节水改造项目区,设计灌溉面积仍为 366.5 万亩,以东作为二期工程进行建设。

2.4.1　工程等别及主要建筑物级别

依照《水利水电工程等级划分及洪水标准》(SL 252—2000),确定本灌区工程等别为 1 等,工程规模为大(1)型。依照《灌溉与排水工程设计规范》(GB 50288—99),灌溉渠道或排水沟的级别应根据灌溉或排水流量的大小按表 2-1 确定。对于灌排结合的渠道工程,当按灌溉和排水流量分属两个不同工程级别时,应按其中较高的级别确定。渠系建筑物的级别,应根据过水流量的大小按表 2-2 确定,且不应低于其所在渠道的工程级别;干、分干渠及渠系建筑物工程级别见表 2-3。

表 2-1　灌排渠沟工程分级指标

工程级别	1	2	3	4	5
灌溉流量(m^3/s)	>300	300~100	100~20	20~5	<5
排水流量(m^3/s)	>500	500~200	200~50	50~10	<10

表 2-2　灌排建筑物分级标准

工程级别	1	2	3	4	5
过水流量(m^3/s)	>300	300~100	100~20	20~5	<5

表 2-3　灌区干、分干渠及渠系建筑物工程级别

序号	骨干渠道名称	设计流量(m^3/s)	工程级别	序号	骨干渠道名称	设计流量(m^3/s)	工程级别
1	总干渠	150	2	13	西干渠	69.6	3
2	西三干渠	12~26.48	3~4	14	西三分干渠	15	4
3	东三干渠	21.14~31.36	3	15	东三南干渠	7.8	4
4	东三北干渠	6.1	4	16	竖岗分干	8.54	4
5	双幸运河	20	3	17	贾西干渠	10~20	3~4
6	贾东一干渠	15	4	18	四五八沟	7.67	4
7	北干渠	3.5~5	4~5	19	曹李干渠	3~7	4~5
8	红旗渠	9	4	20	东五干渠	3.3~9	4~5
9	古城干渠	4~9	4~5	21	马村干渠	2~10	4~5
10	丰收渠	1~5	4~5	22	江村干渠	10	4
11	鄢陵干渠	10~30	3~4	23	一分干渠	3.26	4
12	二分干渠	8.5	4				

河南省赵口灌区工程示意见图 2-1。

2.4.2　工程总体布置

2.4.2.1　续建配套与节水改造工程布置

在《99 节水规划》中,水利部批复的续建配套节水改造灌溉面积为 366.5 万亩,骨干工程总投资 51 367 万元。批复续改建渠道长 720.54 km,续改建骨干排水沟 705.61 km,续改建渠道建筑物 558 座。渠道整治衬砌及配套建筑物包括:总干渠、西干渠及其下辖的东三干、西三干、西三分干、东三南干、东三

图 2-1　河南省赵口灌区工程示意图

北干、赵坟分干、高寨分干、郭厂分干、竖岗分干等 11 条分干渠。配套建筑物:总干渠 35 座,西三干 23 座,东三干 2 座,西三分干 13 座。其中,西干渠下辖 6 条支渠,西三干下辖 9 条支渠,西三分干下辖 10 条支渠,东三干下辖 7 条支渠,东三南干下辖 6 条支渠,东三北干下辖 6 条支渠,赵坟分干下辖 4 条支渠,高寨分干下辖 3 条支渠,郭厂分干下辖 2 条支渠,竖岗分干下辖 2 条支渠,支渠共配套建筑物 133 座,合计 206 座。

通许县灌排合一沟道续建区范围内共规划 7 条,配套建筑物 21 座。

扶沟县渠道整治包括红旗渠、曹里干渠、南干渠、北干渠、马村干渠、古城干渠、东五干渠、江村干渠、丰收渠等 9 条渠道。配套建筑物有红旗渠 11 座、曹里干渠 7 座、北干渠 8 座、马村干渠 17 座、古城干渠 11 座、东五干渠 13 座、江村干渠 7 座、丰收渠 11 座,合计 85 座。

西华县渠道整治包括贾西干渠、贾东一干、贾东二干、王庄北干、王庄南干、四五八沟等 6 条渠道,配套建筑物有贾西干渠 7 座、贾东一干 4 座、四五八沟 3 座,合计 14 座。

鄢陵县渠道整治包括鄢陵干渠、一分干、二分干、三分干、四分干、五分干等 6 条渠道,下辖支渠沟 17 条。配套建筑物有鄢陵干渠 70 座、一分干渠 18 座、二分干渠 38 座、三分干渠 21 座、四分干渠 20 座、五分干渠 32 座,支渠沟配套各类建筑物 129 座,合计 328 座。

鹿邑县渠道整治包括双辛运河、鹿辛运河、白沟河、清水河、清晋引水渠等 10 条灌排合一河道。建筑物配套有双辛运河 5 座、清水河 25 座,合计 30 座。

2.4.2.2　二期工程布置

河南省赵口灌区二期工程位于赵口灌区的总干渠—运粮河—涡河以东,设计灌溉面积 220.5 万亩,范围涉及郑州、开封、周口、商丘 4 市的 5 县 3 区(中牟县、祥符区、鼓楼区、城乡一体化示范区、通许、杞县、太康、柘城)54 个乡镇 2 000 个自然村。

工程主要建设内容有 31 条渠道,总长约 373.98 km。其中,总干渠 1 条,长 23.62 km;干渠 9 条,长 158.84 km;分干渠 6 条,总长 120.28 km;支渠 15 条,长 71.24 km。28 条河(沟)道治理,总长 262.57 km;改造各类建筑物 1 035 座,其中新建 247 座,重建 765 座,改建 2 座,维修利用 21 座。

2.5　赵口灌区续建配套与节水改造及二期工程设计概况

2.5.1　续建配套与节水改造工程设计情况

2.5.1.1　渠身混凝土衬砌及网格梁护坡

续建配套与节水改造工程渠道主要是在原有渠道上进行硬化,以提高渠身的防渗能力。续建配套与节水改造工程主要渠道改造衬砌设计见表2-4~表2-6。

表2-4　总干渠衬砌设计指标

渠道名称	设计流量（m³/s）	衬砌长度（km）	设计底宽（m）	渠深（m）	设计水深（m）	边坡系数	比降	糙率	衬砌形式	衬砌厚度（cm）
总干渠（1+540~8+596）	150	7.056	27	3.66	2.66	2.5	1/4 500	0.015	全断面	10

表2-5　鄢陵干渠二分干渠道整治指标

渠道名称	灌溉流量（m³/s）	5年一遇除涝流量（m³/s）	20年一遇防洪流量（m³/s）	长度（km）	底宽（m）	除涝水深（m）	防洪水深（m）	灌溉水深（m）	边坡系数	比降	糙率
0+000~2+500	8.5	120	195	2.5	20	3.35	4.36	0.72	2	1/2 500	0.027 5
2+500~9+600	8.5	138	224	7.1	23	3.35	4.36	0.68	2	1/2 500	0.027 5

表2-6　鄢陵干渠衬砌设计指标

渠道名称	设计流量（m³/s）	衬砌长度（km）	设计底宽（m）	渠深（m）	边坡系数	比降	糙率	衬砌形式	衬砌厚度（cm）
鄢陵干渠（4+682.7~5+282.7）	20	0.6	10	3.1	2	1/10 000	0.015	渠坡	10

衬砌混凝土强度等级采用C20F100W6。衬砌厚度10 cm,沿水流向每隔5 m设一道横向伸缩缝,缝宽2 cm,缝内采取闭孔泡沫塑料板填充。渠坡设置φ160PVC管,管内填充C20无砂混凝土排水体,纵向排水孔间距2.0 m。渠坡踏步沿水流方向每200 m设置一处,左右岸交叉布置。衬砌之前对原有渠道进行清基、整修,对坍塌破坏严重渠段,采用黏性土回填,回填土压实度不小于0.94。

衬砌高程以上非过水断面采用C20预制混凝土框格衬砌,以保护渠道边坡。

2.5.1.2　渠首闸、进水闸、节制闸、退水闸新建及改造

1. 渠首闸

河南省赵口灌区始建于1970年,灌区渠首闸位于黄河右岸桩号42+500(河南省中牟县万滩乡弯道凹岸顶冲)处,1970年建成,共16孔,设计流量210 m³/s,其中东一孔入狼城岗干渠,西三孔入三刘寨干渠,中十二孔入赵口总干渠。

黄河水利委员会于1981年10月至1983年12月对赵口引黄闸进行了改建,改建后的闸仍为16孔,西三孔不用已封堵,中十二孔入赵口引黄灌区总干渠,东一孔入狼城岗干渠;建筑物总长160.75 m,

其中闸身长(含洞身)68.5 m。闸单孔净宽 2.6 m,设计流量仍为 210 m³/s,加大流量 240 m³/s,过堤涵单孔净宽 3.0 m,净高 2.5 m。闸底板高程 81.5 m,涵洞出口底部高程 81.2 m,胸墙底高程 84.62 m。由于黄河控导工程及所处的有利地形,工程运行 40 多年来,引水口基本靠自流,从未出现脱流情况,是引黄口门中最好的引水口。

2. 鄢陵干渠东明义节制闸

东明义节制闸位于鄢陵干渠桩号 25+117 处,节制闸设计流量 10.0 m³/s,节制闸中心线与鄢陵干渠中心线一致。节制闸总长 73.5 m,由进口段、闸室段和出口段组成。

进口段长 26.0 m,前 10 m 为混凝土梯形断面,底板厚 0.2 m;后 16.0 m 为混凝土圆弧墙形式,长 16 m,边墙为悬臂式挡墙,采用 C25 混凝土浇筑,铺盖厚 0.4 m。

闸室段为整体浇筑的钢筋混凝土结构,顺水流方向长 10.0 m,2 孔,单孔净宽 3.0 m。闸室为开敞式结构,闸墩高 4.76 m,边墩厚 1.0 m,闸底板厚 0.9 m。闸室均采用 C25 钢筋混凝土浇筑。闸墩上设有排架及工作桥、启闭机房。闸门采用 3.0 m×2.5 m 平板铸铁闸门,选用 120 kN 手电两用螺杆式启闭机。

出口段长 37.5 m,包括消力池段、出口连接段。消力池长 11.5 m,为深挖式消力池,矩形流槽形式,池深 0.8 m,底板厚 1.0 m,采用 C25 混凝土浇筑,底板设置排水孔,下部设粗砂垫层厚 0.2 m 及 350 g/m² 的土工布。出口连接段长 26 m,前 16 m 为圆弧墙形式,边墙为悬臂式挡墙,底板厚 0.4 m;后 10 m 为梯形断面,底板为干砌石护底,厚 0.3 m,后设防冲槽。

3. 鄢陵干渠东店节制闸

东店节制闸位于鄢陵干渠桩号 36+132 处,节制闸设计流量 10.0 m³/s,节制闸中心线与鄢陵干渠中心线一致。节制闸总长 71.5 m,由进口段、闸室段、出口段组成。

进口段长 26.0 m,前 10 m 为混凝土梯形断面,底板厚 0.2 m;后 16.0 m 为混凝土圆弧墙形式,长 16 m,边墙为悬臂式挡墙,采用 C25 混凝土浇筑,铺盖厚 0.4 m。

闸室段为整体浇筑的钢筋混凝土结构,顺水流方向长 8.0 m,2 孔,单孔净宽 3.0 m。闸室为开敞式结构,闸墩高 6.5 m,边墩厚 1.0 m,闸底板厚 1.0 m。闸室均采用 C25 钢筋混凝土浇筑。闸墩上设有排架及工作桥、启闭机房。闸门采用 3.0 m×2.5 m 平板铸铁闸门,选用 120 kN 手电两用螺杆式启闭机。

出口段长 37.5 m,包括消力池段、出口连接段。消力池长 11.5 m,为深挖式消力池,矩形流槽形式,池深 0.8 m,底板厚 1.0 m,采用 C25 混凝土浇筑,底板设置排水孔,下部设粗砂垫层厚 0.2 m 及 350 g/m² 的土工布。出口连接段长 26 m,前 16 m 为圆弧墙形式,边墙为悬臂式挡墙,底板厚 0.4 m;后 10 m 为梯形断面,底板为干砌石护底,厚 0.3 m,后设防冲槽。

4. 鄢陵干渠桥北张节制闸

桥北张节制闸位于鄢陵干渠桩号 40+175.4 处,节制闸设计流量 10.0 m³/s,节制闸中心线与鄢陵干渠中心线一致。节制闸总长 60.18 m,由进口段、闸室段和涵洞段和出口段组成。

进口段长 28.0 m,前 10 m 为混凝土梯形断面,护砌厚 0.2 m;后 10.0 m 为混凝土圆弧墙形式,侧墙为悬臂式挡墙,采用 C25 钢筋混凝土结构,挡墙与闸室间设 8 m 长流槽连接。

闸室段为整体浇筑的钢筋混凝土结构,顺水流方向长 8.0 m,2 孔,单孔净宽 3.0 m。闸室为胸墙式结构,闸墩高 4.0 m。闸室均采用 C25 钢筋混凝土浇筑。闸墩上设有排架及工作桥、启闭机房。闸门采用 3.0 m×2.5 m 平板铸铁闸门,选用 120 kN 手电两用螺杆式启闭机。涵洞段长 10.5 m,涵洞采用 2 孔箱型钢筋混凝土结构,单孔净尺寸为 3.0 m×2.5 m。涵洞穿堤而过,连接闸室与下游消力池。

出口段长 13.68 m,为消力池段,与老沂水河道相连接,采用整体流槽形式。消力池深 0.5 m,消力池外河底顺水流方向设 5 m、长 30 m 宽浆砌石护砌。

5. 一分干渠晋门节制闸

晋门节制闸设在一分干桩号为 3+345 处,为拆除重建,本节制闸处一分干渠道底宽 2 m,边坡 1:1.5。渠底高程 59.86 m。设计流量 3.26 m³/s,设计水位为 61.09 m。采用开敞式闸室,闸孔净宽取 2 m。闸门采用铸铁闸门,单孔,闸门尺寸为 2.0 m×2.0 m。

晋门节制闸建筑物总长 54.4 m,由进口段、闸室段、出口段组成。进口段长 15 m,采用斜降墙与护坡相结合的连接方式,斜降墙为 C25 混凝土,护坡为 C20 混凝土,护底为 C20 混凝土。

闸室段闸孔部分顺水流方向长 10.0 m,总宽度 3.6 m,为开敞式水闸。闸室共 1 孔,单孔净宽 2.0 m,闸底板厚 0.8 m,闸底板高程 59.86 m,闸墩高 3.94 m。上部设闸房,工作闸门采用铸铁闸门。启闭机采用 80 kN 手电两用螺杆启闭机。

出口段长 29.4 m,其中消力池长 9.4 m,为钢筋混凝土流槽,底高程由 59.86 m 经过 1:4 斜坡段降至消力池底高程 59.26 m。消力池底宽 2.0 m,采用深挖式结构,池深 0.5 m,底板设竖向排水孔,间距 1.0 m,梅花形布置。下游防护段长 20.0 m,包括斜降式挡墙和防冲槽段,斜降式挡墙长 15 m,护底采用 C20 混凝土,底宽为 2.0 m。防冲槽段长 5 m,深 1.7 m,两岸边坡采用 C20 混凝土护砌,厚度为 0.1 m。

6. 一分干渠稻梗节制闸

稻梗节制闸设在一分干桩号为 6+441 处,为拆除重建,本节制闸处一分干渠道底宽 2 m,边坡 1:1.5,渠底高程 58.88 m,设计流量 3.26 m³/s,设计水位为 60.11 m。采用开敞式闸室,闸孔净宽取 2 m。闸门采用铸铁闸门,单孔,闸门尺寸为 2.0 m×2.0 m。

稻梗节制闸建筑物总长 54.4 m,由进口段、闸室段、出口段组成。进口段长 15 m,其中扭曲面挡墙长 10 m,防护段长 5 m,挡墙、护坡、护底均为 C20 混凝土。闸室段闸孔部分顺水流方向长 10.0 m,总宽 3.4 m,为开敞式水闸。闸室共 1 孔,单孔净宽 2.0 m,闸底板厚 0.7 m,闸底板高程 58.88 m,闸墩高 2.62 m。上部设闸房,工作闸门采用铸铁闸门,启闭机采用 80 kN 手电两用螺杆启闭机。

出口段长 29.4 m,其中消力池长 9.4 m,为钢筋混凝土流槽,底高程由 58.88 m 经过 1:4 斜坡段降至消力池底高程 58.28 m。消力池底宽 2.0 m,采用深挖式结构,池深 0.5 m,底板设竖向排水孔,间距 1.0 m,梅花形布置。下游防护段长 20.0 m,包括扭曲式挡墙、防护段和防冲槽段。挡墙长 10 m,护底采用 C20 混凝土,底宽为 2.0 m。防护段长 5 m,采用 C20 混凝土护坡,厚 0.2 m。防冲槽段长 5 m,深 1.7 m,两岸边坡采用 C20 混凝土护砌,厚度为 0.1 m。

7. 马村干渠双庙节制闸

双庙节制闸位于马村干渠桩号 12+532 处。双庙节制闸主体工程按 4 级建筑物设计。双庙节制闸设计灌溉流量为 8 m³/s。工程总长 60 m,由进口段、闸室段、出口段组成。

马村干渠底宽 6.0 m,内边坡 1:1.5。进口段包括左右岸均为 C20 混凝土护砌加 C25 钢筋混凝土圆弧形挡墙与上游渠道顺接。闸室为整体浇筑的钢筋混凝土结构,顺水流方向长 11 m,两孔,孔口尺寸 2.5 m×2.0 m。闸室为开敞式,闸墩高 3.6 m,边墩厚 0.7 m,闸底板厚 0.8 m。闸室均采用 C25 钢筋混凝土浇筑。闸墩上设有排架、工作桥、启闭机房及 5.1 m 宽的交通桥。闸门采用 2.5 m×2.0 m 铸铁闸门,选用 100 kN 手电两用螺杆式启闭机。出口段长 34 m,出口消力池深 0.6 m,消力池长 11 m,后接 15 m 长的 C20 扭曲面混凝土斜降墙,末端设置 1.5 m 深抛石防冲槽。

8. 鄢陵干渠退水闸

鄢陵干渠退水闸位于鄢陵县鄢陵干渠上,桩号 47+080,退水闸拦蓄水位 52.66 m。鄢陵干渠在退水闸处与老沂水河道重合,鄢陵干渠灌溉流量为 10 m³/s,设计水位为 52.66 m,老沂水河道除涝流量为 120 m³/s,除涝水位为 54.16 m。

鄢陵干渠退水闸总长 94.5 m,分上游护砌段、上游铺盖段、闸室段、消力池段和下游防护段共五部分。闸室前沿桩号确定为鄢陵干渠 40+050 km。

上游护砌段长 10 m,梯形断面,主河槽两岸边坡 1:2,底宽 18 m,采用浆砌块石护底、护坡,厚度均为 30 cm,其下碎石垫层厚 15 cm。护底首端设深 1.3 m 的浆砌块石防冲齿槽,底板高程 50.36 m,两侧边坡坡顶高程 53.50 m。

上游铺盖段长 20 m,两岸为 C25 钢筋混凝土圆弧形翼墙,墙身净高 3.14 m,圆弧翼墙上游端迎水面加 1:2 贴坡与上游渠段边坡平顺连接;护底为 C25 混凝土,厚 0.5 m。底板高程 50.36 m,挡墙墙顶高程 53.50 m。

闸室段闸孔部分顺水流方向长 6.5 m,总宽 23.2 m,为开敞式平底板宽顶堰结构。闸室共 1 孔,单孔净宽 20 m,闸底板厚 1.8 m,闸底板高程 50.36 m。在左岸防护堤上设一座控制房,工作闸门采用钢筋混凝土闸门,闸门挡水高度 2.3 m。

消力池段总长 15 m,由斜坡段和池身段组成,高程由 50.21 m 经过 1∶4 斜坡段降至消力池底高程 49.36 m。消力池底宽 20 m,采用深挖式结构,池深 0.8 m。消力池两侧挡墙与底板分离,墙顶高程 53.50 m,墙高 4.14 m,采用 C25 钢筋混凝土挡土墙;消力池底高程 49.36 m,护底采用 C25 钢筋混凝土,厚 0.7 m,底板设竖向排水孔,间距 2 m,梅花形布置。消力池底板末端设混凝土齿坎,坎顶高程 50.16 m。

下游防护段长 43 m,包括浆砌石扭曲面段、防护段及防冲槽段。扭曲面段长 15 m,为 M7.5 浆砌石扭曲面挡墙,墙底板为 C20 混凝土。护底采用 M7.5 浆砌块石,厚 500 mm,底宽由 20 m 渐变至 18 m。防护段长 20 m,两岸坡及底板均采用 M7.5 浆砌石护砌,厚度为 300 mm,防冲槽段长 8 m,防冲槽深 1.8 m。

9. 一分干渠退水闸

一分干渠退水闸设在一分干桩号为 9+919.5 处,为拆除重建,退水至汶河。本退水闸处一分干渠底宽 2 m,边坡 1∶1.5。渠底高程 57.78 m。设计流量 3.26 m³/s,设计水位 59.01 m。采用开敞式闸室,闸孔净宽 2 m。

一分干退水闸建筑物总长 21 m,由进口段、闸室段、出口段组成。进口段长 10 m,为扭曲面挡墙,挡墙、护底均为 C20 混凝土。

闸室段闸孔部分顺水流方向长 6.0 m,总宽 3.4 m,为开敞式水闸。闸室共 1 孔,单孔净宽 2.0 m,闸底板厚 0.7 m,闸底板高程 57.78 m,闸墩高 2.3 m,上部设闸房,工作闸门采用铸铁闸门,闸门尺寸为 2.0 m×2.0 m,启闭机采用 80 kN 手电两用螺杆启闭机。出口段长 5 m,采用渐变式矩形槽与埋设在汶河大堤下面的圆管涵(直径 1.3 m)相接,矩形槽上设盖板,流槽与盖板均采用 C25 混凝土。

10. 马村干渠退水闸

马村干渠退水闸位于幸福河右岸,桩号 24+599 处。马村干渠退水闸为新建涵闸,为防止幸福河行洪时河水倒灌而设置。马村干渠退水闸按主体工程按 4 级建筑物设计,马村干渠退水闸设计流量为 8.5 m³/s,退水闸轴线与堤防轴线交角 90°。工程总长 54.7 m,由进口段、管身段、闸室段、出口段组成。

进口段包括 C20 混凝土护砌段和圆弧挡墙段,C20 混凝土护砌段长 7.5 m,底宽 6.0 m,内边坡 1∶1.5,C20 混凝土护坡厚 0.2 m,护底厚 0.3 m。圆弧挡墙段半径 10 m,连接上游护砌段和管身段,墙身采用 C25 钢筋混凝土挡土墙。

管身段水平投影长 17 m,洞底比降 1/154。管身横向为箱形钢筋混凝土结构,两孔,孔口尺寸 2 m× 2.5 m。涵管顶板厚 0.4 m,底板厚 0.45 m,边墙厚 0.45 m,中墙厚 0.4 m,采用 C25 钢筋混凝土。底部铺设 C10 混凝土垫层,厚 0.1 m。闸室为整体浇筑的钢筋混凝土结构,顺水流方向长 8 m,两孔,孔口尺寸 2 m×2.5 m。闸室前段为涵洞式,孔口尺寸与洞身相同,并设有胸墙;后段为开敞式,闸墩高 3.9 m,边墩厚 0.7 m,闸底板厚 0.8 m。闸室均采用 C25 钢筋混凝土浇筑。闸墩上设有排架及工作桥、启闭机房。闸门采用 2 m×2.5 m 铸铁闸门,选用 100 kN 手电两用螺杆式启闭机。

出口段长 32.45 m。出口斜坡段长 14.7 m,底板厚 0.5 m,两侧采用 C25 钢筋混凝土斜降墙,底板设置 φ75 排水孔;水平护砌段长 17.75 m,宽 20 m,采用 0.5 m 厚 M7.5 浆砌石,下设 0.1 m 厚碎石垫层。出口段连接幸福河主河槽。

11. 鄢陵干渠伍子节制闸设计

伍子节制闸位于鄢陵干渠桩号 18+500 处,该处地面高程 61.39 m 左右,伍子节制闸灌溉设计流量为 15 m³/s,除涝设计流量为 80 m³/s,闸中心线与鄢陵干渠中心线重合。节制闸总长 78.0 m,由进口段、闸室段和出口段三部分组成。

进口段主要为进口渐变段,进口渐变段沿轴线长度为 15.0 m,进口渐变段连接上游渠道护砌段和闸室段。渐变段采用 C25 混凝土翼墙,墙身净高 3.8~4.0 m,护底为 C20 混凝土,厚 0.5 m。

闸室段为整体浇筑的钢筋混凝土结构,顺水流方向长 9.0 m,共 3 孔,孔口尺寸 3.5 m×3.7 m(宽×高)。闸室为开敞式结构,闸墩高 4.0 m,边墩厚 0.9 m,中墩厚 1.0 m,闸底板厚 0.9 m,闸室总宽 14.3 m。闸室均采用 C25 钢筋混凝土浇筑。闸墩上设有排架及工作桥、启闭机房。闸门采用 3.5 m×3.7 m

平板钢闸门,选用 150 kN 螺杆式启闭机。

出口段长 54 m,包括消力池段、出口渐变段及防冲槽段。消力池长 15 m,为深挖式消力池,池底宽 12.5 m,池深 0.7 m。消力池采用 C25 混凝土底板,底板厚 0.7 m,两侧采用 C25 混凝土半重力式翼墙结构,底板设置 φ75 竖向排水孔,间距 1.5 m,梅花形布置。出口渐变段长 24 m,出口渐变段连接消力池段和下游防冲槽段,渐变段浆砌石翼墙扭曲面,翼墙基础为 C20 基础,厚 0.6 m,渐变段护底为 M7.5 浆砌石,厚 0.5 m。浆砌石扭曲面末端设置防冲槽,防冲槽深 2.0 m。

节制闸进口渐变段挡墙下部、闸室、出口消力池及出口渐变段挡墙下部软基采用 3.0 m 深水泥土换填加固,换填后的承载力不小于 180 kPa。

12. 鄢陵干渠马桥闸设计

马桥闸现状为一单孔水闸,孔宽 3 m,浆砌砖结构,表面砂浆抹面。三分干渠为利用二道河输水灌溉,其引水闸同时应满足二道河防洪排涝要求,现状水闸过水能力不满足要求,本次工程予以拆除重建。经现场查勘将进水闸位置下移 65 m。

马桥闸位于三分干渠桩号 0+065 处,渠道设计流量 10.5 m³/s,渠道除涝流量 82.8 m³/s,比降为 1/1 500,底宽 6 m,边坡系数为 2,除涝水深 3.43 m,水闸按除涝流量进行设计。

马桥闸闸中心线与三分干渠中心线重合。引水闸总长 132.33 m,由上游护砌段、进口段、闸室段、出口段组成。

上游护砌段总长 41.33 m,主要为渠道护砌,平顺水流及连接上下游渠底。护砌段两岸边坡采用 1:1 浆砌石贴坡挡墙,渠底采用 0.5 m 厚浆砌石护底,浆砌石采用 M7.5 浆砌石。

进口段主要为进口扭曲面段及进口直墙段,进口扭曲面段沿轴线长度为 15.0 m,进口扭曲面段连接上游渠道护砌段和直墙段,扭曲面段采用 M7.5 浆砌石。直墙段长 15 m,采用 C25 钢筋混凝土翼墙,墙身净高 4.2 m,墙下设 0.1 m 厚 C15 混凝土垫层,直墙段护底为 C20 混凝土,厚 0.5 m。

闸室段为整体浇筑的钢筋混凝土结构,顺水流方向长 11.0 m,共 3 孔,孔口尺寸(宽×高)3.5 m×4.3 m。闸室为开敞式结构,闸墩高 4.3 m,边墩厚 0.7~1.0 m,中墩厚 1.0 m,闸底板厚 0.9 m,闸室总宽 14.5 m。闸室均采用 C25 钢筋混凝土浇筑。闸墩上设有排架及工作桥、启闭机房。闸门采用 3.5 m× 3.7 m 平板钢闸门,选用 150 kN 螺杆式启闭机。

出口段长 50 m,包括消力池段、出口扭曲面段及防冲槽段。消力池长 15 m,为深挖式消力池,池底宽 12.5 m,池深 0.7 m。消力池采用 C25 钢筋混凝土底板,底板厚 0.7 m,两侧采用 C25 钢筋混凝土半重力式翼墙结构,底板设置 φ75 竖向排水孔,间距 1.5 m,梅花形布置。出口扭曲面段长 25 m,出口扭曲面段连接消力池段和下游防冲槽段,扭曲面段两侧为 M7.5 浆砌石翼墙,翼墙基础为 C20 混凝土基础,渐变段护底为 M7.5 浆砌石,厚 0.5 m。浆砌石扭曲面末端设置防冲槽段。防冲槽段长 10 m,两侧护坡为 M7.5 浆砌石护坡,护底为抛石护底,防冲槽深 2.0 m。

2.5.1.3 倒虹吸、过水涵洞改造

东五干渠在桩号 3+400 处需穿越王庄河,采用渠道倒虹吸的形式,倒虹吸进口设节制闸,在节制闸进口渐变段的右岸设倒虹吸退水闸。倒虹吸工程全长 108.2 m,分进口段、闸室段、管身段及出口段共四部分。

进口段长 20 m,分为进口护砌段及进口渐变段,进口护砌段长 8 m,底部采用厚 30 cm 的 C20 混凝土护砌,边坡采用厚 20 cm 的 C20 混凝土护砌。进口渐变段底部采用 40 cm 厚的 C20 混凝土护砌,两侧采用 C20 混凝土扭曲墙,将渠道边坡与节制闸闸墩平顺衔接。

闸室段顺水流向长 8 m,垂直水流向宽 7.2 m,闸底板厚 70 cm,边墩厚 70 cm,中墩厚 80 cm,闸底板高程 54.54 m,闸墩顶高程 57.30 m,工作桥顶面高程 61.30 m。节制闸采用两孔,孔口尺寸(宽×高) 2.5 m×2.5 m,闸门采用平面铸铁闸门,配两台 100 kN 手电两用螺杆式启闭机。闸底板及闸墩均采用 C25 钢筋混凝土。

管身段水平投影总长 52.2 m,其中管身水平段 9 m,管身斜坡段长 43.2 m。管身结构形式为 C30 钢筋混凝土箱形结构,两孔,单孔净尺寸(宽×高)2.5 m×2.0 m,顶板、底板及边墙均厚 0.45 m,中隔墙

厚 0.4 m。

出口段长 28 m,分为出口矩形渠段、出口渐变段及出口护砌段。出口矩形渠段长 10 m,底板采用厚 50 cm 的 C20 混凝土护砌,两侧为 C20 半重力式挡土墙。出口渐变段长 10 m,底部采用 40 cm 厚的 C20 混凝土护砌,两侧采用 C20 混凝土扭曲墙,将矩形渠道与下游渠道边坡平顺衔接。

退水闸位于倒虹吸进口段的渠道右岸,退水闸顺水流向中心线与东五干渠道中心线夹角为 45°。退水闸工程总长 47.2 m,分进口段、闸室段及出口段三部分。

进口段底部采用 40 cm 厚的 C20 混凝土护砌,右岸采用圆弧斜降墙与东五干渠边坡平顺衔接,左岸采用圆弧翼墙将退水闸与节制闸闸墩平顺衔接。

闸室段顺水流向长 9 m,垂直水流向宽 3.4 m,闸底板厚 70 cm,边墩厚 70 cm,闸底板高程 54.54 m,闸墩顶高程 57.30 m,工作桥顶面高程 61.30 m。退水闸采用单孔,孔口尺寸(宽×高)2.0 m×2.5 m,闸门采用平面铸铁闸门,配一台 100 kN 手电两用螺杆式启闭机。闸底板及闸墩均采用 C25 钢筋混凝土。

出口段长 38.2 m,分为消力池段、渐变段和渠道护砌段三部分。消力池段长 8 m,采用深挖式消力池,池深 0.5 m,两侧为 C20 混凝土挡土墙。渐变段长 8 m,底部采用 40 cm 厚的 C20 混凝土护砌,两侧采用 C20 混凝土扭曲墙。渠道护砌段长 22.2 m,底部采用 30 cm 厚的 C20 混凝土护砌,边坡采用厚 20 cm 的 C20 混凝土护砌,渠道护砌段护砌至与王庄河的交汇处。

2.5.1.4　调整和续建干支渠、水斗门及排水口等支门设计

一期调整干渠支门共 9 座,分别位于马村干渠及东五干渠,其中马村干渠支门 5 座,东五干渠支门 4 座。东五干渠共布置 4 座支门,分别为魏营村东支渠 1 支门、魏营村东支渠 2 支门、连庄支渠支门及三太冢支门。

(1)魏营村东支渠 1 支门。位于东五干渠桩号 5+426 处的渠道左岸,设计引水流量 1.5 m³/s。支门工程总长 30 m,由进口渐变段、闸室段和出口段三部分组成。闸室为单孔,孔口尺寸(宽×高)2.0 m×1.5 m,配一台 50 kN 手动螺杆式启闭机。

(2)魏营村东支渠 2 支门。位于东五干渠桩号 5+778 处的渠道右岸,设计引水流量 1.5 m³/s。支门工程总长 43 m,由进口段、闸室段和出口段三部分组成。闸室为单孔,孔口尺寸(宽×高)2.0 m×2.0 m,配一台 80 kN 手电两用螺杆式启闭机。

(3)连庄支渠支门。位于东五干渠桩号 11+900 处的渠道右岸,设计引水流量 1.5 m³/s。支门工程总长 30.57 m,由进口段、闸室段和出口段三部分组成。闸室为单孔,孔口尺寸(宽×高)2.0 m×1.5 m,配一台 50 kN 手动螺杆式启闭机。

(4)三太冢支门。位于东五干渠桩号 12+575 处的渠道右岸,设计引水流量 1.5 m³/s。支门工程总长 37 m,由进口段、闸室段和出口段三部分组成。闸室为单孔,孔口尺寸(宽×高)2.0 m×1.5 m,配一台 50 kN 手动螺杆式启闭机。

东五干渠支门的基本情况见表 2-7。

表 2-7　东五干渠支门基本情况统计

渠系名称	支门名称	桩号	干渠设计流量 (m³/s)	支门设计流量 (m³/s)	引水水位 (m)	闸底板高程 (m)	闸孔数	孔口尺寸 (m×m)
东五干渠	魏营村东支渠 1 支门	5+426	6.8	1.5	56.19	55.00	1	2.0×1.5
	魏营村东支渠 2 支门	5+778	6.8	1.5	56.15	54.60	1	2.0×2.0
	连庄支渠支门	11+900	3.3	1.5	54.71	53.77	1	2.0×1.5
	三太冢支门	12+575	5.8	1.5	54.62	53.68	1	2.0×1.5

马村干渠共布置 5 座支门,分别为王阮支门、下马刘支门、双庙支门、二分干支门和新练寺支门。

(1)王阮支门位于马村干渠桩号 6+970 处的渠道右岸,设计引水流量 2.0 m³/s。支门工程总长 35 m,由进口渐变段、闸室段和出口段三部分组成。闸室为单孔,孔口尺寸(宽×高)2.0 m×2.0 m,配一台 80 kN 手电两用螺杆式启闭机。

(2)下马刘支门位于马村干渠桩号 11+027 处的渠道右岸,设计引水流量 2.0 m³/s。支门工程总长 35 m,由进口渐变段、闸室段和出口段三部分组成。闸室为单孔,孔口尺寸 2.0 m×1.5 m(宽×高),配一台 50 kN 手动螺杆式启闭机。

(3)双庙支门位于马村干渠桩号 12+387 处的渠道右岸,设计引水流量 2.0 m³/s。支门工程总长 31 m,由进口渐变段、闸室段和出口段三部分组成。闸室为单孔,孔口尺寸 2.0 m×1.5 m(宽×高),配一台 50 kN 手动螺杆式启闭机。

(4)二分干支门位于马村干渠桩号 12+517 处的渠道左岸,设计引水流量 2.0 m³/s。支门工程总长 35 m,由进口渐变段、闸室段和出口段三部分组成。闸室为单孔,孔口尺寸(宽×高)2.0 m×2.0 m,配一台 80 kN 手电两用螺杆式启闭机。

(5)新练寺支门位于马村干渠桩号 16+297 处的渠道右岸,设计引水流量 1.5 m³/s。支门工程总长 37 m,由进口渐变段、闸室段和出口段三部分组成。闸室为单孔,孔口尺寸(宽×高)2.0 m×1.5 m,配一台 50 kN 手动螺杆式启闭机。

马村干渠支门的基本情况见表 2-8。

表 2-8　马村干渠支门基本情况统计

渠系名称	支门名称	桩号	干渠设计流量(m³/s)	支门设计流量(m³/s)	引水水位(m)	闸底板高程(m)	闸孔数	孔口尺寸(m×m)
马村干渠	王阮支门	6+970	10	2.0	55.52	54.32	1	2.0×2.0
	下马刘支门	11+027	8	2.0	54.76	54.00	1	2.0×1.5
	双庙支门	12+387	8	2.0	54.38	53.30	1	2.0×1.5
	二分干支门	12+517	8	2.0	54.32	53.60	1	2.0×2.0
	新练寺支门	16+297	4	1.5	52.97	51.60	1	2.0×1.5

2.5.1.5　新建及改造交通及生产桥

1. 瓦坡桥

总干渠瓦坡桥位于赵口总干渠桩号 16+640 处,建于 20 世纪 70 年代,为钢筋混凝土平板灌注桩结构,现状灌注桩和桥板断裂,桥栏杆损坏,危及交通安全,拆除重建。

设计荷载级别为公路-Ⅱ级(折减),抗震设防烈度为 7 度。桥型上部采用 6 孔标准跨径 10 m 的 C40 钢筋混凝土铰接矩形空心板,桥长 60 m;桥面宽为 0.5 m(防撞墙)+4.5 m(行车道)+0.5 m(防撞墙),不设人行道,桥面总宽 5.5 m。

下部为柱式墩台,钻孔灌注桩基础,桥墩柱式墩身高 2.54 m,柱径 0.8 m;桩基础桩径 1.0 m,桩长 20.0 m。墩台桩柱均采用 C25 钢筋混凝土结构。

2. 鄢陵干渠伍子桥

鄢陵干渠伍子桥位于鄢陵县鄢陵干渠上的伍子桥(设计桩号为 19+052),与鄢陵干渠正交布置。桥梁长度结合渠道开口宽合理布跨,跨径组合为 3×8 m,桥梁全长 29.04 m。桥梁设计荷载等级:农桥-Ⅰ级;桥梁为桥面净宽 4.5 m,总宽 5.5 m。上部结构形式:采用 3×8 m 跨径的预制混凝土空心板,下部结构墩台采用排架式结构,钻孔灌注桩基础。

2.5.1.6 渠顶硬化及边坡防护

为方便运行期灌渠管理,一期工程对原有渠顶进行硬化,道路净宽 4 m,两侧设 0.5 m 土路肩,全宽 5 m。混凝土道路面层为 200 mm C25 混凝土路面,基层为 200 mm 厚 10%水泥土,路面横坡采用 1.5% 双向横坡。为防止热胀冷缩破坏,路面纵向每 5 m 设置一道横向缩缝,硬化总长度 148 781 m。

渠道渠坡防护设计主要针对渠道衬砌高度以上的土质渠坡及填方、半挖半填渠道外坡的防护。

为了顺利有效地排除降雨在堤顶上产生的径流,减轻径流对渠道土质内坡的冲刷,需设置排水沟。排水沟分横向与纵向两种,横向排水沟与渠道水流方向垂直,设置在渠道内坡坡面上,间距为 50 m;纵向排水沟与渠道水流方向平行,设置在堤顶靠近渠道内侧一侧。排水沟均为矩形断面,深和宽均为 0.3 m,厚为 0.15 m,采用 C20 现浇混凝土。

为了防止渠坡冲蚀和雨水渗入危及渠道安全,需对渠道坡面进行防护。对于无外水影响的一般半填半挖及全填方渠段外坡,采用草皮护坡的防护形式,对于混凝土衬砌以上土质内坡,由于开挖土层主要为少黏性土,为防止雨水冲刷与水土流失,采用混凝土框格+草皮的防护形式。

2.5.1.7 管理房屋及其他配套设施新建与改造

管理房屋主要为灌区运行管理维护的基础设施,原有管理房屋一是偏少,二是已建结构简陋,年久失修,远远不能满足运行管理要求,因此急需新建、改建。

新建管理房结构主体为砌体结构,采用墙下条形基础,现浇楼板、屋面板结构。累积新建管理房屋 2 座,建筑面积 180.00 m²。改建管理房屋多以拆除重建为主,改建房屋 18 座,建筑面积 3 715.98 m²。

2.5.1.8 金属结构及电气设备更换

1. 金属结构

本工程涉及的金属结构主要为水闸,涉及 8 个县,分别为开封县、尉氏县、通许县、扶沟县、鄢陵县、鹿邑县、西华县和中牟县,其中进水闸 38 座、节制闸 60 座、退水闸 57 座、口门 54 座,共计 209 座水闸,闸门 628 扇。

本工程涉及的水闸主要是节制闸和进水闸,孔口尺寸较小,数量不多,为了优化闸门布置形式,对平面钢闸门、铸铁闸门和弧形闸门三种门型进行比较。经方案比选,结合工程布置、孔口尺寸及孔口数量选定:孔口尺寸(宽×高):<3.0 m× 3.0 m 的用平面铸铁闸门,孔口尺寸(宽×高):≥3.0 m×3.0 m 的用平面钢闸门。

平面钢闸门主材采用 Q235B,门叶采用多主横梁,等荷载同层布置,闸门行走支承采用悬臂轮,轴承采用无油润滑滑动轴承。门叶结构计算按容许应力方法进行,闸门的强度、刚度和稳定性计算均符合规范规定。

本工程中水闸规模较小,闸门孔口尺寸及闸前水位均较小,因此所需闸门的启门力不大,宜采用螺杆启闭机和固定卷扬启闭机。结合运用要求、孔口布置、闸孔孔数、工作级别、经济指标等选定:对于启闭力≤50 kN 的闸门,选用手动螺杆式启闭机;对于 50 kN<启闭力≤100 kN 的闸门,选用手电两用螺杆式启闭机;启闭力>100 kN 的闸门,选用固定卷扬机启闭。启闭机布置形式为一门一机。启闭机安装有闸限位装置,以避免闸门在启升过程中超过极限位置。

为延长金属结构的使用寿命,钢闸门及埋件外露部分均需喷砂除锈、喷锌、油漆综合防腐(除不锈钢表面外)。启闭机机架表面采用喷砂除锈、油漆防腐。闸门埋入混凝土部分除锈后应均匀涂刷一层水泥浆,水泥浆里应加一些胶和氧化剂,以便提高水泥浆涂层质量。

2. 电气设备更换或重建

一期续建配套工程主要供电对象为:扶沟县 9 座建筑物、太康县 4 座建筑物、开封县 11 座建筑物、通许县 9 座建筑物、鄢陵县 32 座建筑物、鹿邑县 2 座建筑物、西华县 3 座建筑物。

初步拟订在各用电点配置高压供电电源及变电设施,依据当地电力系统现状以及工程布置,确定各建筑物供电电压采用 10 kV。电源均由各处附近的 10 kV 线路上"T"接在各用电点设置 1 台组合箱变。

根据相关规程、规范规定,为防止雷击对闸站和变电站的危害,在闸房顶设置避雷带,每根专设引下线的冲击接地电阻不大于 10 Ω;为了保护人身和设备的安全,闸站设接地装置。接地装置应充分利用闸站地板中的钢筋、预埋件。变电站接地装置与泵站接地装置要连在一起,形成一整体接地装置,接地电阻小于 1 Ω,当自然接地体不能满足要求时,需另增设人工接地。

操纵室内四周设接地线与室内启闭机、水泵电机、动力配电箱、照明配电箱连接,并和自然接地网及人工接地网可靠连接。组合箱变、低压配电柜、启闭机控制柜、照明箱、动力箱等电气设备均以接地线与自然接地网和人工接地网可靠连接。各建筑物做单独接地,接地电阻应符合规程要求。若实测不满足要求,需另增设接地体直至满足要求。

2.5.1.9　环保及水土保持工程

1. 水土保持工程

一期工程的水土保持主要为永久水保措施及施工期水保措施。永久水保措施主要为渠道非过水断面渠道边坡的保护,迎水面非过水边坡结合土建网格梁做基础框架结构,网格梁内撒草籽进行绿化,对坡面进行水土保持保护。渠堤外边坡直接在坡面撒草籽进行绿化。

对续建配套及节水改造的其他(如控制闸、节制闸、退水闸、涵洞、倒虹吸等)进出口两侧裸露边坡、管理设施场区边坡等,均采用植草或种树进行绿化,以避免永久边坡水土流失。

对开挖弃料的渣场,采用挡渣墙、排水沟及植草进行渣场坡面水土保护。

对施工期的临时渣场、临时营地等也采取临时工程及植物措施,以避免施工期水土流失。

2. 水环境保护措施

(1)施工机械、车辆检修冲洗废水包括含油机修水和车辆冲洗水两部分,主要污染物为石油类。针对该类废水流量不固定等特点,采用隔油池对废水进行处理,共布置隔油池 216 座。隔油池为砖砌结构,水泥砂浆抹面,池壁为直立式,有效容积为 3.0 m³,池体长 3.0 m、宽 1.5 m、深 1.5 m。

(2)混凝土拌和、养护废水。混凝土拌和、养护将产生碱性废水,由于废水 pH 较高,应在沉淀池中加入适量的酸调节 pH 至中性后,再进行沉淀处理。处理后的废水排放至附近排水系统,淤泥经自然干化后运至弃渣点。共布置沉淀池 216 座,沉淀池采用一池两格形式,墙体和底部采用水泥砂浆砌砖,池底垫层为 C10 素混凝土厚 10 cm,设计容量 5.0 m³,池体长 3.0 m、宽 2.0 m、深 2.0 m。

(3)生活污水处理。本工程施工生活区比较分散,生活污水可通过工艺比较简单的化粪池进行处理。每处生活区布置一座化粪池,共 216 座,化粪池采用一池两格形式,长 3.5 m、宽 1.8 m、深 1.5 m;墙体采用水泥砂浆砌砖,底部为 C15 钢筋混凝土浇筑,厚 20 cm,C10 素混凝土垫层厚 10 cm,盖板为 C25 钢筋混凝土。

3. 声环境保护措施

施工单位必须选用符合国家有关标准的施工机具,尽量选用低噪声设备和工艺,并加强设备的维护和保养。振动大的机械设备使用减振机座降低噪声。施工车辆经过附近居民点时,尽量减少鸣笛,合理安排运输时间,尽量避免车辆噪声影响附近居民。混凝土搅拌机操作人员、推土机驾驶人员等实行轮班制,并配发防噪声耳塞、耳罩或防噪声头盔等噪声防护用具。

4. 大气环境保护措施

施工期大气污染主要是二次扬尘、燃油燃煤废气对空气的污染。对施工期空气污染防护措施的选择主要考虑通过加强施工管理,规范施工作业来控制,同时安装必要的除尘设施等,主要包括如下内容:

(1)施工材料运输采用封闭性车辆或遮盖措施,特别是散装水泥在运输过程中要采用水泥车罐装运输,防止在运输过程中泄漏,造成大气污染。

(2)本工程施工区安排洒水车,定时对容易产生二次扬尘的施工区域、搅拌装运现场、材料堆放场等撒水抑尘,干旱、多风季节每天洒水不能少于 2 次。施工场地内洒水车控制不到的地方,配置人力手推式洒水车进行人工辅助洒水。

(3)使用尾气排放不达标的车辆施工作业,不达标的施工机械要安装尾气净化器。

(4)生活区燃煤锅炉选用低硫、低灰煤,并安装高效脱硫除尘设施,使污染物达标排放。

5. 生态保护措施

施工期生态保护措施主要是对生态影响的消减措施。工程在施工期应当设置严格的施工活动范围,加强对施工人员的环境保护教育。

严禁随意砍伐、破坏非施工影响区内的各种野生植被。施工车辆要按照规划的施工道路行驶,以避免对施工区周边野生植被的碾压。施工人员在施工期严禁随意捕杀陆地野生动物、鱼类等。在施工过程中发现野生动物栖息场所,要注意进行保护,不得随意破坏。

6. 固体废弃物处理

固体废弃物包括施工人员及附属人员生活垃圾、生产废料和建筑垃圾,其中生活垃圾产生量最大。

(1)生活垃圾处置设计。在每个生活区设置 1 个垃圾箱,集中堆放生活垃圾,并及时清理,收集后就近运至垃圾处理场进行处置,共布置 216 个垃圾箱。做好施工期卫生防疫工作,搞好生活区环境卫生。

(2)建筑垃圾处置方法。工程结束后,拆除施工区的临建设施,对混凝土拌和系统、施工机械停放场、块石备料场、综合仓库和办公生活区及时进行场地清理,清除建筑垃圾及各种杂物,对其周围的生活垃圾、厕所、污水坑必须清理平整,并用石炭酸、生石灰进行消毒,做好施工场地恢复工作。

(3)生产废料处置方法。各工区安排专人负责生产废料的收集,废铁、废钢筋、废木碎块等应堆放在指定的位置,严禁乱堆乱放;废料统一回收,集中处理。

7. 人群健康保护

施工期卫生防护措施包括施工人员的卫生防疫、施工生活区与施工作业区的卫生防护、生活饮用水保护和食品卫生管理与监督等。

(1)施工人员的卫生防疫。进场前检疫,了解施工人员的来源及来源地的地方病情况,针对不同来源的施工人员拟订不同的检疫项目,按 20% 比例抽检。施工期间对施工人员的健康情况进行一次抽检,抽检比例为 10%,主要对传染性疾病进行抽检。若发现某种传染病有流行趋势,可扩大检查人数,并采取相应的治疗措施。对施工区危害较大且易流行的疾病,可采用预防性服药、免疫接种等方法进行防治,以提高施工人员对这种疾病的抵抗力,预防疾病蔓延。

(2)施工生活区卫生防护。蚊、蝇、鼠容易导致疾病传染,可采用毒饵法灭鼠,使用灭害灵杀灭蚊、蝇,防止疾病流行,施工结束后采用生石灰进行消毒处理。

(3)施工作业区卫生防护。为防止施工人员随地大小便,结合管理处布置,按施工人数每 6 人 1 m² 布设临时厕所。派专人负责消毒、打扫,施工结束后,进行消毒处理与填埋。

(4)生活饮用水保护。施工人员生活饮用水主要采用地下水源,经消毒后作为生活饮用水。为保证生活饮用水水质,要加强对取水、净化、输水等设备的管理,建立行之有效的放水、清洗、消毒和检修等制度及操作规程,并按规定对水源水、饮用水定期监测,水质应符合《生活饮用水卫生标准》(GB 5749—2006)。

(5)食品卫生管理与监督。对施工区各类饮食行业进行经常性的食品卫生检查和监督,从事餐饮的人员必须取得卫生许可证方可上岗作业,接触食品的操作人员实行"健康证"制度,发现食物中毒应立即采取有效的控制措施,防止病源扩大。

2.5.2　二期工程设计情况

2.5.2.1　渠身混凝土衬砌及渠道防护

1. 渠道衬砌设计

1)渠道衬砌原则

渠道衬砌的主要目的是防渗,减少渠道渗漏损失,提高输水配水能力,增加渠坡的稳定性,故对渠道进行全断面衬砌。渠道衬砌主要对总干渠、支渠、分干渠等进行衬砌。

对于田间提灌区域,主要位于灌区中下游,该区域充分利用河沟坑塘蓄水,补充地下水资源,采用沿沟渠分散提水灌溉与井灌相结合的灌溉模式,渠道主要进行断面治理,满足输水要求。

2)衬砌形式选择与确定

根据渠线沿线的地形、地质条件,结合规划输水、节水及水利用系数的总体目标,选取衬砌材料。衬砌材料应选择防渗效果好、经久耐用、输水能力和防淤抗冲能力高、施工方便、管护维修方便、价格合理的材料。

一般常用衬砌材料有现浇混凝土板衬砌、预制混凝土板衬砌、浆砌块石衬砌。现浇混凝土衬砌厚 10 cm,预制混凝土板衬砌厚 8 cm;浆砌块石衬砌厚 30 cm。对于浆砌块石衬砌,赵口灌区所涉及地区为平原地区,石材较缺,砌筑人工费用高,衬砌后渠道糙率较混凝土衬砌高,水力条件相对差,对赵口灌区而言,不太适合。混凝土预制块衬砌的渠道接缝多,整体性较差,板厚相对混凝土现浇板薄,抗冲抗磨性能较低。现浇混凝土衬砌,水力条件好,渠道表面美观,平整度高,施工便捷。综合考虑,选用现浇混凝土进行衬砌。

渠道衬砌采用现浇 C20 混凝土,厚 100 mm,抗冻等级 F150,抗渗等级 W6,渠道顶部设宽 30 cm 的封顶板。

3)渠道衬砌细部结构

混凝土衬砌每隔 5 m 设一道横向伸缩缝和纵向伸缩缝,分缝均采用矩形缝,宽度采用 2 cm,缝内填充闭孔泡沫板,缝下铺 350 g/m² 土工布反滤。

2. 渠坡防护

为保护渠道衬砌高度以上的土质渠坡及填方、半挖半填渠道外坡的防护,对渠道衬砌以外边坡进行排水及防护设计。

为了顺利有效地排除降雨在堤顶上产生的径流,减轻径流对渠道土质内坡的冲刷,渠顶设置排水沟。排水沟分横向与纵向两种,横向排水沟与渠道水流方向垂直,设置在渠道内坡坡面上,间距为 50 m;纵向排水沟与渠道水流方向平行,设置在堤顶靠近渠道内侧一侧。排水沟均为矩形断面,深和宽均为 0.3 m,厚为 0.15 m,采用 C20 现浇混凝土。

为了防止渠坡冲蚀和雨水渗入危及渠道安全,对渠道坡面进行防护。对于无外水影响的一般半填半挖及全填方渠段外坡,采用草皮护坡的防护形式;对于混凝土衬砌以上土质内坡,由于开挖土层主要为少黏性土,为防止雨水冲刷与水土流失,采用混凝土框格+草皮的防护形式。

2.5.2.2　渠首闸、进水闸、节制闸、退水闸新建及改造

1. 节制闸设计

干支渠节制闸共计 91 座,其中新建节制闸 28 座,重建节制闸 55 座,现状保留 7 座,维修 1 座。

1)陈留分干香坊节制闸

陈留分干香坊节制闸渠底设计高程 67.54 m,渠底宽 12.0 m,渠道内边坡坡比 1∶2,比降 1/2 500,设计流量 23.34 m³/s,设计水位 68.75 m,灌溉期水位 69.39 m。

香坊节制闸总长 44 m,由进口段、闸室段、出口段组成。闸孔数采用 3 孔,闸孔宽度为 3.5 m。

(1)进口段挡墙两侧为直线形扭曲面,长 10 m。两侧翼墙采用半重力式 C20 混凝土挡墙,沿原渠坡坡比 1∶2 渐变直到闸室段;底板为厚 0.4 m 的 C20 混凝土结构,宽度为 11.0 m 渐变至 11.5 m,底板顶高程为 67.54 m。

(2)闸室为整体浇筑的钢筋混凝土结构,顺水流方向长 9 m,三孔,孔口尺寸(宽×高)3.5 m×3.0 m。中墩厚 100 cm,边墩顶部厚 80 cm,底部厚 100 cm。闸底板厚 70 cm,底板高程为 67.54 m。闸室均采用 C25 钢筋混凝土浇筑。闸墩上设有排架及工作桥、启闭机房,排架高 4.0 m,排架尺寸为 0.4 m×0.4 m。闸门采用 3.5 m×3 m 平板钢闸门,选用 100 kN 手电两用螺杆式启闭机 3 台。

(3)出口段长 25 m,包括消力池段及海漫段。消力池长 13 m,为深挖式消力池,池底宽 12.50 m,池深 0.4 m,两侧为半重力式 C20 混凝土挡墙,墙高 3.5~3.9 m。消力池水平段挡墙和底板均设置排水孔,孔径 80 mm,间距 2 m。出口渐变段长 12 m,两侧为 C20 混凝土扭曲面半重力式挡墙,墙前坡比由竖直逐渐变为 1∶2。消力池出口海漫段长 12 m。

2)陈留分干冯羊枢纽

陈留分干冯羊枢纽包括冯羊节制闸和冯羊分水口闸。冯羊节制闸渠底设计高程 66.92 m,渠底宽 18.0 m,渠道内边坡坡比 1∶2,比降 1/2 500,设计流量 21.30 m³/s,设计水位 67.75 m,灌溉期水位 69.22 m。

冯羊节制闸总长 44 m,由进口段、闸室段、出口段组成。

(1)进口段挡墙两侧为直线形扭曲面,长 10 m。两侧翼墙采用半重力式 C20 混凝土挡墙,沿原渠坡

坡比 1:2 渐变直到闸室段；底板为厚 0.4 m 的 C20 混凝土结构，宽度为 17.0 m 渐变至 16.0 m，底板顶高程为 66.92 m。

（2）闸室为整体浇筑的钢筋混凝土结构，顺水流方向长 9 m，四孔，孔口尺寸（宽×高）3.5 m×3.0 m。中墩厚 100 cm，边墩顶部厚 80 cm，底部厚 100 cm。闸底板厚 70 cm，底板高程 66.92 m。闸室均采用 C25 钢筋混凝土浇筑。闸墩上设有排架及工作桥、启闭机房，排架高 4.0 m，排架尺寸 0.4 m×0.4 m。闸门采用 3.5 m×3 m 平板钢闸门，选用 100 kN 手电两用螺杆式启闭机 4 台。

（3）出口段长 25 m，包括消力池段及出口渐变段。消力池长 13 m，为深挖式消力池，池底宽 17.0 m，池深 0.4 m，两侧为半重力式 C20 混凝土挡墙，墙高 4.5~4.0 m。消力池水平段挡墙和底板均设置排水孔，孔径 80 mm，间距 2 m。出口渐变段长 12 m，两侧为 C20 混凝土扭曲面半重力式挡墙，边坡由竖直变为 1:2。

冯羊分水口闸总长 20.24 m。进口段为在干渠渠堤上修建的"八"字形开口矩形槽段，采用 C20 混凝土结构，矩形槽长 5.12 m。闸室为整体浇筑的 C25 钢筋混凝土结构，闸室前端设置 1.2 m×1.2 m 的铸铁闸门，闸门后连接直径为 1 200 mm 的预制钢筋混凝土管，管长 10 m，管下设 C20 混凝土支墩。涵管后用"L"形挡墙与下游渠道衔接。

3）小城枢纽

小城枢纽位于东二干末端桩号 29+976.2 处。小城枢纽包括东二干小城节制闸、马家沟退水闸和下惠贾渠进水闸三个建筑物。

枢纽进口段长 40 m，分为进口渐变段和铺盖段，进口渐变段长 20 m，采用 M7.5 浆砌块石扭曲断面进行渐变、底部采用 M7.5 浆砌石护底，其下碎石垫层厚 0.2 m。护底首端设深 0.5 m 的浆砌块石防冲齿槽。铺盖段长 20 m，两岸为 C20 混凝土翼墙，墙身净高 3.2 m，护底为 0.5 m 厚的 C20 混凝土底板。

（1）小城节制闸闸室段顺水流方向长 8.0 m，总宽度 7.4 m，为潜孔式水闸。闸室共 2 孔，单孔净宽 2.5 m，闸底板厚 0.8 m，闸底板高程 64.852 m，闸墩高 3.2 m，上部设闸房，工作闸门采用铸铁闸门。启闭机采用 80 kN 手电两用螺杆式启闭机。小城节制闸后接已建小型倒虹吸。

（2）下惠贾渠进水闸进水流量为 12 m³/s，进水闸中心线与东二干中心线交角为 76°，闸室段顺水流方向长 9.0 m，总宽 8.4 m，为开敞式水闸。闸室共 2 孔，单孔净宽 3.0 m，闸底板厚 0.8 m，闸底板高程 64.852 m，闸墩高 3.2 m，上部设闸房，工作闸门采用铸铁闸门。启闭机采用 100 kN 手电两用螺杆式启闭机。进水闸出口段长 41 m，其中消力池长 19.5 m，为分离式 C20 混凝土半重力式挡土墙结构，高程由 64.852 m 经 1:4 斜坡段降至消力池底高程 62.2 m。消力池底宽 6.9 m，采用深挖式结构，池深 0.5 m。底板设竖向排水孔，间距 1.5 m，梅花形布置。下游防护段长 23 m，包括浆砌石扭曲面段及防冲槽段。扭曲面段长 15 m，为 M7.5 浆砌石扭曲面挡墙，墙底板为 C20 混凝土。护底采用 M7.5 浆砌块石，底宽由 6.9 渐变至 5.5 m。防护段及防冲槽段长 8 m，两岸坡采用 M7.5 浆砌石护砌，厚度为 0.5 m，防冲槽深 2.0 m。

（3）马家沟退水闸流量为 8.85 m³/s，闸室段顺水流方向长 10 m，总宽 4.8 m，为开敞式水闸。闸室共 2 孔，单孔净宽 2.0 m，闸底板厚 0.65 m，闸底板高程 64.852 m，闸墩高 3.2 m，上部设闸房，工作闸门采用铸铁闸门，闸门挡水高 1.2 m。启闭机采用 50 kN 手电两用螺杆式启闭机。出口段长 24 m，其中消力池长 18 m，为整体式 C25 钢筋混凝土流槽结构，消力池底宽由 4.8 m 渐变为 12 m 延伸至马家沟，池深 0.6 m。

4）杞县幸福西干渠金村对口节制闸

杞县幸福西干渠金村对口闸南节制闸渠底设计高程 58.28 m，设计流量 3.66 m³/s，上游渠底宽 7 m，坡比 1:2，比降 1/7 500，设计水深 1.02 m；下游渠底宽 5.5 m，坡比 1:2，比降 1/7 500，设计水深 1.14 m，渠底高程 58.06 m。

进水闸总长 71 m，由进口段、闸室段、出口段组成。

（1）进口段长 25 m，包括进口护坡段和进口挡墙段。进口护坡段采用 C25 混凝土；进口段挡墙为一字墙，长 15 m。两侧翼墙采用半重力式 C25 混凝土挡墙；底板为厚 0.4 m 的 C25 混凝土结构，宽由 7 m 渐变至 4.8 m，底板顶高程为 58.28 m。

（2）闸室段为胸墙式整体浇筑的钢筋混凝土结构，顺水流方向长 10 m，两孔，孔口尺寸（宽×高）2.0

m×2.0 m。边墩及中墩厚80 cm，闸底板厚80 cm，底板高程为58.28 m。闸室均采用C25钢筋混凝土浇筑。闸墩上设有排架及工作桥、启闭机房，排架高3.1 m，排架尺寸0.4 m×0.4 m。闸门采用2.0 m×2.0 m铸铁闸门，选用100 kN手电两用螺杆式启闭机2台。

（3）出口段长36 m，包括消力池段、出口渐变段、下游护坡段。消力池长11 m，为深挖式消力池，池底宽4.8 m，池深0.5 m，两侧为C25钢筋混凝土挡墙，流槽边墙顶部厚0.4 m，底部厚0.8 m，流槽底板厚0.8 m，底板和边墙下部设有排水孔，孔径80 mm，间距为1 m，按梅花形布置；出口渐变段长15 m，采用浆砌石扭曲面重力式挡墙，底板为由边坡竖直渐变为1:2；下游护坡段长10 m采用浆砌石结构，末端设置防冲槽。

5）太康县幸福干渠姜岗东西对口闸布置

太康县幸福干渠姜岗东西对口闸分别位于幸福干渠设计桩号5+500处和5+642处，结构布置形式相同，以下以姜岗西节制闸为例进行布置说明。闸底板设计高程50.91 m，渠底宽5.0 m，渠道内边坡比1:2，比降1/8 000，设计流量12.85 m³/s，设计水深2.32 m。与大埝沟相交处，沟底高程50.91 m，5年一遇排涝水深3.15 m。根据挡水要求，闸门选用4.0 m×4.0 m平板钢闸门，闸室结构采用涵闸形式，涵洞顶部渠堤高程为56.8 m，与大埝沟渠堤高程同高。

姜岗西节制闸总长66 m，由进口段、涵洞段、闸室段、出口段组成。

（1）进口段挡墙两侧均为"L"形挡墙，长25 m。采用悬臂式C25钢筋混凝土结构，墙高6.19 m，渠底宽由5 m渐变至涵洞进口处底宽4 m；底板顶高程为50.99 m。

（2）涵洞段长20 m，进口底部高程50.99 m，比降1/250，出口底部高程50.91 m，采用矩形断面，孔口尺寸（宽×高）4 m×3 m，C25钢筋混凝土结构，底板厚70 cm，顶板及边墙厚均为60 cm。

（3）闸室段为整体浇筑的钢筋混凝土结构，顺水流方向长6 m，1孔，孔口尺寸（宽×高）4 m×4 m。闸底板厚100 cm，底板高程50.91 m。闸室均采用C30钢筋混凝土浇筑。闸墩上设有排架及工作桥、启闭机房，排架高6 m，排架尺寸为0.4 m×0.4 m，横梁尺寸为0.4 m×0.4 m。闸门采用4.0 m×4.0 m平板钢闸门，选用300 kN手电两用螺杆式启闭机1台。

（4）出口段长15 m，渠底设深挖式消力池，池底宽4~5 m，池深0.8 m，底板厚0.6 m，C20混凝土。两侧为M7.5浆砌石扭曲面挡墙，边坡由竖直渐变为1:2。底板和挡墙下部设有排水孔，孔径80 mm，间距为1.5 m，按梅花形布置。

6）东一干渠百亩岗节制闸

东一干渠百亩岗节制闸渠底设计高程70.85 m，渠底宽5.5 m，渠道内边坡比1:2，比降1/3 500，设计流量3.74 m³/s，设计水深0.7 m。

百亩岗节制闸总长58.65 m，由进口段、闸室段、出口段组成。

（1）进口段挡墙两侧为直线形扭曲面，长15 m。两侧翼墙采用半重力式C20混凝土挡墙，沿原渠坡坡比逐变直到闸室段；底板为厚0.4 m的C20混凝土结构，宽度为5.5 m渐变至4.8 m，底板顶高程为70.85 m。

（2）闸室段为整体浇筑的钢筋混凝土结构，顺水流方向长10.5 m，二孔，孔口尺寸（宽×高）2.0 m×3.0 m。中墩厚80 cm，边墩厚70 cm，闸底板厚80 cm，底板高程70.85 m。闸室均采用C25钢筋混凝土浇筑。闸墩上设有排架及工作桥、启闭机房，排架高4.2 m，排架尺寸0.4 m×0.4 m。闸门采用2.0 m×2.5 m铸铁闸门，选用100 kN手电两用螺杆式启闭机1台。

（3）出口段长33.15 m，包括消力池段、出口渐变段及防冲槽段。消力池长8.15 m，为深挖式消力池，池底宽4.8 m，池深0.5 m，两侧为C25钢筋混凝土挡墙，流槽边墙顶部厚0.4 m，底部厚0.8 m，流槽底板厚0.9 m，底板和边墙下部设有排水孔，孔径75 mm，间距1.5 m，按梅花形布置；出口渐变段长15 m，两侧为M7.5浆砌石扭曲面半重力式挡墙，边坡由竖直渐变为1:2。浆砌石扭曲面末端设置防冲槽，防冲槽段长10 m，梯形断面，两侧采用1:2.0的M7.5浆砌石护坡，底部抛石防冲槽深1.5 m。

2.进水闸工程

进水闸共计82座，其中新建进水闸24座，重建进水闸56座，保留2座。

1）龙王庙枢纽

龙王庙枢纽位于总干渠桩号 34+499.4 处，龙王庙枢纽包括东二干进水闸和东一干进水闸以及东一干穿上东一干排倒虹吸，东二干设计进水流量为 52.5 m³/s，闸孔尺寸为 4 孔 3.5 m×2.5 m；东一干设计进水流量为 4.58 m³/s，闸孔尺寸为 1 孔 2.0 m×2.0 m。

（1）东二干进水闸进口渐变段翼墙采用 M7.5 浆砌石扭曲面，C20 混凝土底板，渐变段底板采用 M7.5 浆砌石底板，长 20 m，底高程同总干渠末端底高程，为 72.82 m；渐变段后接 20 m 长铺盖段，铺盖段翼墙和铺盖采用分离式结构，翼墙为 C20 混凝土翼墙，铺盖为 500 mm 厚 C20 混凝土底板。

闸室段采用开敞式钢筋混凝土结构，顺水流方向长 11.0 m，闸底板高程 72.82 m，垂直水流向宽 18.8 m，厚 0.9 m，前后齿墙深均为 0.5 m，闸墩顶高程 76.02 m，闸墩高 3.2 m，中墩厚 1.0 m，边墩厚 0.9 m。闸门采用平面钢闸门（孔口尺寸 3.5 m×2.5 m），选用 100 kN 手电两用螺杆式启闭机启闭。

出口段长 55 m，包括消力池段、出口海漫段及防冲槽段。消力池长 15 m，为深挖式消力池，池底宽由 17 m 渐变至 15.5 m，池深 0.8 m。消力池采用 C20 混凝土底板，底板厚 0.7 m，两侧采用 C20 混凝土半重力式翼墙结构，底板设置 φ75 排水孔，底板下部设粗砂垫层厚 0.2 m 及 350 g/m² 的土工布；出口海漫段长 25 m，出口渐变段连接消力池段和下游斜坡段，渐变段采用 M7.5 浆砌石翼墙扭曲面，翼墙基础为 C20 基础，厚 0.7 m，渐变段护底为 M7.5 浆砌石，厚 0.5 m。浆砌石扭曲面末端设置防冲槽，防冲槽段长 15 m，梯形断面，两侧采用 1:2.5 的 M7.5 浆砌石护坡，其下砂砾石垫层厚 20 cm、土工布一层厚 0.5 m，底部抛石防冲槽深 2.0 m。

（2）东一干进水闸由东二干进水闸铺盖段分水，用圆弧直墙与东一干进水闸闸室连接，铺盖底板高程由 72.82 m 渐变至 73.25 m。

闸室段采用胸墙式钢筋混凝土结构，顺水流方向长 11.0 m，闸底板高程 73.25 m，垂直水流向宽 3.4 m，厚 0.9 m，前后齿墙深均为 0.5 m，闸墩顶高程 76.6 m，闸墩高 3.35 m，边墩厚 0.7 m。闸门采用平面铸铁闸门（孔口尺寸 2.0 m×2.0 m），选用 50 kN 手电两用螺杆式启闭机启闭。

闸室下游端接 C20 混凝土流槽，流槽总长 32 m，流槽底高程 73.25 m，顶高程为 75.55 m，流槽后接穿上东一干排倒虹吸，倒虹吸进口底高程为 72.81 m。倒虹吸管身总长度为 38.96 m，其中管身水平段 10 m，管身上游斜坡段长 15 m，下游斜坡段长 13.96 m。结构形式为钢筋混凝土箱形结构，净尺寸为 2.0 m×2.0 m，顶板厚 0.4 m，底板厚 0.45 m，边墙厚 0.4 m。

出口段长 27 m，包括消力池段和出口渐变段。消力池长 12 m，为深挖式消力池。消力池采用 C25 混凝土矩形流槽，底板厚 0.6 m，底板设置 φ75 排水孔，底板下部设粗砂垫层厚 0.2 m 及 350 g/m² 的土工布；出口渐变段长 15 m，连接消力池段和下游斜坡段，采用 M7.5 浆砌石翼墙扭曲面，翼墙底板与翼墙为整体浇筑，底板厚 0.6 m；渐变段护底为 M7.5 浆砌石，厚 0.5 m，后接东一干衬砌渠道。

2）陈留分干进水闸

陈留分干进水闸渠底设计高程 70.80 m，渠底宽 12.0 m，渠道内边坡比 1:2，比降 1/2 500，设计流量 23.34 m³/s，设计水位 71.92 m，灌溉期水位 72.14 m。

陈留分干进水闸总长 42 m，由进口段、闸室段、出口段组成。

（1）进口段挡墙两侧为直线形扭曲面，长 10 m。两侧翼墙采用半重力式 C20 混凝土挡墙，沿原渠坡坡比 1:2 渐变至闸室段；底板为厚 0.4 m 的 C20 混凝土结构，宽度由 11.4 m 渐变至 11.9 m，底板顶高程 70.80 m。

（2）闸室段为整体浇筑的钢筋混凝土结构，顺水流方向长 9 m，三孔，孔口尺寸（宽×高）3.5 m×2.5 m。中墩厚 100 cm，边墩顶部厚 80 cm，底部厚 100 cm。闸底板厚 70 cm，底板高程 67.54 m。闸室均采用 C25 钢筋混凝土浇筑。闸墩上设有排架及工作桥、启闭机房，排架高 3.5 m，排架尺寸 0.4 m×0.4 m。闸门采用 3.5 m×2.5 m 平板钢闸门，选用 100 kN 手电两用螺杆式启闭机 1 台。

（3）出口段长 25 m，包括消力池段及出口渐变段。消力池长 13 m，为深挖式消力池，池底宽 12.50 m，池深 0.4 m，两侧为半重力式 C20 混凝土挡墙，墙高 2.8~3.3 m。消力池水平段挡墙后由竖直渐变为渠坡，坡比 1:2。消力池水平段挡墙和底板均设置排水孔，孔径 80 mm，间距 2 m。出口渐变段长 12 m，两侧为 C20 混凝土扭曲面半重力式挡墙,边坡由竖直渐变为 1:2。

3) 杞县幸福干渠进水闸

杞县幸福干渠进水闸渠底设计高程 59.775 m,渠底宽 5.2 m,坡比 1:2,比降 1/6 000,设计流量 11.99 m³/s,设计水深 2.06 m。

进水闸总长 71 m,由进口段、闸室段、出口段组成。

(1)进口段长 25 m,包括进口护坡段和进口挡墙段。进口护坡段采用 C25 混凝土;进口段挡墙为一字墙,长 15 m。两侧翼墙采用半重力式 C25 混凝土挡墙;底板为厚 0.4 m 的 C25 混凝土结构,宽度由 5.2 m 渐变至 5.1 m,底板顶高程为 59.775 m。

(2)闸室为胸墙式整体浇筑的钢筋混凝土结构,顺水流方向长 10 m,两孔,孔口尺寸 2.0 m×2.5 m(宽×高)。边墩厚 80 cm,中墩厚 110 cm,闸底板厚 80 cm,底板高程 59.775 m。闸室均采用 C25 钢筋混凝土浇筑。闸墩上设有排架及工作桥、启闭机房,排架高 4.3 m,排架尺寸 0.4 m×0.4 m。闸门采用 2.0 m×2.5 m 平板钢闸门,选用 QP-125 kN 卷扬式启闭机 2 台。

(3)出口段长 36 m,包括消力池段、出口渐变段、下游护坡段。消力池长 11 m,为深挖式消力池,池底宽 5.1 m,池深 0.5 m,两侧为 C25 钢筋混凝土挡墙,流槽边墙顶部厚 0.4 m,底部厚 0.8 m,流槽底板厚 0.8 m,底板和边墙下部设有排水孔,孔径 80 mm,间距 1 m,按梅花形布置;出口渐变段长 15 m,采用浆砌石扭曲面重力式挡墙,底板由边坡竖直渐变为 1:2;下游护坡段长 10 m,采用浆砌石结构,末端设置防冲槽。

4) 红泥沟进水闸工程

红泥沟进水闸渠底设计高程 43.50 m,渠底宽 7.0 m,渠道内边坡比 1:2,比降 1/5 000,设计流量 0.3 m³/s,设计水深 0.21 m。

进水闸总长 58.0 m,由进口段、闸室段、出口段组成。

(1)进口段。红泥沟进水闸进口渐变段翼墙采用 M7.5 浆砌石扭曲面,C20 混凝土底板,渐变段底板采用 C20 混凝土底板,长 10 m,底高程 43.50 m。

(2)闸室段采用开敞式钢筋混凝土结构,顺水流方向长 10.0 m,闸底板高程 43.50 m,垂直水流向宽 7.6 m、厚 0.8 m,前后齿墙深均为 0.5 m,闸墩顶高程 46.50 m,闸墩高 3.0 m,中墩厚 1.0 m,边墩厚 0.8 m。闸门采用铸铁闸门(孔口尺寸 2.5 m×2.5 m),选用 100 kN 手电两用螺杆式启闭机启闭。

(3)出口段长 31 m,包括消力池段、出口渐变段及防冲槽段。消力池长 11 m,为深挖式消力池,池底宽由 6.0 m 渐变至 7.0 m,池深 0.5 m。消力池采用 C20 混凝土底板,底板厚 0.7 m,两侧采用 C20 混凝土半重力式翼墙结构,底板设置 φ75 排水孔,底板下部设粗砂垫层厚 0.2 m 及 350 g/m² 的土工布。出口渐变段长 12 m,出口渐变段连接消力池段和下游防冲槽段,渐变段采用 M7.5 浆砌石翼墙扭曲面,翼墙基础为 C20 基础,厚 0.6 m,渐变段护底为 M7.5 浆砌石,厚 0.5 m。浆砌石扭曲面末端设置防冲槽,防冲槽段长 8 m,梯形断面,两侧采用 1:2.0 的 M7.5 浆砌石护坡,底部抛石防冲槽深 1.5 m。

3. 退水闸

退水闸工程共计 90 座,其中新建退水闸 59 座,重建退水闸 29 座,保留 2 座。

1) 上东一干排退水闸

上东一干排退水闸位于上东一干排桩号 14+300 处,设计退水流量取上东一干排 5 年一遇排涝流量 23.53 m³/s。闸孔为 3 孔,尺寸(宽×高)3.0 m×3.0 m。

(1)进口段。上东一干排退水闸进口渐变段翼墙采用 M7.5 浆砌石扭曲面,C20 混凝土底板,渐变段底板采用 M7.5 浆砌石底板,长 20 m,底高程 69.475 m;渐变段后接 20 m 长铺盖段,铺盖段翼墙和铺盖采用分离式结构,翼墙为 C20 混凝土翼墙,铺盖为 500 mm 厚 C20 混凝土底板。

(2)闸室段。采用开敞式钢筋混凝土结构,顺水流方向长 11.0 m,闸底板高程 69.475 m,垂直水流向宽 12.8 m、厚 0.9 m,前后齿墙深均为 0.5 m,闸墩顶高程 72.775 m,闸墩高 3.3 m,中墩厚 1.0 m,边墩厚 0.9 m。闸门采用平面钢闸门(孔口尺寸 3.0 m×3.0 m),选用 100 kN 手电两用螺杆式启闭机启闭。

(3)出口段长 55 m,包括消力池段、出口渐变段及防冲槽段。消力池长 15 m,为深挖式消力池,池底宽由 11 m 渐变至 8 m,池深 0.8 m,消力池采用 C20 混凝土底板,底板厚 0.7 m,两侧采用 C20 混凝土半重力式翼墙结构,底板设置 ϕ75 排水孔,底板下部设粗砂垫层厚 0.2 m 及 350 g/m² 的土工布。出口渐变段长 25 m 连接消力池段和下游斜坡段,底宽 8 m,渐变段采用 M7.5 浆砌石翼墙扭曲面;翼墙基础为 C20 混凝土基础,厚 0.5 m;渐变段护底为 M7.5 浆砌石,厚 0.5 m。浆砌石扭面末端设置防冲槽,防冲槽段长 15 m,梯形断面,两侧采用 1:2 的 M7.5 浆砌石护坡,其下砂砾石垫层厚 20 cm、土工布一层,厚 0.5 m,底部抛石防冲槽深 2.0 m。

2)总干渠退水闸

总干渠退水闸位于总干渠设计桩号 22+490 处,设计流量 30 m³/s,两孔,孔口尺寸 3.0 m×3.0 m。进口翼墙采用 C25 钢筋混凝土八字翼墙,长 40.74 m,分直墙和斜降墙两段,底高程 75.82 m;铺盖段翼墙和铺盖采用分离式结构,铺盖为 400 mm 厚 C20 混凝土底板。

闸室段采用开敞式钢筋混凝土结构,顺水流方向长 10.0 m,闸底板高程 75.82 m,垂直水流向宽 8.4 m、厚 0.8 m,前后齿墙深均为 0.6 m,闸墩顶高程 79.48 m,闸墩高 3.66 m,中墩厚 0.8 m,边墩厚 0.75 m。闸门采用平面钢闸门(孔口尺寸 3.0 m×3.0 m),选用 100 kN 手电两用螺杆式启闭机启闭。

出口段长 42 m,包括消力池段、出口渐变段及防冲槽段。消力池长 12 m,为深挖式消力池,池底宽 6.8 m、深 0.8 m,消力池采用 C25 钢筋混凝土矩形槽结构,底板厚 1.0 m,两侧边墙厚 0.7 m,底板设置 ϕ75 排水孔,底板下部设粗砂垫层厚 0.2 m 及 350 g/m² 的土工布;出口渐变段长 20 m,连接消力池段和下游斜坡段,底宽 6.8 m;渐变段采用 M7.5 浆砌石翼墙扭曲面,翼墙基础为 C20 混凝土基础,厚 0.6 m;渐变段护底为 M7.5 浆砌石,厚 0.5 m。浆砌石扭曲面末端设置防冲槽,防冲槽段长 10 m,梯形断面,两侧采用 1:2.5 的 M7.5 浆砌石护坡,其下碎石垫层厚 15 cm,底部抛石防冲槽深 1.8 m。

地基处理采用挤密砂石桩处理,桩径 0.6 m,桩间距 2 m,正三角形布置,桩长 20 m。处理范围为闸室段基础外延 4 m。填料含泥量不得大于 5%,最大粒径不大于 50 mm。可液化砂土挤密后相对密度不低于 0.75。

3)开封县东一干末端退水闸

开封县东一干末端退水闸将水退入上惠贾渠,设计桩号 22+015.6 处,设计流量 2.81 m³/s,1 孔,闸门尺寸 2.5 m×1.5 m。进口渐变段翼墙采用 M7.5 浆砌石扭曲面,渐变段底板采用 C20 混凝土底板,厚 30 cm、长 10 m,底高程 66.62 m;渐变段后接 8 m 长铺盖段,铺盖段为 C25 钢筋混凝土矩形槽结构,底部厚 50 cm,侧墙厚 40 cm。

闸室段采用开敞式钢筋混凝土结构,顺水流方向长 10.0 m,闸底板高程 66.62 m,垂直水流向宽 3.7 m、厚 0.6 m,前后齿墙深均为 0.5 m,闸墩顶高程 68.62 m,闸墩高 2 m,边墩厚 0.6 m。闸门采用平面钢闸门(孔口尺寸 2.5 m×1.5 m),选用 100 kN 手电两用螺杆式启闭机启闭。

出口段长 33.06 m,包括消力池段及出口渐变段。消力池长 10 m,为深挖式消力池,池底宽 2.5 m、池深 0.5 m,消力池采用 C25 钢筋混凝土矩形槽结构,结构尺寸同进口段矩形槽。底板设置 ϕ75 排水孔,底板下部设粗砂垫层厚 0.2 m 及 350 g/m² 的土工布;出口渐变段长 23.06 m,连接消力池段和上惠贾渠相接,底宽 2.5~10.27 m,底高程由 66.62 m 渐变为 65.14 m,渐变段采用 M7.5 浆砌石翼墙扭曲面,渐变段护底为 M7.5 浆砌石,厚 0.4 m。

4.渠道倒虹吸工程

当输水渠道与河沟交叉时,为保证输水和河沟排涝互不影响,根据河沟高程等情况,采取渠穿河沟的倒虹吸立体交叉形式,灌区共 10 座渠道倒虹吸。

1)陈留分干下穿韦政岗沟香坊渠道倒虹吸

香坊渠道倒虹吸工程起点设计桩号 7+400,终点设计桩号 7+530,总长 130 m。倒虹吸进口渠底高程 68.82 m,出口渠底高程 68.72 m,虹吸管身长度 80 m,管顶埋置在河道 10 年一遇洪水冲刷线以下不少于 0.5 m,水平段管顶高程 67.58 m,埋深 1.7 m。总水头 0.1 m,设计流量 20.25 m³/s。

(1)进口渐变段采用 M7.5 浆砌石扭曲面渐变段,长 12 m,为使水流平顺,减少水头损失,采用直线扭曲面形式,边坡系数 0~1.5,底宽 12~10 m。底部高程 68.82 m,渐变段顶部高程同进口段渠道堤顶高程 71.56 m。渐变段始端为贴坡式挡土墙,墙高 2.74 m;末端为迎水面直立的重力式挡土墙,墙高

2.74 m;底板为 C20W6F100 护底。

（2）进口流槽段采用 C20 钢筋混凝土整体结构,侧墙高 2.74 m;壁厚由上至下 0.3~0.6 m,槽底宽 6.5 m、底厚 0.5 m,流槽下设 10 cm 厚的 C15 混凝土垫层,底部高程为 68.82 m。

（3）倒虹吸管身段水平投影长 80 m,由进口斜管段、水平管段和出口斜管段三部分组成。进口斜管段为两节,水平投影长 25 m,坡比 1:4.5;出口斜管段为两节,水平投影长 25 m,坡比 1:4.7。水平管段总长 30 m,共 2 节,管身每两节之间设 2 cm 宽沉陷缝,以适应地基不均匀沉陷及温度变化等引起的管身伸缩。

倒虹吸管身为箱形钢筋混凝土结构,三孔,孔径 3.0 m×3.0 m,顶、底板厚 0.6 m,中墙和侧墙厚 0.5 m,倒虹吸管身段混凝土强度等级为 C30W6F100。

（4）出口渐变段采用 M7.5 混凝土扭曲面渐变段,长 15 m,为使水流平顺,减少水头损失,采用直线扭曲面形式,边坡系数 0~1.5,底宽 10~12 m,底部高程 68.72 m。渐变段顶部高程与进口段渠道堤顶高程相同,为 71.56 m。渐变段始端为贴坡式挡土墙,墙高 2.84 m;末端为迎水面直立的重力式挡土墙,墙高 2.84 m;底板为 0.5 m 厚 C20W6F100 混凝土护底。

出口渐变段长 15 m,采用 C20W6F100 钢筋混凝土整体结构,侧墙高 2.633 m,壁厚由上至下 0.3~0.6 m,槽底净宽 1.3 m,底板厚 0.4 m。流槽下设 10 cm 厚的 C10 混凝土垫层,底部高程 82.867 m。

（5）出口消能防冲段采用 0.3 m 厚 C20W6F100 混凝土护坡,0.5 m 厚 C20W6F100 混凝土护底,长 10 m。底板设 $\phi80$ mm 排水孔,间距 2 m,梅花形布置;底板下铺设 20 cm 粗砂反滤层和 350 g/m² 土工布,后接 5 m 宽抛石防冲槽,深 2 m。

2）其他倒虹吸设计

其他倒虹吸工程特性见表 2-9。

表 2-9　穿路倒虹吸工程特性表

序号	渠道/道路		位置	设计/加大流量 (m³/s)	设计水头 (m)	管身尺寸 (孔径) (m×m)	管身长度 (m)	进/出口段长度 (m)	建设类型
	名称		桩号						
1	东一干/九大街		1+028	3.37/4.38	0.2	2×2	70	24/24	新建
2	冯羊支渠/韦政岗沟韦政岗倒虹吸		2+056	0.89/1.20	0.1	1.5×1.8	77.5	5/7.0	重建
3	东风干渠/小蒋河丁庄南倒虹吸		7+930	1.35/1.75	0.1	2×2	108	20/20	新建
4	跃进干渠/铁底河常寨倒虹吸		12+370.4	5.89/7.36	0.15	3×3	90	25/25	新建
5	陈留分干/马家沟刘元寨倒虹吸		19+618	68/88.7	0.2	3.5×3	64.5	30/30	重建
6	东二干/高阳沟高阳倒虹吸		30+490	12.8/16.7	0.2	2.5×2	42.4	23/30.5	重建
7	陈留分干/韦政岗沟香坊倒虹吸		7+438	47.7/62.6	0.2	4×3.5	67.11	34/31.5	重建
8	陈留分干上惠贾渠倒虹吸		11+366	21.54/25.85	0.2	3×2.5	50	15/20	利用
9	陈留分干/铁底河杨庄倒虹吸		15+343	8.4/10.9	0.2	3×2.5	34.32	29.48/47.35	重建
10	东一干/韦政岗沟百亩岗倒虹吸		16+985	15.3/19.1	0.15	3×2.5	38.6	15/30.5	重建

5. 桥梁设计

1）概述

赵口灌区二期工程沿线跨渠桥梁修建年代久远,许多桥梁破损、毁坏。通过实地调查,工程需规划重(新)建桥梁 948 座,维修桥梁 7 座,其中中牟县重(新)建 5 座;开封县重(新)建 175 座,维修 2 座;通许县重(新)建 332 座;杞县重建 191 座,维修 5 座;太康县重建 162 座;柘城县重建 83 座。规划桥梁基本情况见表 2-10。

表 2-10　赵口灌区二期工程沿线跨渠改建、重建工程特性表

总序号	所属县(区)	渠(沟)道名称	序号	建设类别	桩号	桥名	现状路宽(m)	流量(m³/s)	沟道底宽(m)	内坡坡率	沟(渠)底高程(m)	设计水位(m)	堤顶高程(m)
1	中牟县	总干渠	1	改建	9+278.7	杏街桥		135.38	33	2.5	79.25	81.55	82.95
2			2	改建	12+731.0	小店桥		135.38	33	2.5	78.72	80.94	82.36
3			3	重建	16+694.0	沧浪路桥	8.5	71.1	23	2.5	77.71	79.64	80.68
4	示范区		4	新建	20+216.2	运渠河桥	2	71.1	18	2.5	76.92	78.88	79.93
5			5	重建	20+381.2	秣米店桥	3	71.1	23	2.5	76.88	78.78	79.83
6			6	重建	20+878.6	西网西桥	3	71.1	23	2.5	76.77	78.67	79.72
7			7	重建	25+331.3	大胖西桥	3.8	71.1	23	2.5	75.7	77.6	78.65
8			8	重建	26+729.4	大胖南桥	4.2	71.1	23	2.5	75.39	77.29	78.34
9	示范区	东一干渠	1	新建	0+326.0	储配站南桥	2	4.38	2	2	74.17	78.88	79.93
10			2	新建	1+516.4	八大街西桥	2.4	4.38	2	2	73.8	75.37	76.37
11			3	新建	1+935.0	刘满堂村北桥	3.4	4.38	2	2	73.69	75	76
12			4	新建	2+358.2	李寨村北桥	4	4.38	2	2	73.59	74.89	75.89
13			5	新建	3+019.9	八大街东桥	4	4.38	2	2	73.43	74.79	75.79
14	鼓楼区		6	重建	4+925.3	赵寨桥	2	4.38	5.5	2	72.92	74.63	75.63
15			7	重建	6+772.0	辛仓北桥	2	4.38	5.5	2	72.47	73.76	75.12
16			8	重建	8+775.4	于店北桥	2	4.38	5.5	2	71.98	73.34	74.67
17			9	重建	10+062.2	浒墩北桥	2	4.38	5.5	2	71.66	72.89	74.18
18	祥符区		10	重建	12+215.8	百苗岗西北桥	2	4.38	5.5	2	71.11	72.65	73.86
19			11	重建	12+883.9	Y020交通桥	5.7	4.38	5.5	2	70.94	72.47	73.31
20			12	重建	15+296.2	杨楼西北桥	7.5	2.67	5.5	2	70.32	72.45	73.14
21			13	重建	15+906.9	杨楼北桥	6	2.67	5.5	2	70.17	71	71.82
22			14	重建	20+278.2	后杨岗西南桥	5.6	2.67	4	2	69.11	70.1	70.61

续表 2-10

总序号	所属县(区)	渠(沟)道名称	序号	建设类别	桩号	桥名	现状路宽(m)	流量(m³/s)	沟道底宽(m)	内坡坡率	沟(渠)底高程(m)	设计水位(m)	堤顶高程(m)
23		东一干渠	15	重建	20+778.8	后杨岗南桥	3.7	2.67	4	2	67.22	67.93	68.72
24			16	重建	21+972.6	前杨岗东桥	2	2.67	4	2	66.93	67.64	68.43
25			17	重建	22+390.4	前杨岗东南桥	3.7	2.67	4	2	66.83	67.54	68.33
26		东二干渠	1	重建	10+840.1	边桥西桥	2.4	56.87	15.5	2.5	70.96	73.17	74.06
27			2	重建	15+847.3	刘元寨西桥	3.9	29	10.5	2.5	69.9	71.43	72.38
28			3	重建	16+163.0	刘元寨南桥	3.1	29	10.5	2.5	69.78	71.33	72.28
29			4	重建	17+758.3	蔡岗东北桥	2	29	10.5	2.5	69.18	70.77	71.72
30			5	重建	19+275.0	大关头西南桥	4.1	29	10.5	2.5	68.76	70.35	71.3
31	祥符区		6	重建	20+766.5	张坟西桥	3.5	29	10.5	2.5	68.22	69.77	70.72
32			7	重建	25+735.9	周浦西桥	2	29	10.5	2.5	66.78	68.63	69.56
33			8	重建	26+107.1	周浦西南桥	2.7	29	10.5	2.5	66.72	68.57	69.5
34			9	重建	27+322.3	二郎庙南桥	4.1	29	10.5	2.5	66.53	68.38	69.31
35			10	重建	28+686.6	袁庄南桥	2.7	29	10.5	2.5	65.96	67.31	68.28
36		朱仙镇分干	1	重建	0+554.8	老饭店东桥	3.5	8.4	8	2	72.34	73.24	74.33
37			2	重建	1+788.3	北辛庄西北桥	3.6	8.4	8	2	71.82	72.88	73.82
38			3	重建	2+267.9	北辛庄西桥	4.3	8.4	8	2	71.62	72.68	73.62
39			4	重建	6+107.1	东姜寨西桥	3.5	8.4	8	2	70.04	71.81	73.15
40			5	重建	10+110.3	古城东桥	4	3.58	8	2	68.24	69.04	69.54
41			6	重建	10+777.3	老谭寨东桥	4.6	3.58	8	2	67.87	68.68	69.17
42			7	重建	11+855.6	马湾东桥	4.5	3.58	8	2	67.3	68.09	68.61
43			8	重建	12+437.4	代庄东桥	3.1	3.58	8	2	66.98	67.77	68.28
44		陈留分干	1	重建	3+600.0	落油坡东南桥	2.6	25.85	12	2	69.43	71.27	72.18

续表 2-10

总序号	所属县（区）	渠（沟）道名称	序号	建设类别	桩号	桥名	现状路宽（m）	流量（m³/s）	沟道底宽（m）	内坡率	沟（渠）底高程（m）	设计水位（m）	堤顶高程（m）
45	祥符区	陈留分干	2	重建	6+957.4	前司南桥	3.5	25.85	12	2	68.34	69.7	70.69
46			3	重建	12+675.5	徐寨桥（原徐寨东北）	5	25.85	8	2	65.65	67.37	68.15
47			4	重建	13+354.8	桃花洞西南桥	3.6	18.45	8	2	65.48	67.22	67.98
48			5	重建	21+699.5	刘楼北桥	2.1	18.45	6.5	2	63.5	65.32	66
49			6	新建	22+236.4	黄薛村南桥	3.8	19.91	5.5	2	63.37	65.18	65.87
50			7	新建	23+130.1	校尉营西桥	4	19.91	5.5	2	63.14	64.96	65.64
51			8	新建	24+620.5	冷豫冷隼南桥	5	19.91	5.5	2	62.77	64.59	65.27
52			9	新建	25+511.0	方吕庄南桥	3.1	19.91	5.5	2	62.54	64.36	65.05
53			10	新建	26+026.0	方吕庄东南桥	2	19.91	5.5	2	62.42	64.24	64.92
54	鼓楼区	马家沟	1	重建	2+533.0	新城集村 2#桥	3.4	4.8	3	2	72.03	73.09	
55			2	重建	2+821.8	新城集村东桥	2	4.8	3	2	71.89	72.88	
56			3	重建	5+082.2	余店西南桥	4.5	4.8	5	2	70.76	72.26	
57	祥符区	孙城河	1	重建	4+843.8	东姜寨东南 2#桥	3	24.4	6	2.5	67.72	69.66	
58			2	重建	7+993.5	王庄东北桥	3.8	24.4	7	2.5	66.01	68.09	
59			3	重建	10+023.4	何寨集村东桥	2.6	31	7	2.5	64.92	67.13	
60			4	重建	10+512.5	何寨东桥	2.2	31	7	2.5	64.65	66.87	
61			5	重建	11+837.4	许寨西桥	3.9	31	7	2.5	63.94	66.35	
62	通许县		6	重建	15+254.6	卢岗村北桥	3.3	34	8	2.5	62.4	65.75	
63	祥符区		7	重建	15+941.8	卢岗南桥	3.5	34	8	2.5	62.22	65.7	
64	通许	香冉沟	1	重建	6+119.1	香冉沟 1#桥	2.5	28.4	6	2	65.85	63.3	
65			2	重建	6+878.7	香冉沟 2#桥	3.5	28.4	6	2	65.71	62.98	

续表 2-10

总序号	所属县(区)	渠(沟)道名称	序号	建设类别	桩号	桥名	现状路宽(m)	流量(m³/s)	沟道底宽(m)	内坡坡率	沟(渠)底高程(m)	设计水位(m)	堤顶高程(m)
66	通许	香冉沟	3	重建	8+280.9	香冉沟3#桥	2	28.4	6	2	65.36	62.42	
67			1	重建	0+290.1	小城村东桥	2	11.61	4	2	63.43	64.9	65.63
68			2	重建	0+924.2	小城村东南桥	2	11.61	4	2	63.21	64.71	65.41
69			3	重建	2+977.9	兰南高速东桥	2	11.61	4	2	62.46	63.96	64.66
70			4	重建	4+922.7	西板张村南桥	3.5	11.61	4	2	61.7	63.9	64.22
71		石岗分干 石岗支渠	1	重建	0+636.0	西黎岗北桥	2	3.44	1.8	1.5	63.05	64.18	64.66
72			2	重建	1+604.6	西黎岗南桥	2	3.44	1.8	1.5	62.77	63.9	64.38
73		斗厢支渠	1	重建	0+532.1	板张庄村桥	2	1.21	2	1.5	61.5	62.67	63.16
74			2	重建	1+024.1	板张庄村北桥	3.5	1.21	2	1.5	61.45	62.62	63.11
75			3	重建	1+418.3	斗厢1#桥	2	1.21	2	1.5	61.4	62.57	63.07
76			4	重建	1+842.9	斗厢村南桥	2	1.21	2	1.5	61.36	62.53	63.03
77			5	重建	4+788.4	乔头村东桥	2	1.21	1	1.5	61.05	62.22	62.72
78			6	重建	6+035.5	油坊镇一中桥	2	1.21	1	1.5	60.88	62.05	62.54
79			7	重建	8+272.7	朱砂镇一中桥	2	1.21	1	1.5	60.64	61.81	62.3
80		干任沟	1	重建	0+841.3	预制板厂桥	2	3.8	1	1.75	59.18	61.13	
81			2	重建	1+168.0	前六营西桥	3.5	3.8	1	1.75	59.1	61.1	
82		八支沟	1	重建	0+864.3	学寨西桥	3.5	2.6	1.5	1.5	60.53	62.38	
83			2	重建	1+573.4	马寨桥	3.2	2.6	1.5	1.5	60.43	62.35	
84			3	重建	1+982.1	马寨南桥	2	2.6	1.5	1.5	60.37	62.33	
85			4	重建	2+596.0	东羊盖桥东桥	4.9	2.6	1.5	1.5	60.28	62.3	
86			5	重建	3+552.5	东羊盖桥南桥	2	4.9	1.5	1.5	60.14	62.06	
87			6	重建	3+853.0	倪庄桥	2	4.9	1.5	1.5	60.1	61.96	

续表 2-10

总序号	所属县（区）	渠（沟）道名称	序号	建设类别	桩号	桥名	现状路宽（m）	流量（m³/s）	沟道底宽（m）	内坡率	沟（渠）底高程（m）	设计水位（m）	堤顶高程（m）
88	通许	八支沟	7	重建	4+415.6	俄庄北桥	2	4.9	1.5	1.5	60.02	61.81	
89			8	重建	6+091.5	后七步桥	2	4.9	1.5	1.5	59.78	61.12	
90		老王庄沟	1	重建	0+537.7	陈小庄北桥	3.7	4	1.5	1.75	58.47	60.36	
91			2	重建	1+199.6	陈小庄南桥（021 县道）	6.9	8.7	1.5	1.75	58.31	60.5	
92			3	重建	1+841.7	陈岗北桥	2.5	4	1.5	1.75	58.17	60.18	
93			4	新建	2+157.0	陈岗西北桥（021 县道）	6.25	8.7	1.5	1.75	58.12	60.47	
94			5	新建	2+880.0	陈岗南桥（021 县道）	6.5	8.7	1.5	1.75	57.99	60.4	
95			6	重建	3+221.9	老王庄西桥	2.2	7.2	2	1.75	57.92	60.04	
96			7	重建	3+486.4	老王庄桥	2.2	7.2	2	1.75	57.86	59.99	
97			8	重建	3+804.9	老王庄东桥	4	7.2	2	1.75	57.78	59.92	
98			9	重建	4+289.0	陈岗南桥	2	7.2	2	1.75	57.68	59.84	
99			10	重建	4+789.4	老王庄中桥	2.2	7.2	2	1.75	57.56	59.73	
100			11	重建	5+206.7	老王庄南桥	3.8	7.2	2	1.75	57.47	59.58	
101			12	重建	6+388.1	赵辉北桥	2.7	7.2	2	1.5	57.2	59.39	
102			13	重建	6+814.1	赵辉桥	2.4	10	3	1.5	57.1	59.34	
103			14	重建	7+153.5	赵辉西南桥	3	10	3	1.5	57.02	59.3	
104			15	重建	7+870.0	赵辉南桥	2	10	3	1.5	56.86	59.26	
105			16	重建	8+871.1	赵辉桥	2.5	10	3	1.5	56.63	59.17	
106			17	重建	9+272.4	娄庄桥	2.8	10	3	1.5	56.54	59.14	
107		安岭沟	1	重建	0+100.0	赵王庄南桥	2	3	3	2	57.52	59.17	

续表 2-10

总序号	所属县（区）	渠（沟）道名称	序号	建设类别	桩号	桥名	现状路宽（m）	流量（m³/s）	沟道底宽（m）	内坡坡率	沟（渠）底高程（m）	设计水位（m）	堤顶高程（m）
108	通许	伸庄沟	1	重建	5+662.5	东毛庄北桥	2	5.4	1.5	1.75	58.41	60.91	
109			2	重建	6+907.7	张杠村桥	2.2	5.4	1.5	1.75	58.1	60.85	
110			3	重建	8+332.0	邓庄桥	3.3	15.5	2	1.75	57.86	60.63	
111			4	重建	10+458.4	塔盆李南桥	2	15.5	2	1.75	57.33	60.13	
112			5	重建	10+880.0	边庄北桥	2	15.5	2	1.75	57.22	60.06	
113			6	重建	14+877.1	牌路南桥	3.8	19.4	3	1.75	56.11	59.05	
114		练城支沟	1	重建	0+193.0	楚庄北桥	2	6.4	1	1.75	59.07	61.37	
115			2	重建	0+712.0	坡子西北桥	2	6.4	1	1.75	58.98	61.28	
116			3	重建	1+170.0	坡子东桥	2	6.4	1	1.75	58.9	61.2	
117			4	重建	1+651.0	高顶庄西桥	2	6.4	1	1.75	58.81	61.12	
118			5	重建	1+982.0	高顶庄桥	2	6.4	1	1.75	58.74	61.09	
119			6	重建	2+652.0	张庄桥	2.7	6.4	1	1.75	58.62	61.05	
120			7	重建	3+307.0	丁庄北桥	2	6.4	1	1.75	58.49	60.97	
121			8	重建	3+819.3	丁庄南桥	2	6.4	1	1.75	58.4	60.91	
122		塔湾东支	1	重建	0+318.5	塔湾桥	2	6.8	1	1.75	60.03	61.25	
123			2	重建	0+862.4	前塔湾桥	2	6.8	1	1.75	59.83	61.18	
124			3	重建	2+768.4	李庄东南桥	2.3	6.8	1	1.75	59.1	60.94	
125			4	重建	3+784.4	韭菜王东桥	2.5	8.2	1	1.75	58.71	60.79	
126		岭西支沟	1	重建	0+284.0	岭西村西北桥	2	8.2	3	1.75	57.2	59.12	
127			2	重建	0+755.5	岭西桥	3.8	8.2	3	1.75	57.15	59.09	
128			3	重建	1+142.0	岭西村桥	2	8.2	3	1.75	57.1	59.07	
129			4	重建	1+717.9	岭西村南桥	2	8.2	3	1.75	57.05	59.05	

续表 2-10

总序号	所属县(区)	渠(沟)道名称	建设类别	序号	桩号	桥名	现状路宽 (m)	流量 (m³/s)	沟道底宽 (m)	内坡率	沟(渠)底高程 (m)	设计水位 (m)	堤顶高程 (m)
130	通许	岭西支沟	重建	5	2+181.2	后罗村北桥	3.6	8.2	3	1.75	56.99	59.03	
131			新建	6	2+675.0	后罗村桥	3.6	8.2	3	1.75	56.94	58.94	
132			新建	7	3+283.4	前罗村桥	2	8.2	3	1.75	56.87	58.85	
133			新建	8	3+676.0	前罗村南桥	2	8.2	3	1.75	56.84	58.78	
134			重建	9	4+111.6	夏寨村西桥	2	8.2	3	1.75	56.78	58.71	
135			重建	10	4+376.0	夏寨村南桥	2	8.2	1	1.75	56.75	58.68	
136		三支沟	重建	1	7+029.5	砖场桥	2	9.5	2	1.5	58.42	60.93	
137		谢李沟	重建	1	0+112.5	张庄西桥	3.5	1.9	1.5	2	61.29	62.52	
138			重建	2	0+836.0	辛店桥	2	1.9	1.5	2	61.13	62.37	
139			重建	3	1+612.9	木材厂桥	3.8	1.9	1.5	2	60.96	62.17	
140			重建	4	1+901.0	负庄村北桥	4.2	1.9	1.5	2	60.89	62.09	
141			重建	5	2+317.0	负庄村东北桥	3	1.9	1.5	2	60.8	61.99	
142			重建	6	2+937.0	云村桥	5.9	1.9	1.5	2	60.66	61.89	
143			重建	7	4+243.3	前桂庄北桥	3.6	1.9	1.5	2	60.37	61.74	
144			重建	8	5+812.2	谢李沟3#桥	3.9	1.9	1.5	2	60.03	61.58	
145			重建	9	8+273.8	谢李东南桥	2.2	2.7	3	2	59.48	61.42	
146			重建	10	8+915.4	谢李沟4#桥	4.3	2.7	3	2	59.34	61.4	
147	杞县	杞县幸福干渠	重建	1	1+931.6	曹寨西桥	3.5	13.61	5.2	2	59.59	61.55	62.24
148			重建	2	5+014.2	葛岗西桥	4.1	13.61	5.2	2	59.08	61.04	61.73
149		杞县幸福西分干	重建	1	3+952.7	刘史东桥	2	4.99	5.5	2	58.05	59.68	60.4
150			重建	2	4+377.5	何庄东桥	3	4.99	5.5	2	57.99	59.66	60.34
151			重建	3	4+657.5	X021交通桥	6.1	4.99	5.5	2	57.96	59.65	60.31

续表 2-10

总序号	所属县(区)	渠(沟)道名称	序号	建设类别	桩号	桥名	现状路宽(m)	流量(m³/s)	沟道底宽(m)	内坡坡率	沟(渠)底高程(m)	设计水位(m)	堤顶高程(m)
152	杞县	杞县幸福西分干	4	重建	8+382.0	逍遥寨西桥	2.2	4.99	5.5	2	57.42	59.28	60.35
153			5	重建	9+509.1	X010交通桥	7	4.99	5.5	2	57.27	59.25	60.2
154			6	重建	11+883.9	杨寨西南桥	1.7	4.99	5.5	2	56.91	58.11	58.62
155			7	重建	14+056.3	后左洼东北桥	2.1	4.99	5.5	2	56.62	57.82	58.33
156			8	重建	16+506.3	湖后西桥	2	4.99	5.5	2	56.24	57.32	57.95
157			9	重建	16+812.9	湖后西南桥	2.1	4.99	5.5	2	56.18	57.26	57.89
158			10	重建	17+662.0	湖前西南桥	2.2	4.99	5.5	2	56.02	57.1	57.73
159			11	重建	21+088.5	小霍庄东北桥	3.2	4.99	5.5	2	55.35	56.5	57.06
160			12	重建	22+064.8	常庄东桥	4.1	4.99	5.5	2	55.15	56.35	56.86
161			13	重建	23+212.3	鲁庄西北桥	2.4	4.99	3.3	2	54.65	55.98	56.51
162			14	重建	24+049.8	大吴庄西北桥	2.9	4.99	3.3	2	54.48	55.81	56.35
163			15	重建	28+625.5	路官庄东桥	1.8	4.99	3.3	2	53.55	54.88	55.41
164			16	重建	29+312.3	陈留庄西	2.7	4.99	3.3	2	53.42	54.75	55.28
165			17	重建	29+905.1	宋寨东桥	3	4.99	3.3	2	53.3	54.63	55.16
166		杞县幸福东分干	1	重建	4+293.7	X010交通桥	5	5.57	2.8	2	57.52	59.46	60.66
167			2	重建	5+602.0	顿屯南桥	2.2	5.57	2.8	2	57.31	59.35	60.45
168			3	重建	7+253.0	大木庄东北桥	4.4	5.57	2.8	2	57.03	59.29	60.17
169			4	重建	9+085.0	裴娄庄西北桥	3.5	5.57	2.8	2	56.69	58.1	58.99
170			5	重建	9+441.1	薛庄西桥	2.4	5.57	2.8	2	56.63	58.05	58.93
171			6	重建	10+534.8	前楚庄东北桥	3	3.43	4.4	2	56.45	57.93	58.75
172			7	重建	11+213.2	花胡寨西南桥	2.3	3.43	4.4	2	56.33	57.89	58.63
173			8	重建	12+309.1	滩上桥	3.3	3.43	4.4	2	56.15	57.83	58.45

续表 2-10

总序号	所属县(区)	渠(沟)道名称	序号	建设类别	桩号	桥名	现状路宽(m)	流量(m³/s)	沟道底宽(m)	内坡坡率	沟(渠)底高程(m)	设计水位(m)	堤顶高程(m)
174	杞县	杞县幸福东分干	9	重建	12+638.6	滩上东桥	2	3.43	2.3	2	55.74	57.2	57.77
175			10	重建	18+966.2	陆庄东桥	3.2	3.43	2.3	2	54.64	56.1	56.67
176			11	重建	20+235.2	付南西桥	3.5	3.43	2.3	2	54.43	55.89	56.46
177			12	重建	20+862.5	大郑庄东北桥	5.4	3.43	2.3	2	54.33	55.79	56.36
178			13	重建	22+370.3	Y004 交通桥	6.2	3.43	2.3	2	54.07	55.53	56.1
179		曹里王支渠	1	重建	0+384.0	高葛路桥	5	0.99	1	1.5	58.61	59.64	60.26
180			2	重建	1+424.7	曹李王中桥	3.6		1	1.5	58.48	59.51	60.63
181			3	重建	1+808.0	曹里王桥	2	0.99	1	1.5	58.43	59.46	60.76
182		跃进干渠	1	重建	0+093.6	罗寨桥	2.5	7.36	5	2	60.46	62.19	62.97
183			2	重建	2+398.7	楚寨西南桥	3.2	7.36	5	2	60.16	61.97	62.67
184			3	重建	6+433.2	西空寨西桥	3.6	7.36	4	2	59.71	61.49	62.22
185			4	重建	10+368.4	青龙池口桥	4.5	7.36	4	2	59.27	61.05	61.79
186			5	重建	14+455.4	后尾岗桥	2	5.84	2.5	2	58.69	60.47	61.2
187			6	重建	16+348.7	蔡宝岗东北桥	2.5	5.84	2.5	2	58.48	60.26	60.99
188		蔡固支渠	1	重建	2+986.8	蔡固南桥	4	1.06	1	1.5	58.82	59.91	60.37
189		杞县东风干渠	1	重建	1+329.0	朱岗北桥	2	1.75	6	2	55.81	57.15	58.63
190			2	重建	1+877.2	朱岗桥	3.5	1.75	6	2	55.74	57.14	58.56
191			3	重建	3+150.0	东十里西桥	3.5	1.75	6	2	55.59	57.13	58.41
192			4	重建	3+835.3	丁楼北桥	1.9	1.75	6	2	55.5	57.12	58.32
193			5	重建	4+226.6	丁楼东桥	3.2	1.75	6	2	55.45	57.12	58.27
194			6	重建	4+872.8	程寨西桥	1.8	1.75	6	2	55.37	57.11	58.19
195			7	重建	5+252.0	程寨西北桥	2.5	1.75	6	2	55.32	57.11	58.14

续表 2-10

所属县（区）	渠（沟）道名称	总序号	序号	建设类别	桩号	桥名	现状路宽（m）	流量（m³/s）	沟道底宽（m）	内坡坡率	沟（渠）底高程（m）	设计水位（m）	堤顶高程（m）
		196	8	重建	5+873.7	程寨西桥	2	1.75	6	2	55.25	57.1	58.07
		197	9	重建	6+663.3	裴庄东桥	3.5	1.75	4	2	55.14	57.09	57.97
	杞县东风干渠	198	10	重建	8+839.8	王庄东桥	3.5	1.75	4	2	54.78	56.24	57.48
		199	11	重建	11+551.5	岳寨西桥	2.7	1.75	4	2	54.44	56.21	57.14
		200	12	重建	14+048.8	草寺东桥	2.4	1.75	3	1.5	54.08	55.59	56.78
		201	13	重建	16+155.7	曹胡同西桥	3.4	1.75	3	1.5	53.82	55.56	56.52
		202	14	重建	19+564.0	堤刘村桥	3.9	1.75	3	1.5	53.34	55.1	56.04
		203	15	重建	21+489.2	和庄桥	4	1.75	3	1.5	53.1	55.07	55.8
杞县		204	1	重建	0+828.0	吴起坡西北桥	2.5	1.11	2.5	2	56.05	57.09	58.5
		205	2	重建	1+781.5	吴起坡南桥	4	1.11	2.5	2	55.95	57.05	58.4
		206	3	重建	2+845.2	陈楼东桥	3.7	1.11	2.5	2	55.83	57.02	58.28
	东风二干渠	207	4	重建	5+485.0	东陶东北桥	2.6	1.11	2.5	2	55.5	56.73	57.95
		208	5	重建	5+823.0	东陶东桥	4.7	1.11	2.5	2	55.46	56.72	57.91
		209	6	重建	6+629.3	小魏庄南桥	3.2	1.11	2.5	2	55.37	56.71	57.82
		210	7	重建	7+111.3	小魏店南桥	2	1.11	2.5	2	55.32	56.7	57.77
		211	8	重建	7+601.0	夏寨村东桥	1.9	1.11	2.5	2	55.26	56.69	57.71
		212	9	重建	9+569.0	大魏店桥	1.7	1.11	2.5	2	55.04	56.67	57.49
		213	1	重建	0+366.8	刘怀庄东南桥	2	2.1	1	1.75	57.78	59.84	
		214	2	重建	4+635.0	X010桥	6	10.3	1	1.75	57.41	60.26	
	小白河	215	3	重建	5+704.9	丁寨西桥	2	4.7	1	1.75	57.31	59.39	
		216	4	重建	9+022.7	李巴勺东桥	2	6.8	2.5	1.75	56.84	59.00	
		217	5	重建	10+374.6	霍寨北桥	3	9	2.5	1.75	56.58	58.88	

续表 2-10

总序号	所属县（区）	渠（沟）道名称	序号	建设类别	桩号	桥名	现状路宽（m）	流量（m³/s）	沟道底宽（m）	内坡率	沟（渠）底高程（m）	设计水位（m）	堤顶高程（m）
218	杞县	小白河	6	重建	10+773.6	翟寨南桥	2.6	9	2.5	1.75	56.5	58.86	
219			7	重建	11+542.3	五叉口东桥	3.5	11.8	2.5	1.75	56.35	58.64	
220			8	重建	11+814.8	小白河1#桥	4.4	11.8	2.5	1.75	56.3	58.56	
221			9	重建	12+501.6	府里庄西桥	3.5	11.8	2.5	1.75	56.16	58.31	
222			10	重建	13+116.2	梁庄桥	4.2	11.8	2.5	1.75	56.05	58.03	
223			11	重建	14+637.6	郑庄桥	3.6	11.8	2.5	1.75	55.27	57.33	
224			12	重建	15+459.9	小白河2#桥	2	11.8	3	1.75	54.79	57.12	
225			13	重建	18+171.0	王李夏西桥	2.9	23.5	4.5	1.75	53.55	56.7	
226			14	重建	18+467.9	小白河3#桥	2	23.5	4.5	1.75	53.51	56.66	
227			15	重建	19+353.3	李良贵西北桥	2.8	23.5	4.5	1.75	53.39	56.55	
228			16	重建	23+849.3	闫庄东北桥	2.8	27.7	6	1.75	52.75	56.07	
229			17	重建	24+955.2	路官庄北桥	2.5	27.7	6	1.75	52.6	55.95	
230			18	重建	25+584.0	仝河桥	2.6	37.1	6	1.75	52.5	55.77	
231			19	重建	28+899.4	前刘庄	4.6	39.6	7	1.75	52.04	55.3	
232			20	重建	30+490.0	张庄桥	2	39.6	7	1.75	51.81	55.11	
233		官庄沟	1	重建	1+123.6	官庄沟1#桥	2.6	5.7	2	1.75	54.5	56.06	
234			2	重建	1+950.0	Y010桥	5.5	5.7	2	1.75	54.17	56.39	
235			3	重建	5+205.0	豆寨桥	2	11.2	2	1.75	52.92	55.22	
236			4	重建	6+555.6	禾寨西桥	2	17.3	3.11	1.2	52.62	55.01	
237			5	重建	8+575.7	官庄沟2#桥	2.5	17.3	5	1.2	52.17	54.72	
238			6	重建	9+782.1	厦岗西北桥	2	17.3	5	1.2	51.91	54.64	
239		谷熟岗沟	1	重建	0+000.0	于镇南桥	2	6.2	1	1.75	53.82	56.08	

续表 2-10

总序号	所属县(区)	渠(沟)道名称	序号	建设类别	桩号	桥名	现状路宽 (m)	流量 (m³/s)	沟道底宽 (m)	内坡坡率	沟(渠)底高程 (m)	设计水位 (m)	堤顶高程 (m)
240			2	重建	1+300.9	于北桥	3.3	6.2	1	1.75	53.56	56.02	
241			3	重建	2+251.0	白木岗南桥	2	6.2	1	1.75	53.37	55.86	
242			4	重建	3+285.8	谷熟岗西北桥	2.4	6.2	1	1.75	53.16	55.77	
243			5	重建	4+182.4	谷熟岗沟1#桥	3.8	12.5	1	1.75	52.98	55.66	
244		谷熟岗沟	6	重建	4+502.2	谷熟岗西桥	2	12.5	1	1.75	52.92	55.59	
245			7	重建	5+729.1	谷熟岗沟2#桥	2.2	12.5	1	1.75	52.67	55.3	
246			8	重建	7+088.6	田庄桥	2	15.8	2	1.75	52.4	55.03	
247			9	重建	7+621.8	马桥村桥	2	15.8	2	1.75	52.3	55.02	
248			10	重建	9+803.9	谷熟岗沟3#桥	4.7	19.8	2	1.75	51.87	54.84	
249	杞县		11	重建	10+185.9	肖寨西桥	2	19.8	2	1.75	51.79	54.83	
250			12	重建	10+662.7	肖寨西南桥	2	19.8	2	1.75	51.7	54.8	
251			13	重建	11+748.6	许村岗西北桥	2	29.1	4	1.75	51.48	54.61	
252			1	重建	0+516.8	四棵柳沟1#桥	2	7.6	3	2	58.51	60.11	
253			2	重建	0+895.1	西店东北桥	2	7.6	3	2	58.33	59.96	
254			3	重建	2+206.4	林寨1#桥	2	7.6	3	2	57.71	59.52	
255			4	重建	2+660.0	林寨2#桥	2	7.6	3	2	57.49	59.41	
256		四棵柳沟	5	重建	3+088.6	四棵柳沟2#桥	2	7.6	3	2	57.29	59.34	
257			6	重建	3+410.3	四棵柳桥	2	7.6	3	2	57.14	59.31	
258			7	重建	3+706.2	四棵柳沟3#桥	3.8	16.2	3	2	56.99	59.15	
259			8	重建	5+102.7	马房桥	4.2	16.2	3	2	56.33	58.41	
260			9	重建	6+998.8	邓圈桥	3.1	16.2	3	2	55.43	57.9	
261		板张沟	1	重建	0+648.6	板张沟1#桥	4.5	4.3	1	1.75	55.81	57.71	

续表 2-10

总序号	所属县(区)	渠(沟)道名称	序号	建设类别	桩号	桥名	现状路宽(m)	流量(m³/s)	沟道底宽(m)	内坡坡率	沟(渠)底高程(m)	设计水位(m)	堤顶高程(m)
262	杞县	板张沟	2	重建	1+973.1	板张桥	2.8	4.3	1	1.75	55.53	57.53	
263			3	重建	2+597.3	板张沟2#桥	3.2	4.3	1	1.75	55.4	57.5	
264			4	重建	4+478.1	董那桥	3	4.3	1	1.75	55	57.38	
265			5	重建	6+415.2	乔庙桥	2	8.7	1	1.75	54.59	56.96	
266			6	重建	7+407.4	马官庄桥	3.5	8.7	1	1.75	54.38	56.73	
267		汤庄沟	1	重建	0+005.5	汤庄沟1#桥	2.5	5.4	2	1.75	52.92	54.68	
268			2	重建	0+392.6	汤庄沟2#桥	3.1	5.4	2	1.75	52.78	54.59	
269			3	重建	0+731.8	汤庄沟3#桥	2.8	5.4	2	1.75	52.66	54.52	
270			4	重建	1+806.1	汤庄沟4#桥	2	5.4	2	1.75	52.28	54.37	
271			5	重建	2+317.8	汤庄沟5#桥	3.4	5.4	2	1.75	52.1	54.36	
272			6	重建	2+788.5	汤庄沟6#桥	2.8	10.1	2	1.75	51.93	54.29	
273		晋寨南支渠	1	重建	0+325.3	晋寨南沟1#桥	3.5	1.4	1	1.5	57.49	58.39	58.82
274			2	重建	0+587.7	晋寨南沟2#桥	4.5	1.4	1	1.5	57.38	58.28	58.71
275			3	重建	1+340.4	晋寨南沟3#桥	4.5	1.4	1	1.5	57.07	57.97	58.39
276			4	重建	2+669.8	Y008桥	7	1.4	1	1.5	56.51	57.41	57.83
277		杞河西支	1	重建	0+602.6	西屯庄西桥	4.25	3.2	3	1.5	54.56	57.54	
278			2	重建	2+206.8	小河铺村北桥	2	3.2	3	1.5	54.38	57.53	
279			3	重建	3+074.5	小河铺村西南桥	2.6	6	3	1.5	54.29	57.53	
280			4	重建	4+334.1	刘堂西北桥	4	6	3	1.5	54.15	57.51	
281			5	重建	5+844.2	张唐村东桥	2	6	3	1.5	53.98	57.49	
282			6	重建	6+589.9	张唐村桥	2.9	18.6	3	1.5	53.9	57.46	
283			7	重建	7+568.7	大山坡村北桥	2	18.6	3	1.5	53.78	57.28	

续表 2-10

总序号	所属县(区)	渠(沟)道名称	序号	建设类别	桩号	桥名	现状路宽(m)	流量(m³/s)	沟道底宽(m)	内坡坡率	沟(渠)底高程(m)	设计水位(m)	堤顶高程(m)
284	杞县	杞河西支	8	重建	7+920.9	大山坡村桥	3.96	18.6	3	1.5	53.75	57.25	
285		太康县幸福渠	1	重建	0+729.2	聚台岗桥	3.3	15.5	4.5	2	51.04	53.36	54.24
286			2	重建	2+285.4	聚台岗东桥	2.6	15.5	4.5	2	50.83	53.15	54.03
287			3	重建	3+160.6	高贤西桥	4.6	15.5	4.5	2	50.71	53.04	53.91
288			4	重建	7+162.5	东徐庄桥	2.3	15.5	4.5	2	49.99	52.36	53.19
289			5	重建	9+923.9	王泽蕾桥	2.6	10.9	4	2	49.57	51.98	52.77
290	太康县		6	重建	11+460.1	北末庄西桥	2	10.9	4	2	49.47	51.89	52.67
291			7	重建	12+156.2	北末庄桥	2	10.9	4	2	49.42	51.84	52.62
292			8	重建	12+694.0	北末庄东桥	2	10.9	4	2	49.39	51.81	52.59
293			9	重建	13+628.2	张子书南桥	2	10.9	4	2	49.32	51.75	52.52
294			10	重建	14+402.0	张子书桥	3.9	10.9	3	2	49.27	51.7	52.47
295			11	重建	15+246.7	张子书东桥	1.9	10.9	4	2	49.3	51.62	52.41
296			12	重建	17+477.3	王新庄桥	3	10.9	4	2	49.06	51.45	52.26
297			13	重建	20+554.9	钱张桥	2.2	10.9	4	2	48.76	51.15	51.96
298			14	重建	21+672.3	钱张东桥	2.1	10.9	4	2	48.68	51.07	51.88
299		团结渠	1	重建	5+056.2	前官庄西桥	2.9	4.2	7	2	46.33	47.87	48.63
300			2	重建	6+320.6	马图河桥	2.7	4.2	7	2	46.25	47.85	48.55
301			3	重建	6+742.7	马图河东桥	2	4.2	7	2	46.22	47.84	48.52
302			4	重建	8+275.3	高朗西桥	2.2	1.9	3	2	46.07	47.54	48.37
303			5	重建	8+907.3	高朗东桥	2.4	1.9	3	2	46.03	47.53	48.33
304			6	重建	13+305.8	闫庄桥	2.9	1.9	3	2	45.69	47.32	47.99
305	大康县	东风干渠	1	重建	0+570.6	小桥村桥	3	2.4	3.5	2	46.4	48.25	49.1
306			2	重建	0+946.4	小桥村东桥	2.6	2.4	3.5	2	46.35	48.25	49.05

续表 2-10

所属县（区）	渠（沟）道名称	总序号	序号	建设类别	桩号	桥名	现状路宽（m）	流量（m³/s）	沟道底宽（m）	内坡率	沟（渠）底高程（m）	设计水位（m）	堤顶高程（m）
太康县	太康县东风干渠	307	3	重建	2+268.4	赵庄桥	3.3	2.4	3.5	2	46.16	47.9	48.86
		308	4	重建	2+602.1	赵庄东桥	2	2.4	3.5	2	46.13	47.9	48.83
		309	5	重建	3+543.2	北曹村桥	3.2	2.4	3.5	2	46.02	47.88	48.72
		310	6	重建	5+207.3	牛里村西桥	3.3	2.4	3.5	2	45.79	47.4	48.49
		311	7	重建	5+697.0	牛里村东桥	3.5	2.4	3.5	2	45.73	47.39	48.43
		312	8	重建	6+912.8	大孙庄西桥	3.5	2.4	3.5	2	45.6	47.37	48.3
		313	9	重建	7+555.4	大孙庄东桥	3.5	2.4	3.5	2	45.52	47.35	48.22
	老高底河	314	1	重建	0+372.3	老高底河 1# 桥	3.7	4.7	3	2	47.45	49.5	
		315	2	重建	0+920.0	老高底河 2# 桥	2	4.7	3	2	47.35	49.47	
		316	3	重建	1+527.9	老高底河 3# 桥	3.8	4.7	3	2	47.22	49.44	
		317	4	重建	2+307.0	老高底河 4# 桥	2	4.7	4	2	47.17	49.44	
		318	5	重建	2+745.9	老高底河 5# 桥	2.9	4.7	4	2	47.17	49.44	
		319	6	重建	3+315.3	养殖场桥	3.2	11.2	4	2	47.17	49.44	
		320	7	重建	3+901.4	王东月村桥	2	11.2	4	2	47.16	49.44	
		321	8	重建	4+269.5	王东月村南桥	2	11.2	4	2	47.16	49.44	
		322	9	重建	4+600.0	王东月村东南桥	2	11.2	4	2	47.16	49.44	
		323	10	重建	6+453.0	郭庄桥	2	11.2	4	2	47.15	49.43	
		324	11	重建	7+485.9	老高底河 7# 桥	2.9	15.9	4	2	47.15	49.43	
		325	12	重建	8+174.6	晋营驾校桥	4.2	15.9	4	2	47.15	49.43	
		326	13	重建	9+258.7	韩堂西北桥	3.5	15.9	5	2	47.14	49.43	
		327	14	重建	10+484.6	韩堂桥	4	15.9	5	2	47.04	49.43	
		328	15	重建	11+128.6	程庄桥	3	16.8	5	2	46.93	49.42	

续表2-10

总序号	所属县(区)	渠(沟)道名称	序号	建设类别	桩号	桥名	现状路宽(m)	流量(m³/s)	沟道底宽(m)	内坡坡率	沟(渠)底高程(m)	设计水位(m)	堤顶高程(m)
329		老高低河	16	重建	11+986.8	纪桥村桥	3.2	16.8	5	2	46.77	49.35	
330		潘河	1	重建	16+344.4	潘河1#桥	3	36.3	8	3	45.77	48.69	
331			2	重建	18+309.7	潘河2#桥	3.5	36.3	8	3	45.3	48.41	
332			3	重建	19+544.1	三孔桥村桥	2	38.4	10	3	45.01	48.32	
333			4	重建	21+105.3	潘河3#桥	4.2	38.4	10	3	44.65	48.14	
334			5	重建	22+297.2	芦李村桥	3	38.4	10	3	44.37	48.07	
335			6	重建	23+400.0	潘河5#桥	2	38.4	10	3	44.11	47.94	
336	太康县	王河	1	重建	11+030.2	方城桥	3	15.8	4	2	49.81	52.21	
337			2	重建	12+517.0	前李庄南桥	2	15.8	4	2	49.44	52.04	
338			3	重建	12+826.0	王河3#桥	2	15.8	4	2	49.36	51.99	
339			4	重建	13+859.8	王河5#桥	2	15.8	4	2	49.1	51.92	
340			5	重建	14+248.2	王河6#桥	2	17.9	4	2	49.01	51.92	
341			6	重建	14+974.4	王庄桥	2.5	17.9	4	2	48.83	51.91	
342			7	重建	15+469.0	后洼洼桥	2.4	17.9	4	2	48.7	51.9	
343			8	重建	15+759.4	下洼王桥	2.9	17.9	4	2	48.63	51.89	
344			9	重建	17+000.3	张草庙桥	2	17.9	4	2	48.32	51.74	
345		大新沟	1	重建	7+439.3	裴庄桥	4.4	55.2	6.5	2	49.75	52.64	
346			2	重建	9+796.1	西游桥村桥	3.7	55.2	6.5	2	49.27	52.22	
347			3	重建	10+582.6	旧王集南桥	2	55.2	6.5	5	49.11	52.08	
348			4	重建	11+614.3	田庄东北桥	5	55.2	6.5	5	48.9	51.89	
349			5	重建	12+620.0	张庄村南桥	4.5	61	8	5	48.67	51.72	
350			6	重建	15+991.3	周庄村南桥	5.5	90.6	17	5	47.9	51.16	
351		小新沟	1	重建	0+569.7	王庄东桥	4.6	22.1	4	2.25	50.38	52.89	

续表 2-10

总序号	所属县(区)	渠(沟)道名称	序号	建设类别	桩号	桥名	现状路宽(m)	流量(m³/s)	沟道底宽(m)	内坡坡率	沟(渠)底高程(m)	设计水位(m)	堤顶高程(m)
352		小新沟	2	重建	5+490.8	魏庄西桥	2	22.1	7	2.25	49.34	51.86	
353			3	重建	7+201.4	汇木岗桥	2	22.1	7	2.25	48.98	51.52	
354			4	重建	9+074.1	停灵峰桥	2	22.1	7	2.25	48.58	51.29	
355			5	重建	10+128.2	停灵峰东南桥	4	22.1	7	2.75	48.35	51.14	
356			6	重建	13+543.7	霍庄桥	2	29.8	7	2.75	47.63	50.66	
357	太康县		7	重建	18+391.6	大邸桥	2	43.6	7	2.75	46.62	49.92	
358			8	重建	19+948.6	周渠村西南桥	4.2	43.6	7	2.75	46.34	49.64	
359			9	重建	26+462.6	尚小楼桥	2.9	46.3	10	2.75	45.16	48.64	
360			10	重建	27+639.6	宋庄桥	3.4	46.3	10	2.75	44.95	48.54	
361			11	重建	29+764.0	于庄桥	2.5	46.3	10	2.75	44.57	48.36	
362			12	重建	32+999.0	大张庄桥	2	54.9	10	2.75	43.98	48.16	
363		大堰沟	1	重建	0+200.7	夏岗村东桥	2	23.3	4.5	2	50.63	54.5	
364			2	重建	0+636.0	夏岗村桥	2.9	23.3	4.5	2	50.6	54.49	
365		小温河	1	重建	0+375.1	柳庄北桥	2	59.1	13	3	48.46	51.61	
366			2	重建	1+185.5	柳庄南桥	2.8	59.1	13	3	48.32	51.52	
367			3	重建	3+084.2	葛庄西北桥	3	59.1	15	3	48.01	51.27	
368	柘城县	宋庄干渠	1	重建	2+786.9	西赵庄桥	4	4.37	13	2.5	42.38	44.02	44.88
369			2	重建	4+223.2	邹瓦房桥	3.5	2.23	8	2.5	42.22	43.69	44.72
370			3	重建	4+600.7	陈庄桥	2	2.23	8	2.5	42.19	43.69	44.69
371			4	重建	5+863.1	后王楼桥	3	2.23	8	2.5	42.08	43.68	44.58
372			5	重建	7+247.7	崔桥村桥	4	2.23	8	2.5	41.96	43.67	44.46
373			6	重建	8+516.9	张昀庄桥	4	2.23	8	2.5	41.82	43.57	44.32

赵口大型灌区工程效益分析与研究

续表 2-10

总序号	所属县(区)	渠(沟)道名称	序号	建设类别	桩号	桥名	现状路宽(m)	流量(m³/s)	沟道底宽(m)	内坡坡率	沟(渠)底高程(m)	设计水位(m)	堤顶高程(m)
374	拓城县	晋沟河	1	重建	1+046.6	花庄桥	2.2	17.8	6	1.75	41.92	45.19	
375			2	重建	1+974.0	韩庄桥	3.1	17.8	6	1.75	42.03	45.23	
376			3	重建	2+921.2	史连桥	2.2	17.8	6	1.75	41.83	45.15	
377			4	重建	3+651.3	黄庄桥	3.5	17.8	6	1.75	41.75	45.1	
378			5	重建	4+180.4	史三官庙桥	3.3	31.2	8	1.75	41.7	45.03	
379			6	重建	4+767.4	史老人桥	3.5	31.2	8	1.75	41.64	44.89	
380		皇集沟	1	重建	0+180.0	皇集沟1#桥	2	4.6	2	2	45.09	46.48	
381			2	重建	0+781.8	皇集沟2#桥	2	4.6	2	2	44.85	46.07	
382			3	重建	1+465.5	西张集南桥	2	4.6	2	2	44.57	45.82	
383			4	重建	1+760.8	皇集沟3#桥	2	4.6	2	2	44.46	45.73	
384			5	重建	2+614.8	皇集桥	4	4.6	2	2	44.11	45.56	
385		马头沟	1	重建	11+064.0	大陈桥	2	49	14	3	43.55	46.35	
386			2	重建	11+987.0	闫口桥	2	56	14	3	42.8	45.8	
387		大梁堂沟	1	重建	1+524.0	大梁堂沟1#桥	3.7	11.5	12	2.5	42.11	44.51	
388			2	重建	1+993.0	大梁堂沟2#桥	2	11.5	12	2.5	42.01	44.41	
389			3	重建	2+716.0	大梁堂沟3#桥	2	11.5	12	2.5	41.87	44.27	
390			4	重建	3+965.0	大梁堂沟4#桥	2	11.5	12	2.5	41.6	44	
391		东周庄沟	1	重建	0+244.0	东周庄沟1#桥	4.2	7.5	3	2.5	42.5	44.9	
392			2	重建	1+115.0	东周庄沟2#桥	2	7.5	3	2.5	42.32	44.72	
393			3	重建	2+324.0	东周庄沟3#桥	2	7.5	3	2.5	42.08	44.48	
394		生产沟	1	重建	0+554.0	生产沟1#桥	3.5	7	8	2.5	44.94	46.94	
395			2	重建	2+523.0	生产沟2#桥	3.3	12.3	8	2.5	44.34	46.54	

续表 2-10

所属县（区）	渠（沟）道名称	序号	建设类别	桩号	桥名	现状路宽（m）	流量（m³/s）	沟道底宽（m）	内坡坡率	沟（渠）底高程（m）	设计水位（m）	堤顶高程（m）
	生产沟	3	重建	5+296.0	生产沟 3#桥	3.5	12.3	8	2.5	43.78	46.18	
		4	重建	7+304.0	生产沟 4#桥	2	20	8	2.5	43.23	45.63	
		5	重建	9+842.0	生产沟 5#桥	2	25.2	8	2.5	42.61	45.21	
		6	重建	11+347.0	生产沟 6#桥	2	25.2	8	2.5	42.35	44.95	
	红泥沟	1	重建	0+852.0	红泥沟 1#桥	2	10.8	7	2.5	43.8	45.9	
		2	重建	1+452.0	红泥沟 2#桥	2	10.8	7	2.5	43.69	45.79	
		3	重建	2+796.0	红泥沟 3#桥	2	17.1	7	2.5	43.17	45.47	
杞城县		4	重建	4+064.0	红泥沟 4#桥	2	17.1	7	2.5	42.92	45.22	
		5	重建	5+766.0	红泥沟 5#桥	2	17.1	7	2.5	42.58	44.88	
		6	重建	9+275.0	红泥沟 6#桥	2	27.8	7	2.5	41.69	44.19	
	清水河	1	重建	2+854.0	张庄桥	3.3	20.2	5.5	2.5	42.76	45.36	
		2	重建	4+235.0	河东西南桥	2.8	20.2	5.5	2.5	42.48	45.08	
		3	重建	4+885.0	赵油坊桥	2	25	5.5	2.5	42.15	44.95	
		4	重建	5+578.0	王庄桥	2.5	25	5.5	2.5	42.01	44.81	
		5	重建	6+522.0	吴庄桥	3.1	25	5.5	2.5	41.83	44.63	
	芦沟	1	重建	6+750.0	天门赵村 1#桥	2	12	6	2.5	42.35	44.35	
		2	重建	7+095.0	天门赵村 2#桥	2	12	6	2.5	42.28	44.28	
		3	重建	7+305.0	天门赵村 3#桥	2	25.1	6	2.5	42.24	44.24	

2）桥梁设计荷载等级

本次规划桥梁按使用功能分为生产桥和公路桥两种类型。生产桥汽车荷载等级为农桥-Ⅰ级,公路桥汽车荷载等级为公路-Ⅱ级。

3）桥梁布置

桥梁布置于现状道路上,且走向尽可能与现状道路一致,对于公路桥梁,其纵轴线保持与道路走向一致。桥长结合渠道开口宽度合理布跨,重(新)建桥梁单孔跨径分别采用 6 m 和 10 m,维修桥梁单孔跨径分别采用 8 m 和 14 m。

4）桥面布置

桥梁设计宽度结合道路现状宽度确定,生产桥桥面净宽 4.5 m,两侧各设宽 0.5 m 防撞护栏,桥面总宽 5.5 m;公路桥桥面净宽 7 m,两侧各设宽 0.5 m 防撞护栏,桥面总宽 8 m,桥面设双向 1.5% 的横坡。

5）桥面高程

由于赵口灌区工程均无通航要求,桥面高程在保证桥下净空不小于 0.5 m 的前提下,结合堤顶高程或现状路面高程确定。

6）引道连接

对于桥面高程高于现状路面的跨渠桥梁,桥头采用引道与原路面平顺连接,引道路面与桥梁同宽。

7）桥型结构

遵照安全可靠、适用耐久、经济合理的设计原则,同时考虑便于标准化、工厂化施工。赵口灌区二期工程桥梁上部均选用装配式预制(预应力)混凝土板结构。该桥型具有结构简单,受力明确,施工方便,且适宜采用常规起重设备运吊安装的优点。

下部支承结构即桥梁的墩(台),采用桩柱式结构,桥墩由盖梁、墩柱和基础组成,桥台由盖梁和基础组成。根据地质勘探资料,桥墩(台)基础采用钻孔灌注桩。

为防止桥台和引道由于不均匀沉陷影响道路的正常运营,在桥台背部设置钢筋混凝土搭板,搭板一端安置于桥台背墙上,其余放置于引道回填土上。

预制空心板、桥墩(台)盖梁、墩柱、耳背墙、搭板及护栏采用 C30 混凝土;桥面铺装层及铰缝采用 C40 混凝土;钻孔灌注桩采用 C25 混凝土。

6. 穿路暗渠(涵洞)

2 座穿路暗渠(涵洞)结构形式基本一样。

其中,东一干涵洞为穿越东一干公路而建,设计流量为 4.58 m³/s。与所穿公路基本正交,总长 26 m,由进口段、洞身段、出口段三部分组成。

进口段为 M7.5 浆砌石扭曲面渐变段,长 8 m。渐变段顶部高程同进口段渠道堤顶高程,为 75.78 m,底部高程为 72.66 m。

洞身段水平投影长 10 m,纵向分 1 节。洞身横向为箱形钢筋混凝土结构,单孔,孔口尺寸 1-2 m× 2.0 m(孔数-宽×高),边墙及顶、底板的厚度均为 40 cm,采用 C30 钢筋混凝土。洞身底部铺设 C15 混凝土垫层,厚 10 cm。洞底高程与进口处渠底高程相同为 72.66 m,洞顶高程为洞底高程加上洞高及顶板厚度,管顶以上考虑 1 m 的填土厚度后洞顶高程为 76.10 m 左右,高于原路面高程 75.60 m 约 0.5 m,高出部分与原左右侧路面采用 1/20 的比降与之平顺相连,并恢复成原标准路面。

出口段为 M7.5 浆砌石扭曲面渐变段,长 10 m。渐变段顶部高程与进口段渠道堤顶高程相同为 75.68 m,底部高程为 72.56 m。

7. 堤顶运行管理道路工程设计

结合灌区现状堤顶运行管理道路的设置,为便于渠道的运行、管理、养护,对于灌区上游分干渠以上渠道以渠道岸顶作为渠道运行维护道路,包括总干渠、东一干渠、东二干渠、陈留分干、朱仙镇分干、石岗分干等渠道设置堤顶运行管理道路;其他渠沟不再设置运行管理道路。

运行维护道路荷载标准按公路-Ⅱ级考虑,行车设计速度采用 20 km/h。

对于总干渠,以右岸堤顶为主要交通通道,道路采用混凝土路面,路面净宽 4 m,全宽 5 m,混凝土路面面层为 200 mmC25 混凝土路面,基层为 200 mm 二八灰土,道路横坡采用 1.5% 双向横坡。左岸堤顶为备用运行维护道路,采用泥结碎石路面,路面净宽 3.0 m,全宽 4.0 m,200 mm 厚泥结碎石面层。

对于其他渠道,渠道右岸堤顶为交通通道,采用混凝土路面,路面净宽 4 m,全宽 5 m,混凝土路面面层为 200 mmC25 混凝土路面,基层为 200 mm 二八灰土,道路横坡采用 1.5% 双向横坡。

2.5.2.3　电气

赵口灌区二期工程主要供电对象为:杞县 28 座水闸、太康县 32 座水闸、开封县 35 座水闸、通许县 43 座水闸、柘城县 5 座水闸、田间工程 386 座提水泵站和管理机构。原有部分设备不能用的电气设备全部拆除更换,未有的重新配套建设。

各用电点配置高压供电电源及变电设施,依据当地电力系统现状以及工程布置,确定各建筑物供电电压采用 10 kV。电源均由各处附近的 10 kV 线路上"T"接。

田间工程泵站数量较多且分布于田间,综合考虑经济、技术等指标,初步配置 386 座变电台区,配置 386 台变压器,变压器房随泵房配套建设。

各闸(泵)站屋顶均设置避雷带。操纵室内四周设接地线与室内启闭机、水泵电机、动力配电箱、照明配电箱连接,并和自然接地网及人工接地网可靠连接。组合箱变、低压配电柜、启闭机控制柜、照明箱、动力箱等电气设备均以接地线与自然接地网和人工接地网可靠连接。各建筑物做单独接地,若实测接地电阻不满足要求,需另增加接地体直至满足要求。

2.5.2.4　金属结构

二期工程共新建、重建、维修水闸 351 座,斗门 1 288 座。其中:杞县水闸 104 座、斗门 278 座;太康县 54 座、斗门 246 座;开封县 98 座、斗门 299 座;通许县 79 座、斗门 372 座;柘城县 14 座、斗门 91 座;中牟县维修水闸 1 座。共计闸门 1 894 扇,质量约 2 860 t。

本工程闸门孔口尺寸范围为(宽×高)0.5 m×0.5 m~4.0 m×4.0 m。经方案比选,对规格为 3.0 m×2.0 m 及以下的闸门采用铸铁闸门,以上的闸门采用平面定轮钢闸门。

闸门启闭设备经方案比选并结合运用要求、孔口布置、闸孔孔数、工作级别、经济指标等选定。对于 50 kN 及以下的启闭机采用手摇式螺杆启闭机,50~120 kN 的启闭机采用手电两用螺杆式启闭机,120 kN 以上的启闭机采用固定卷扬式启闭机。布置形式为一门一机。固定卷扬式启闭机装设有闸门开度仪、荷载限制器以及彩色触摸屏,启闭机钢丝绳采用镀锌钢丝绳。

为延长金属结构的使用寿命,钢闸门及埋件外露部分均需喷砂除锈、喷锌、油漆综合防腐(除不锈钢表面外)。启闭机机架表面采用喷砂除锈、油漆防腐。闸门埋件混凝土部分除锈后应均匀涂刷一层水泥浆,水泥浆里应加一些胶和氧化剂,以便提高水泥浆涂层质量。

2.5.2.5　环保设计

环保措施主要有水质保护、施工期废水处理、生态恢复、大气污染防治。二期环境保护投资 3 552.34 万元。

1. 供水水质保护

为加强施工期水环境保护,保障输水渠线及河道的水环境;严禁超采地下水,改善灌区的地下水环境。对施工期产生的生产废水、生活污水及固体废弃物需经处理达标后方可回用;对灌区可能存在的面源污染进行控制,减少污染源;优化灌区农业种植结构,种植需施用肥料和农药较少的农作物,从结构上减少面源污染量;同时加强节水措施,鼓励使用喷灌、滴灌等高效利用水资源设施。

2. 施工期废水处理

1)碱性废水

碱性废水主要是混凝土拌和系统冲洗废水和混凝土养护废水,混凝土拌和站和罐车只有在停工时才进行冲洗,废水量很小。混凝土养护废水主要产生于建筑物混凝土构件的养护,通过收集、处理后回用。对涵闸、桥梁、提排站等建筑物,混凝土养护废水先通过集水沟进行收集,后排入沉淀池进行处理后回用。集水沟采用梯形断面土沟铺防渗膜,净宽 0.3 m、深 0.3 m,边坡 1:1,防渗膜采用 1 mmHDPE 膜,沉淀池墙体和底部采用水泥砂浆砌砖,设计容量 3.0 m³,池体长 3.0 m、宽 1.5 m、深 1.5 m。各生产区混凝土机械冲洗废水采用沉淀池处理,共布置沉淀池 40 座。沉淀池采用一池两格形式,墙体和底部采用水泥砂浆砌砖,池底垫层为 C10 素混凝土厚 10 cm,设计容量 5.0 m³,池体长 3.0 m、宽 2.0 m、深 2.0 m。

2) 含油废水

含油废水主要产生于施工机械冲洗,各生产区机械停放场布置 1 座隔油池对冲洗废水进行处理,共布置隔油池 152 座。隔油池为砖砌结构,水泥砂浆抹面,池壁为直立式,有效容积为 3.0 m³,池体长 3.0 m、宽 1.5 m、深 1.5 m。

3) 生活污水

生活污水来源于生活区,包含有食堂污水、洗涤废水和粪便污水。

每处生活区设置 1 座砖砌化粪池,共 152 座。化粪池采用一池两格形式,墙体和底部采用水泥砂浆砌砖,盖板为 C25 钢筋混凝土,池底垫层为 C10 素混凝土厚 10 cm,长 3.5 m、宽 1.8 m、深 1.5 m。

3. 生态保护措施

工程在实施时由于占用农田,破坏植被,对区域自然系统阻抗稳定性不利,会造成水土流失等问题。本工程生态保护措施包括生态影响的消减措施、恢复措施及管理措施。

1) 生态影响的消减措施

本工程占地主要为耕地,自然植被多为栽培植物,动物主要为耕作区动物,以及一些常见鱼类,无国家重点保护动物。应加强生态保护宣传教育,对施工机械的运行方式和季节进行合理安排,废污水经处理达标回用,消减施工对当地陆生动植物影响。

2) 生态恢复措施

结合水土保持方案的生态恢复工程,确定施工区植被恢复方案,包括恢复目标、地点、范围、面积等。恢复措施主要以水土保持措施为主。

3) 生态管理措施

项目区生态管理措施主要为生态管理制度建设,在遵守国家和地方有关法律、法规、条例、技术规范和标准的基础上,制定施工期施工人员生态保护守则。主要内容为:遵守自然资源保护和生态保护的各项法规和条例,不从事对区域生态环境不利的活动,爱护树林和草地,保护动物。

4. 大气污染防治措施

(1) 土石方开挖和填筑产生的粉尘防治。主要在河道疏浚和堤防工程施工时采用湿式作业减少粉尘,靠近村庄处设置防尘布。

(2) 水泥、粉煤灰运输装卸过程中的防护措施。采用散装水泥灌装运输,运输装卸过程应密封进行,并定期对储罐密封性能检查维修。水泥、粉煤灰的储存和转运系统应保持良好的密封状态,并定期检修保养。

(3) 拌和设备除尘措施。拌和设备安装除尘设备,除尘设备在使用过程中,要按操作规程进行维护、保养、检修,使其始终处于良好的工作状态,并达到控制标准。

(4) 交通扬尘的治理。加强施工道路管理、养护,使路面平坦无损。根据施工标段的场地面积及道路状况、长度,配备一定数量的洒水车,非雨天每天对施工场区及施工道路进行洒水,每天不少于 3 次;在车辆途径居民点等敏感区域通过增加洒水频次、减速来降低起尘量。

(5) 燃油机械设备、车辆排放废气的处理措施。应加强对燃油机械设备的维护保养,使发动机在正常、良好状态下工作,并使用优质燃油,减少废气排放量;选用技术上可靠的汽车尾气净化器,使尾气排放达标;及时更新耗油多、效率低、尾气排放严重超标的设备和车辆。

2.5.2.6　水保

根据施工组织设计,针对工程建设中主体工程区、工程永久办公生活区、临时堆料场区、弃渣场区、土料场区、施工道路区、施工生产生活区和移民安置与专项设施复建区等水土流失的具体情况,因地制宜进行水土保持措施总体布局及防治措施设计。主要措施包括工程措施、植物措施和临时工程,具体措施方案基本和一期工程类似,即对建筑物进出口两侧裸露边坡,管理设施场区边坡等,都采用植草或种树进行绿化,以避免永久边坡水土流失。对开挖弃料的渣场,采用挡渣墙、排水沟及植草进行渣场坡面水土保护。

水土保持工程共完成工程量:土地平整 158.00 hm²,彩条防尘布苫盖 30.45 万 m²,C20 混凝土5 029 m³,土方开挖 42.31 万 m³,土方回填 18.21 万 m³,编织袋装土填筑及拆除 5 347 m³,浆砌石 4.47万 m³,钢筋混凝土排水管 428 m,直播种草 432.14 hm²,栽植花卉 2 548 m²,栽植灌木 122.58 万株,栽植乔木 33.13 万株。

水土保持监督管理:组织实施工程水土保持方案中有关生态恢复的各项措施,并对措施实施效果进行检查和监督。

2.6　赵口灌区高效节水改造管理及技术措施

2.6.1　工程节水

工程节水措施主要有:提高工农业用水回收率和重复利用率,提高再生水回收率;对破损干支渠道及渠系建筑进行整治,提高用水效率;干支渠渠道采取防渗、防漏措施,降低水资源无效消耗;设置有效的田间配套工程,防止无用水乱流乱灌;加强宣传教育,增强灌溉区域人民节水意识。

2.6.2　田间节水

(1)渠道防渗。灌区中上游以推广输配水系统渠道防渗技术为主,减少水的渗透损失,缩短灌水周期。自灌区续建配套与节水改造项目开展以来,灌区部分田间工程进行了 U 形混凝土渠道衬砌,通过多年的运用,以其省水、省时、省地、省工等优点深受当地群众赞许。

(2)井渠结合。合理配置有限的水资源,实行地表水和地下水的联合调度。在灌区中下游、推行井渠结合灌溉模式;在灌区中下游推行以井灌为主,发展引黄补源的灌溉模式。灌区中上游有着便利的引水条件,多年用渠不用井,地下水埋深浅,具有很大的开发潜力。采取有效的管理措施,鼓励这些地方发展井灌,合理开采地下水资源。例如,稻区必须明确育秧用井水,6 月泡田、插秧引用黄河水,在稻季后期及早关闸停水,并提倡稻茬、小麦一律用井水灌溉。冬季黄河含沙量小,泥沙易于处理,这个时期应引黄河水灌溉或补源,在含沙量高的季节停止渠灌,使用井灌。在此基础上不仅可以提高水资源的有效利用率,同时能够大大减少引黄水量,把节约的水输送到下游,扩大灌区受益面积,减少灌区上下游用水矛盾,而且还可以控制土地盐碱化。

2.6.3　管理节水

工程节水措施主要有:合理调配用水计划,安装并自动监测量水设施,开展灌区现代化信息建设与管理,利用信息化管理等手段,进一步提升灌区管理水平,实现灌区节水。

2.6.4　高效精细灌溉技术

推广地面软管灌溉、喷灌、微灌以及水稻节水灌溉技术。地面软管灌溉,俗称"小白龙"灌溉,是通过水泵机压由软管直接将水送到田间,灌水方法简单,适应性强,具有节水、节能、省地、省工等优点,是一项效果较好的田间节水灌溉措施,深受农民喜爱。大棚温室蔬菜、花卉、果树等经济作物可采用喷灌、微灌等节水技术。推广水稻节水灌溉技术,不仅可以大量减少渗漏损失和蒸发损失,而且还可获得较高的产量。

2.6.5　改革用水管理体制

赵口灌区现存的管理体制不顺,矛盾频发。随着灌区各市县用水需求增大,当前赵口灌区这种管理体制、管理模式已无法适应现代化灌区发展的要求。综观整个灌区各自为政,本位主义意识已成为阻碍灌区发展的桎梏。灌区管理单位中间环节多,上游大水漫灌、下游无水可用,上下游用水矛盾频发,赵口分局因体制原因无力协调。特别是周口、许昌两市引黄供水更是难上加难,甚至在出现旱情时由于协调不畅,上游开封市沟满河平后才能向下游放水,致使下游地区粮食生产只能使用井灌,导致地下水超采,形成地下水开采"漏斗区",产生次生环境灾害,严重影响了灌区正常效益的发挥和粮食的生产安全。

针对以上管理体制存在的问题,将通过发挥灌区效益最大化进行灌区管理体制改革。改革紧紧围绕水资源的可持续利用,开展灌区水资源的合理开发、治理和利用的科学管理模式,从而建立水资源和水利工程统一管理,适应现代化灌区发展要求的灌区管理体制。赵口灌区作为河南省的最大灌区,辐射范围广,受益地区多,对豫东地区粮食的稳产、增产具有重要作用。为确保灌区整体效益的发挥,统一解决郑州、开封、许昌、周口、商丘五市跨地区调(引)水问题,对灌区实行统一管理。跨市级行政区向下游输水的关键输水线路及建筑物由赵口分局统一管理,其他由各市县负责其辖区内工程及用水调度。

2.6.6　改革水费计收方式

改革水费计收方式,将原水费计价由各县层层上报改为灌区通管范围内市县由河南省豫东水利工程管理局赵口分局集中收取水费;不在统管范围内的下游各市县以水利局为单位,向河南省豫东水利工程管理局赵口分局申请用水签票、缴费,赵口分局集中向赵口渠首闸申请用水。

2.6.7　灌区计划用水与水量调度

灌区用水单位根据赵口灌区取水许可及总量控制指标编制用水计划,申请用水量。河南省豫东水利工程管理局赵口分局根据用水计划和用水指标,总量控制、协调调度灌区用水。灌区具体引水指标如下:

依据赵口灌区取水许可证及《河南省人民政府关于批转河南省黄河取水许可总量控制指标细化方案的通知》(豫政〔2009〕46号)文件批复:赵口灌区开封引水指标8 500万 m^3,周口引水指标4 500万 m^3,鄢陵引水指标5 000万 m^3。二期工程建成后,《赵口引黄灌区二期工程项目取水许可审批准许行政许可决定书》(许许可决〔2019〕35号)文件批复赵口二期批复引黄取水总量为23 673万 m^3,郑州市引黄水218万 m^3,开封市引黄水19 624万 m^3,周口市引黄水2 977万 m^3,商丘市引黄水854万 m^3。

2.6.8　节水文化建设

党的十九大为水利现代化建设指明了方向,水利节水文化对水利现代化建设发挥着至关重要的作用。近几年,赵口灌区大力开展水利节水文化建设,形成了具有鲜明行业特色的水利节水文化氛围。

在灌区工程建设管理方面,内强素质,外树形象发扬着水利人"5+2""白+黑"的牺牲精神和"忠诚、干净、担当、科学、求实、创新"的新时代水利精神。以习近平新时代中国特色社会主义思想为指导,深入践行新时代水利工作方针,按照"水利工程补短板、水利行业强监管"的总基调,统筹疫情防控和水利项目建设,推进工程建设管理健康发展,促进分局事业持久良性发展。

在灌区用水收费管理方面,完善了服务联系机制。进一步规范了供水、收费管理,测流量水实行用管双方共测互监、主动接受群众监督,努力营造风清气正的良好环境;建立用管双方良性互动的工作机制。每年夏灌、秋灌、秋浇定期召开用水回访座谈会和意见征询会,认真倾听意见和建议,对存在的问题认真进行整改落实,力争给群众一个满意的答复。广大职工深入用水一线调查了解农情,宣传水情、水费政策,切实解决群众关心的热点问题,灌域群众情绪稳定,优质服务深入人心,实现了灌域稳定、人水和谐。

在基层管理处大力加强基层生活基础设施建设,大力改善基层管理处生产生活条件,让基层一线职工"暖心"。切实体现对基层的关心支持,将政策、资金、项目向基层一线倾斜,持续打造、完善、提升"温馨管理处"建设。使职工工作愉快,生活舒心,激发干事创业的内生动力。

2.6.9　灌溉用水信息建设与管理

目前,赵口灌区信息化管理平台尚未建成、系统智能化程度明显滞后,灌溉用水信息管理手段大多仍以人工为主,与现代化管理体系存在较大差距,大大制约了灌溉用水的快速发展和管理,无法形成高效稳定的管理体系。灌区信息化就是充分利用现代信息技术,深入开发和广泛利用灌区管理的信息资源(信息的采集、传输、存储和处理等),大大提高信息传输的时效性和采集及加工的准确性,做出及时、准确的反馈和预测,为灌区管理部门提供科学的决策依据,提升灌区管理效能,促进灌区管理工作的良性运行。

2020 年 10 月,河南省豫东水利工程管理局赵口分局委托黄河勘测规划设计研究院有限公司编制完成了《赵口灌区供水计量设施建设方案》。工程实施后,通过供水计量设施建设,可以实时掌握灌区引水、用水、分水情况,推动赵口灌区现代信息化发展,提高灌区管理能力和效率。

2.7　赵口灌区续建配套与节水改造工程机构

2.7.1　领导机构

河南省赵口灌区续建配套与节水改造工程建设管理局由河南省水利厅组建,日常工作主要受水利厅农水处、建设处监督和领导。

2.7.2　管理机构和人员编制

2007 年 7 月 11 日,河南省水利厅以豫水人劳〔2007〕54 号文,批复同意成立河南省赵口灌区续建配套与节水改造工程建设管理局(简称建管局)。张嘉俊(时任豫东水利工程管理局局长)兼任局长,吴初昌(时任豫东水利工程管理局赵口分局局长)兼任常务副局长,马少军(时任中牟县人民政府副县长)、周新明(时任周口市水务局副局长)、魏和平(时任许昌市水利局副局长)兼任副局长、皇甫泽华(时任豫东水利工程管理局赵口分局副局长)兼任总工程师。河南省赵口灌区续建配套与节水改造工程建设管理局内设办公室、财务科、工程科、质量技术监督科,科室人员由省豫东水利工程管理局赵口分局抽调。

2010 年 8 月 23 日,河南省水利厅以豫水人劳〔2010〕57 号文,批复同意调整河南省赵口灌区续建配套与节水改造工程建设管理局组成人员的请示。祝云宪(时任豫东水利工程管理局局长)兼任局长,为项目法定代表人;吴初昌(时任豫东水利工程管理局赵口分局局长)兼任常务副局长;李芳(时任中牟县人民政府副县长)周新明(时任周口市水务局副局长)、王有生(时任许昌市水利局副局长)兼任副局长;皇甫泽华(时任豫东水利工程管理局赵口分局副局长)兼任总工程师。

张嘉俊不再兼任建管局局长,马少军、魏和平不再兼任建管局副局长。建设管理局内设质量技术监督科更名质量安全科,建设管理局人员控制在 25 名以内,由省豫东水利工程管理局抽调。

2014 年 7 月 17 日,河南省水利厅以豫水人劳〔2014〕37 号文,批复同意调整河南省赵口灌区续建配套与节水改造工程建设管理局组成人员的请示。宋德海(时任豫东水利工程管理局局长)兼任局长,吴初昌(时任豫东水利工程管理局赵口分局局长)兼任常务副局长,张建锋(时任中牟县人民政府副县长)、张华(时任周口市水务局纪检书记)、王有生(时任许昌市水利局副局长)、马强(时任豫东水利工程管理局赵口分局党支部书记)兼任副局长。

祝云宪不再兼任建管局局长,李芳、周新明不再兼任建管局副局长,皇甫泽华不再兼任建管局总工程师。

2016 年 3 月 8 日,河南省水利厅以豫水人劳〔2016〕34 号文,批复同意调整河南省赵口灌区续建配套与节水改造工程建设管理局组成人员的请示。马全力(时任豫东水利工程管理局局长)兼任建管局局长,为项目法定代表人。宋德海不再兼任建管局局长,调整后,建管局内设机构和其他人员不变。

2017 年 6 月 16 日,河南省水利厅以豫水人劳〔2017〕42 号文,批复同意调整河南省赵口灌区续建配套与节水改造工程建设管理局组成人员的请示。马强(时任豫东水利工程管理局赵口分局党支部书记)任建管局局长,为项目法定代表人;李朝阳(省豫东水利工程管理局赵口分局副局长)任建管局副局长,孟玉清(省豫东水利工程管理局三义寨分局副局长)任建管局总工程师(技术负责人)。马全力不再兼任建管局局长,调整后,建管局内设机构和其他人不变。

2018 年 3 月 16 日,河南省水利厅以豫水人劳〔2018〕11 号文,批复同意调整河南省建管局组成人员的请示。孙国恩任建管局总工程师,孟玉清不再兼任建管局总工程师,调整后,建管局其他工作人员职务不变。

2020 年 4 月 27 日,河南省水利厅以豫水人劳〔2020〕32 号文,批复同意调整河南省赵口灌区续建配套与节水改造工程建设管理局组成人员的请示。罗福生任建管局局长,为项目法定代表人。免去马强建管局局长职务。调整后,建管局其他工作人员职务不变。

2.8　赵口灌区续建配套与节水改造及二期工程建设情况

2.8.1　续建配套与节水改造工程

赵口灌区续建配套与节水改造项目严格落实法人管理制度,根据豫水人劳〔2007〕54 号文,河南省赵口灌区续建配套与节水改造工程建设管理局作为项目法人,全面负责省直赵口灌区续建配套与节水改造工程的建设与管理工作。《开封市人民政府关于组建开封市赵口引黄灌区续建配套与节水改造工程项目建设管理局的通知》(汴政文〔2007〕99 号),文件明确了开封市赵口灌区续建配套与节水改造工程项目建设管理局为赵口灌区(开封)续建配套与节水改造工程项目的法人。两个建管局分别负责其职责区域内赵口灌区续建配套与节水改造项目的招标管理工作。2009 年 2 月 2 日,河南省赵口灌区续建配套节水改造工程建设管理局(招标人)委托河南省伟信招标管理咨询有限公司(招标代理机构)对河南省赵口灌区续建配套与节水改造项目 2007 年和 2008 年度第一批工程监理及施工实行公开招标。2009 年 1 月开封市赵口灌区节水续建配套项目建设管理局委托河南省通力建设工程咨询有限公司,就开封市赵口引黄灌区续建配套与节水改造 2008 年度工程进行了招标工作。赵口灌区 2007 年度工程与 2008 年度工程于 2009 年 4 月开工伊始,截至 2020 年底,赵口灌区一期项目先后完成并进行了 16 个批次的招标和建设工作,一期续建配套与节水改造工程项目所有批次工程也已基本完工,累计完成渠道治理 480.3 km,新建、重建建筑物 502 座,累计完成投资约 9.5 亿元。并且将于 2021 年完成赵口灌区一期项目的所有建设验收工作。

2.8.2　二期工程

2018 年 12 月 24 日,河南省水利厅以豫水人劳〔2018〕54 号文成立了河南省赵口引黄灌区二期工程建设管理局。2019 年 11 月 17 日省政府处理签《河南省水利厅关于组建河南省赵口引黄灌区二期、西霞院水利枢纽输水及灌区工程项目法人的请示》(乙 545 号)的审理意见,对水利厅组建项目法人、成立建管局给予进一步明确。

赵口灌区二期工程共划分七个施工标段,结合投资计划要求,施工单位分两次招标,两次组织进场。施工 1 标、2 标于 2019 年 12 月 16 日完成招标工作,2020 年 1 月 6 日正式开工。施工 3~7 标段于 2020 年 4 月 27 日开标,5 月 20 日签订合同并组织人员进场,6 月 5 日主体工程开工。开工以来,在水利厅的坚强领导下,建管局团结和带领各参建单位,紧盯年度工程建设任务目标,按照"治扬尘、防疫情、抓复工、保春灌、促进度"总体工作要求,狠抓工程建设与质量安全管理,努力推动工程进展,工程取得了阶段性成效,施工 1、2 标总干渠工程已开始通水且运行正常,施工 3~7 标正在有序施工。

施工 1、2 标总干渠项目共划分 5 个单位工程,32 个分部工程,已完成与通水相关的 16 个分部工程的验收工作,并且总干渠于 12 月 11 日通过通水验收;3~7 标项目共划分 55 单位工程,665 个分部工程,已基本完成。

2.8.3 领导视察、调研

水利部原部长钱正英在赵口引黄灌区视察

2011 年 4 月 16 日,时任河南省副省长刘满仓在赵口灌区调研

2011 年 12 月 22 日,时任河南省纪委驻省水利厅纪检组组长郭永平在赵口灌区调研

2012 年 11 月 15 日,时任河南省水利厅副厅长王继元在赵口灌区调研

2013 年 3 月 27 日,时任国家防汛抗旱督查专员束庆鹏在赵口灌区调研

2016 年 10 月 1 日,时任河南省省长陈润儿、河南省水利厅厅长李柳身在赵口灌区调研

2018 年 8 月 28 日,水利部稽查专家组稽查赵口灌区工程建设

2018 年 11 月 6 日,时任河南省省长陈润儿再次到赵口灌区调研

2019 年 3 月 22 日,河南省水利厅党组书记刘正才在赵口灌区调研

2019 年 3 月 26 日 ,河南省水利厅吕国范副厅长在赵口灌区调研

2019 年 9 月 3 日,河南省政协副主席李英杰、河南省水利厅厅长孙运锋、
河南省政协农业委员会主任李柳身在赵口灌区调研

2019 年 12 月 23 日,河南省副省长武国定调研赵口引黄灌区二期工程建设

2020 年 2 月 27 日,河南省水利厅党组书记刘正才调研赵口灌区工程建设工作

2020 年 5 月,河南省水利厅副厅长吕国范培训指导赵口引黄灌区二期工程征迁安置工作

2020 年 7 月 20 日,河南省水利厅副厅长刘玉柏调研赵口二期工程建设

2020 年 7 月 24 日,河南省豫东水利工程管理局局长师现营检查赵口灌区工程建设工作

2020 年 8 月 26 日,驻河南省水利厅纪检组副组长许公兴、河南省
水利厅总工程师李斌成调研赵口引黄灌区二期工程建设

2020 年 11 月 13 日,河南省水利厅纪检组组长刘东霞调研赵口引黄灌区二期建设工作

2021 年 2 月,河南省豫东水利工程管理局局长师现营深入赵口灌区基层一线检查工作

2020 年 3 月,河南省水利厅农水处副处长李立新在赵口灌区调研

2021 年 5 月 7 日,河南省豫东水利工程管理局党委书记袁建文在赵口灌区检查工作

2021 年 5 月 13 日,水利部副部长魏山忠在赵口灌区调研

2.8.4　工程建设期间历任建管局局长工作纪实

2009 年 6 月,时任河南省赵口灌区续建配套与节水改造工程
建设管理局局长张嘉俊(右二)检查赵口灌区工作

2010 年 10 月,时任河南省赵口灌区续建配套与节水改造工程建设
管理局局长祝云宪(右三)主持合同签订会议

2015 年 6 月,时任河南省赵口灌区续建配套与节水改造工程
建设管理局局长宋德海(左二)主持开工动员会

2017 年 5 月,时任河南省赵口灌区续建配套与节水改造工程
建设管理局局长马全力(右四)协调征迁工作

2017 年 9 月,河南省赵口灌区续建配套与节水改造工程
建设管理局局长马强(右一)协调清障工作

2020 年 6 月,河南省赵口引黄灌区二期工程
建设管理局局长马强(左二)汇报工程建设工作

2021 年 5 月,河南省赵口灌区续建配套与节水改造工程
建设管理局局长罗福生(左二)现场指导工作

2.8.5　工程建设大事记

2007 年 11 月 1 日,赵口灌区续建配套与节水改造工程建设管理局召开了第一次局长办公会议。会议通报了赵口灌区续建配套与节水改造工程建设总体情况及 2007 年度工程规划;研究确定了建管局内设科室负责人人选;审定了建管局内部规章制度。对先急后缓,先上游后下游,尽快实现全灌区通水的原则达成了共识,并初步部署了建管局下一阶段的工作。

2007 年 11 月 2 日,建管会议根据省水利厅《关于成立赵口灌区续建配套与节水改造工程建设管理局的批复》(豫水人劳〔2017〕54 号),研究决定建管局内设办公室、财务科、工程科和质量技术监督科四个科室。

2008 年 2 月 26 日,河南省赵口灌区续建配套与节水改造项目 2007 年和 2008 年第一批工程开标会议在郑州市河南省伟信招标管理咨询有限公司召开。

2009 年 3 月 12 日,河南省赵口灌区续建配套与节水改造工程建设管理局与郑州水务建设工程有限公司等四家中标企业签署了工程施工、监理合同书。

2009 年 4 月 2 日,河南省赵口灌区续建配套与节水改造工程建设管理局召开 2007 年度与 2008 年度工程开工前准备会。

2009 年 12 月 19 日,河南省赵口灌区续建配套与节水改造项目 2009 年度工程在郑州华云宾馆开标,两个施工标中标单位,分别是黄河建工集团有限公司和河南水利建筑工程有限公司。

2009 年 12 月 24 日,河南省赵口灌区续建配套与节水改造项目 2009 年度工程合同签订仪式在赵口分局会议室召开。河南省赵口灌区续建配套与节水改造工程建设管理局与河南水利建筑工程有限公司等三家中标企业签署了工程施工、监理合同书。

2010 年 1 月 4 日,图纸会审、技术交底会议在赵口灌区续建配套与节水改造工程 1 标项目部召开。由建设、施工、监理、设计四方代表人员共同参加。

2010 年 8 月 6 日,水利部水利工程建设稽查工作组来赵口灌区,对灌区续建配套与节水改造项目 2009 年度工程建设情况进行稽查。

2010年10月10日,河南省赵口灌区续建配套与节水改造项目2010年度工程监理及施工开标会议在郑州豫棉宾馆召开。

2010年10月18日,河南省赵口灌区续建配套与节水改造工程建设管理局召开2010年度工程合同签订仪式。

2010年10月20日,河南省赵口灌区续建配套与节水改造工程建设管理局召开2010年度工程开工典礼。

2011年1月6日,河南省赵口灌区续建配套与节水改造工程建设管理局在河南省水利科学研究院召开河南省赵口灌区续建配套与节水改造项目2011年度工程可研会议。

2011年1月7日,河南省赵口灌区续建配套与节水改造项目2009年度工程分部工程验收工作组对赵口灌区续建配套与节水改造项目2009年度工程分部工程进行并通过了分部工程验收。

2011年2月18日,河南省赵口灌区续建配套与节水改造工程建设管理局在豫东水利工程管理局会议室召开赵口灌区续建配套与节水改造项目2011年度工程项目分配协调会。建管局局长祝云宪、常务副局长吴初昌、许昌市水利局副局长王有生、周口市水务局副局长徐克伟及开封市水利设计院,鄢陵县、太康县水利局等相关单位负责人参加了会议。

2011年3月8日,河南省赵口灌区续建配套与节水改造工程建设管理局召开2011年度工程合同签订仪式。

2011年4月11日,河南省赵口灌区续建配套与节水改造项目2010年度(第二批)工程开标会议在郑州豫棉宾馆召开。

2012年10月29日,河南省赵口灌区续建配套与节水改造项目2012年度(第一批)工程开标会议在郑州豫棉宾馆召开。

2012年11月2日,河南省赵口灌区续建配套与节水改造工程管理局在许昌市鄢陵县索菲特酒店召开赵口灌区续建配套与节水改造项目2012年度工程(第一批)开工动员会。

2013年1月31日,河南省赵口灌区续建配套与节水改造项目2012年度追加工程开标会议在郑州豫棉宾馆召开。

2013年4月27日,河南省赵口灌区续建配套与节水改造项目2010年度工程分部工程验收工作组对赵口灌区续建配套与节水改造项目2010年度工程分部工程进行并通过了分部工程验收。

2013年6月9日,河南省赵口灌区续建配套与节水改造项目2010年度工程单位工程验收工作组对赵口灌区续建配套与节水改造项目2010年度工程单位工程进行并通过了单位工程验收。

2013年12月5日,河南省赵口灌区续建配套与节水改造项目2013年度工程开标会议在新郑召开。

2013年12月24日,河南省赵口灌区续建配套与节水改造工程建设管理局在开封召开河南省赵口灌区续建配套与节水改造项目2013年度工程合同签订暨开工动员会。

2014年3月21日,河南省赵口灌区续建配套与节水改造项目2012年度第一批工程分部工程验收工作组对赵口灌区续建配套与节水改造项目2012年度第一批工程分部工程进行验收。

2014年3月27日,专家组对河南省赵口灌区续建配套与节水改造项目2010年度两批工程档案进行了专项验收。档案验收工作组通过听取汇报、查看现场、抽查实体档案及认真讨论,认为赵口灌区续建配套与节水改造项目2010年度两批工程档案收集较为齐全,整理系统规范,并在工程建设中发挥了良好作用,经综合评议达到合格等级。验收组同意该工程档案通过专项验收。

2015年4月10日,河南省赵口灌区续建配套与节水改造工程建设管理局组织设计单位、监理单位和施工企业在建管局会议室召开河南省赵口灌区续建配套与节水改造项目2014年度工程施工图设计交底会议。

2015年12月1日,河南省水利厅农水处组织在郑州召开河南省赵口灌区续建配套与节水改造工程2014年度追加(调整)工程鄢陵项目协调会。

2016年1月21日,河南省赵口灌区续建配套与节水改造项目2014年度追加(调整)工程开标会议在新郑召开。

2016 年 3 月 7 日,河南省赵口灌区续建配套与节水改造工程建设管理局在开封召开河南省赵口灌区续建配套与节水改造项目 2014 年度追加(调整)工程开工动员会。

2016 年 11 月 14 日,河南省赵口灌区续建配套与节水改造项目 2014 年度工程分部工程验收工作组对赵口灌区续建配套与节水改造项目 2014 年度工程分部工程进行并通过了分部工程验收。

2017 年 1 月 17~18 日,项目法人组织设计、勘测、施工、监理和运行管理等单位对 2012 年度第一批工程进行并通过了单位工程验收。

2017 年 3 月 9 日,项目法人组织设计、勘测、施工、监理和运行管理等单位对 2007 年和 2008 年度第一批工程、2009 年度工程进行并通过了单位验收。

2017 年 5 月 8 日,河南省赵口灌区续建配套与节水改造项目 2014 年度工程单位工程验收工作组对赵口灌区续建配套与节水改造项目 2014 年度工程进行并通过了单位工程验收。

2017 年 8 月 29~30 日,河南省水利厅在河南省开封市主持召开河南省赵口灌区续建配套与节水改造项目 2009 年度、2012 两批年度工程、2013 年度工程档案专项验收会议。档案验收工作组通过听取汇报、查看现场、抽查实体档案及认真讨论,认为赵口灌区续建配套与节水改造项目 2009 年度、2012 两批年度工程、2013 年度工程档案收集较为齐全,整理系统规范,并在工程建设中发挥了的良好作用,经综合评议达到合格等级。验收组同意该工程档案通过专项验收。

2017 年 9 月 5 日,河南省赵口灌区续建配套与节水改造工程建设管理局召开河南省赵口灌区续建配套与节水改造项目年度工程滚动实施方案 2017 年度工程动员会。

2017 年 9 月 14 日,2007 年度工程和 2008 年度工程通过投入使用验收。

2017 年 9 月 19 日,河南省赵口灌区续建配套与节水改造工程建设管理局组织设计、监理、施工及运行管理等单位的代表组成竣工验收自查工作组,对河南省赵口灌区续建配套与节水改造项目 2009 年度工程进行了竣工验收自查。

2017 年 11 月 29 日至 12 月 1 日,由河南省水利厅组织、各参建单位参加组成的竣工验收委员会同意河南省赵口灌区续建配套与节水改造项目 2009 年度、2010 两批年度工程、2012 两批年度工程、2013 年度工程通过竣工验收。

2017 年 12 月 16~17 日,河南省水利厅组织对 2014 年度工程、2014 年度追加(调整)、2015 年度工程进行档案专项验收,验收组通过听取汇报、查看现场、抽查实体档案及认真讨论,认为赵口灌区续建配套与节水改造项目 2014 年度工程、2014 年度追加(调整)、2015 年度工程档案收集较为齐全,整理系统规范,并在工程建设中发挥了良好作用,经综合评议达到合格等级。验收组同意该工程档案通过专项验收。

2017 年 12 月 18~19 日,项目法人组织设计、施工、监理和运行管理等单位的代表组成竣工验收自查工作组,对河南省赵口灌区续建配套与节水改造项目 2014 年度工程、2014 年度追加(调整)、2015 年度工程进行并通过了竣工验收自查。

2017 年 12 月 22~23 日,河南省豫东水利工程管理局组织专家组对 2014 年度工程、2014 年度追加(调整)、2015 年度工程进行了竣工技术预验收。专家组同意河南省赵口灌区续建配套与节水改造项目 2014 年度工程、2014 年度追加(调整)、2015 年度工程通过竣工技术预验收,具备竣工验收条件。

2017 年 12 月 25~26 日,由河南省水利厅组织、各参建单位参加组成的竣工验收委员会同意河南省赵口灌区续建配套与节水改造项目 2014 年度工程、2014 年度追加(调整)、2015 年度工程通过竣工验收。

2018 年 4 月 28 日,河南省赵口灌区续建配套与节水改造工程建设管理局召开河南省赵口灌区续建配套与节水改造项目年度工程滚动实施方案 2018 年度工程动员会。

2019 年 1 月 30 日,河南省水利厅在河南省开封市主持召开河南省赵口灌区续建配套与节水改造项目 2017 年度工程档案专项验收会议。档案验收工作组通过听取汇报、查看现场、抽查实体档案及认真讨论,认为赵口灌区续建配套与节水改造项目 2017 年度工程档案收集较为齐全,整理系统规范,并在工程建设中发挥了良好作用,经综合评议达到合格等级。验收组同意该工程档案通过专项验收。

　　2019 年 3 月 25 日,由水利厅组织、各参建单位参加组成的竣工验收委员会同意河南省赵口灌区续建配套与节水改造项目 2017 年度工程通过竣工验收。

　　2020 年 5 月 28~29 日,河南省水利厅在河南省开封市主持召开河南省赵口灌区续建配套与节水改造项目 2018 年度工程档案专项验收会议。档案验收工作组通过听取汇报、查看现场、抽查实体档案及认真讨论,认为赵口灌区续建配套与节水改造项目 2018 年度工程档案收集较为齐全,整理系统规范,并在工程建设中发挥了良好作用,经综合评议达到合格等级。验收组同意该工程档案通过专项验收。

　　2020 年 6 月 4~5 日,河南省赵口灌区续建配套与节水改造项目 2019 年度工程分部工程验收工作组对赵口灌区续建配套与节水改造项目 2019 年度工程分部工程进行验收。

　　2021 年 1 月 17~18 日,由河南省水利厅组织、各参建单位参加组成的年度工程验收委员会同意河南省赵口灌区续建配套与节水改造项目 2018 年度工程通过年度工程验收。

第 3 章　赵口灌区续建配套与节水改造及二期工程效益评价概况

3.1　工程效益评价发展过程综述

3.1.1　早期效益评价

项目投资经济评价,最早可以追溯到资本主义初期,其特点是寻求最大利润作为基本目标,企业盈利性分析的理论来源于强调利润动机的传统经济学。古典的经济学者,从亚当·斯密到马歇尔,大都集中分析私有企业追求最高利润的行为,假定投资项目的经济环境是在政府自由放任政策下的完全竞争,市场是一台权衡商品和劳务价值的可靠机器,无须另外有别于市场的经济评价机制,私人得利之和便是社会总效益。

富兰克林是最早使用项目费用—效益分析来对项目进行评价的。1844 年,法国工程师皮特发表了《公共工程项目效用的度量》的论文,首先提出了公共工程的社会效益的概念,认为公共项目的最小社会效益等于项目净产出乘以产品市场价格,最小社会效益与消费者剩余就构成了公共项目的评价标准。

3.1.2　工程效益评价方法的发展

20 世纪 30 年代,资本主义国家进入了经济大萧条时期,随着资本主义自由放任体系的崩溃,一些政府,尤其是美国政府,运用了新的财政政策、货币政策和政府投资项目来挽救萧条的经济,这类短期措施,其后就成为宏观经济管理的主要调控手段,一直为西方政府所采用,并取得了良好的成效。

在第二次世界大战期间,各国政府为了战时动员,在战后期间,又为了国民经济的重建和恢复,运用了各种政策和行动干涉及控制经济事务,并动员人力、物力和财力来实现国家规定的目标。在凯恩斯理论的影响下,政府实行福利政策,大量增加公共开支,对许多文化教育、医疗卫生和水利等社会福利设施和公共工程项目进行投资,社会福利和公共工程项目是以宏观经济效益和社会效益为主。所以,此时项目评价的基本目标就不再是企业利润最大化了,项目中费用与效益的含义也不像以前那样简单了。项目的费用—效益分析与计量在项目评价中所占的地位逐渐重要起来,从而促进项目评价理论与方法的发展。

随着各国政府管理公共事务的经验积累和人民要求改善生活愿望的加强,政府干预社会经济的需要和作用逐渐增强。同时,经济学家也逐渐关心社会效用、生产和消费水平、资源配置以及一般社会福利问题,于是福利经济学应运而生。福利经济学为项目评价提供了基本概念、原理、福利标准和一般性的理论基础。福利经济学中的完全竞争模式、社会效用理论、边际分析以及帕累托最优准则成为项目成本—效益分析的基石。随着政府计划、公共服务和投资项目的增多,项目成本—效益的衡量及分析日渐重要,这就促进了项目评价理论基础和实践程序的发展,逐渐形成了系统化的方法论。

第二次世界大战后,许多新独立的亚洲、非洲、拉丁美洲国家成为发展中国家。这些国家大都采用宏观调控、集中计划和公共投资等手段,促进经济发展。为了保证和提高投资项目的效益,这些国家中项目所需的评价受到本国和援助国的广泛重视。20 世纪 50 年代初,发展经济学的兴起,促进了项目评价在发展中国家的应用,在这些国家为了能制定出切合实际的经济发展政策和国家计划,就必须事先对拟建和潜在项目做出科学评价与决策,而且在执行经济政策和计划时,也必须从项目实施开始。因此,发展经济学便成为发展中国家项目评价的理论依据,而且项目评价成为发展经济学不可分割的组成部分。

3.1.3　效益评价新方法的产生与应用

从20世纪70年代以来,项目评价方法有了新的突破。"新方法"首先由经济合作与发展组织(OECD)在1968年出版的《工业项目手册》中提出,1971年联合国工业发展组织(UNIDO)发表的《项目评估指南》也提出了新方法。OECD手册中建议使用世界价格和外汇作为基价标准来评估项目的投入和产出,UNIDO指南中使用的是类似的方法。1980年OECD又出版了一本《工业项目评估手册》,提出了以项目对国民收入的贡献作为判断项目的价值标准。围绕"新方法论"的讨论,许多经济学家从理论研究到实际应用都探讨了不同的项目评价方法,根据这些方法的本质差异和内在联系,可以分为两大体系:基于影子价格的价格体系和基于项目对国民经济影响的分析体系。在价格体系中又可以按评价目标是累积总消费或是国民收入中的积累,以及评价时采用影子价格的计算单位是用本国货币单位还是用世界货币单位,区分为OECD法和UNIDO法。这些方法虽然形式不同,但是评价结果应该是一致的。而且,项目评价的发展趋势是,在概念上从复杂到简化,在计算上日趋规范化、表格化、程序化、简单化和强调方法的实用性。

投资项目评价,在我国得到真正的发展,是在中共中央十一届三中全会,实行了以经济建设和改革开放的方针以后,开始重视项目的前期工作,把可行性研究正式纳入基本建设程序。在这个阶段,引进和使用西方国家项目的评价方法,并结合国情开展了较为广泛、深入的研究工作。1987年10月,国家计划委员会公布的《建设项目经济评价方法与参数》,1988年8月,国家经济委员会公布的《工业企业技术改造项目经济评价方法》,1993年4月国家计划委员会、建设部联合公布的《建设项目经济评价方法与参数》(第2版),形成了我国较为完整的项目评价标准和规范。

随着现代工业的发展,自然环境受到很大损害,在对环境影响的评价过程中,人们发现工业化对社会环境和生活环境会产生极大的影响。于是分析评价投资项目对国家(地区)各项社会发展目标所做的贡献与影响的社会评价应运而生,它用于分析评价项目的建设与实施,对收入分配、就业、自然环境、社会环境等方面的效益与影响。

3.2　灌区效益评价发展过程综述

国内外在灌区评价方面已有较多的研究成果,起初人们关注的是对灌区性能及经济效益的评价,主要包括灌区系统运行状况、经济效益、生产效率等;随着生态问题、环境问题、社会问题日益突出以及可持续发展观点的提出,国内外研究者开始重视灌区发展状况对区域社会、经济和生态环境的影响及其本身可持续发展情况,并开始探讨有关方面的综合影响评价。

3.2.1　灌区效益评价国外研究进展

20世纪60年代后,随着社会、环境生态、计算机等学科的发展,国外开始对水利建设项目评价进行研究。在美国,水利开发项目的评价受到各级政府和有关部门的重视。在20世纪60年代中晚期,水利工程评价开始从单纯的经济效益转移到同时考虑社会和环境影响的评价。在1960年、1970年和1972年先后颁布的国家环境政策法、防洪法和河流港口法中都规定了在工程项目的评估中,除考虑工程项目的经济效益外,还必须考虑项目的社会和环境影响以及消除、减少对社会环境不利影响的投资费用。此后,美国很多大学、工程建设和管理机构都开展了这方面的工作。其中,美国垦务局、美国陆军工程师团、美国水土保护局等都做了很多工作,对大坝建设、防洪和水电开发方面进行了社会评价。1980年,美国水资源委员会正式提出水资源工程除考虑对国民经济影响外,还应考虑对环境质量、地区经济发展及对社会福利的影响,但这一时期还未见包含环境、生态、社会等综合影响因素的水利开发项目后评估的研究报道。

关于节水农业效益评价的研究在早期主要是集中分析研究其水资源利用经济效益。Jeffery. R. Williams 等从成本效益分析的角度评估节水灌溉系统的成本问题。为了提高灌溉系统的操作者评估节水灌溉系统成本效益的能力,他们设计了 ICEASE(Irrigation CostEstimator and System Evaluator,ICEASE)数学模型,ICEASE 可以用于评估不同的节水灌溉系统在各种操作状况下的灌溉成本和效益。ICEASE 通过一组指标来进行节水灌溉系统的成本最优化选择评估,这些评估主要包括 5 个方面,即灌溉系统的选择、系统动力的选择、水位变化或灌溉系统效率降低对成本变化的影响、采用不同质量的水资源进行灌溉的成本评价,以及评估一定时期内灌溉系统在确定的燃料价格浮动水平下每年的运行成本问题。Manuel Martin Rodriguez 等在研究西班牙旱作区节水灌溉的经济效益中,提出了旱作农业区节水灌溉的经济效益的评价方法,其基本思路是通过比较分析自然条件相同的旱作农业区在没有采用节水灌溉与采用节水灌溉两种不同情况下的生产状况来估算农业节水的经济效益。针对这种评价思路,该研究提出了农业节水经济效益评价的数学模型。在这一评价模型中,传统旱作农业的相关数据以该地区实行节水灌溉以前的历史数据为基础,并参照同时期与节水灌溉地区自然条件相同或者相近地区的生产数据,上述研究主要考虑的是经济因素,对于经济以外的因素基本未考虑。Abernathy 讨论了灌区性能评价的种类,Oad 和 McCornick 开展了基于特定目标的灌区性能评价工作;随后 Wolter 和 Bos 提出了初步的评价方法。这些研究没有提出系统的评价指标体系,评价方法也比较原始,研究内容范围也较窄。美国农业部推荐了几种节水灌溉农业系统评价方法,即根据系统的灌溉水强度、灌水深度、系统的灌水能力、灌水均匀度、水量损失、管网造价与能耗以及灌水可能对作物产生的损害等 7 个方面进行评价,通过对系统上述各项指标的计算,给出评价结果。该指标体系并不完善,这一阶段的效益评价仍未考虑社会效益和环境效益。

随着研究的深入,FAO 提出节水灌溉的评价研究从定性转向定量、从规范性研究转向实证性研究;查尔斯等在《灌溉系统评价方法》一书中设计了一组专用程序,用于对已建灌溉系统进行综合评价,程序中各项指标都是基于对灌区综合调查所取得的资料。主要技术指标包括均匀度、地表可能产生的径流、超常压力损失等。主要综合指标包括灌区特点、作物蒸发量、输水量、水质、动力费和水费,并通过调查资料估算年灌溉水或相关资源的消耗情况。该灌区综合评价指标体系在美国西部的 80 多个灌区已经推广使用,并且取得了良好的效果,在亚洲地区的越南、菲律宾、泰国等国家也开始示范应用。该评价体系主要是根据外部与内部指标,系统地对灌区的运行状况进行监测、评价,确定灌区建设和管理的最佳改进方案。在灌区更新改造和职责转换后,运用这些综合指标,监测灌溉运行状况和灌溉管理发展情况,评价投资效果、灌溉服务改善程度和对灌区的投资是否取得了预期效果等。这种综合评价体系的目的是更好地完成灌区的更新改造工作,不仅将"灌区现代化"的概念引入到灌区更新改造中,还更新观念、设计、规划、建设和运行等来保证对灌区的投资能满足未来几十年的需要;有利于为农民提供灵活机动的供水方式,使农民能够有条件种植高附加值的作物,以达到提高农民收入的目的。其中许多指标都需要实测系统的运行结果,因此它对于已建工程提高和改善系统运行管理水平较为有效,而对于拟建工程的评价作用甚微。Murray-Rust 和 Snellen 开展了位于 8 个国家的 15 个灌区的比较性评价工作,并发展了一套评价分析框架。Small 和 Svendsen 利用系统分析的方法进行评价,该方法把复杂的灌溉过程分解为几个系统,并且每个系统的评价指标能够被确定。他们的研究工作在指标体系的建立上开始趋向系统化,在评价方法的选取上逐渐深化。

1998 年,国际水管理研究院 Molden 以及 BOS 等开展了灌区性能比较研究工作,这项研究采用了 9 个评价指标并对 18 个灌区进行了比较分析,接着 Sakthivadivel 等在 1999 年采用了 4 个评价指标对分布于 13 个国家的 40 个灌区进行了比较性研究工作。Burton 和 Mututwa 则进一步开展了这项研究工作,他们的大量研究工作为灌区评价提供了实践经验,也为国际灌排委员会性能手册中所使用的评价框架奠定了基础。英国水利研究中心 1997~1998 年开展了关于灌区维修方面的评价研究工作,即强调了进行维修与改造以及没有开展维修工作的结果;这是国外开展的灌区改造评价比较突出典型的例子,但该研究规模较小,系统性和研究深度也不够。Kivumbi 在开发灌溉配水决策支持系统研究时,基于计算机开发的灌区诊断分析决策支持系统使得性能评价延伸为分析原因及其影响等方面,这项工作标志着灌区评价研究工作的重大进展。

世界银行(WB)最早关于灌区评价研究比较突出的工作,着眼于位于 10 个国家的 16 个灌区,主要目的是去确定这些灌区现代的水控制与管理措施是否有绝对的差别。这项工作强调使用现代的控制系统而不是灌溉性能，一些有用的概念起源于这项工作，这项工作丰富了灌区评价的研究内容。

2000 年 8 月在罗马召开了研讨会，世界银行（WB）、国际灌溉排水技术与研究小组（IPTRID ）、国际水管理研究院（IWMI）、国际灌排委员会（ICID）、联合国粮农组织（FAO）等几个国际机构联合发起了灌排部门综合评价研究会议，会上讨论了评价的原理及评价的目的，随后编制了一套评价指南并且被广泛推广使用。指南中所建议的评价指标主要包括系统运行状况、经济效益、生产效率及环境影响 4 个方面，总共有 33 个评价指标。这项工作使灌区评价工作更加系统，并且使灌区评价研究工作开始从研究探索阶段走向正式实际运用。2001 年，Malano H 和 Burton M 从系统运行、财务状况、产量、环境性能等方面对灌区进行研究。2002 年，中英墨灌区综合评价体系应用研究在湖北省漳河灌区启动。该项目属于国际粮农组织、世界银行、国际水管理研究院、国际灌排委员会等启动的灌区综合评价体系的一个子项目，由英国政府资助，英国水利研究院、中国灌排发展中心和墨西哥水利管理部门共同完成。该项目研究的目标是对用于提高灌区管理效率的综合评价体系进行评价，以期获取评价灌区运行情况的评价指标以及灌区管理者的满意程度，找到如何根据这些资料改进灌区管理的办法。其重点是把用于改善灌区管理和输水效率的综合评价方法及保证这种综合评价方法有效实施的条件进行归纳整理。

国际上包括澳大利亚、墨西哥、印度、埃及、马来西亚、巴基斯坦、中国、法国和西班牙等许多国家都已经广泛开展了灌区评价研究工作。其中，法国、澳大利亚和西班牙在世界银行联合发动灌区评价这项工作以前，就已经运用他们自己所确立的一套评价指标进行了灌区性能评价。澳大利亚土地与水资源研究与发展公司 1998 年在灌溉部门开展了第一次评价研究工作，在这项工作中运用了一系列的评价指标及其评价标准对 6 个灌区进行了研究，这项工作为灌区评价工作奠定了坚实的基础。1998 年，澳大利亚国家灌排委员会也开始了灌区评估工作，对于 1997～1998 年度的评估采用了 15 个评估指标对 33 个灌区进行评估，而对 1998～1999 年度的评估，则采用了 47 个指标对 46 个灌区进行了评估；目前，则采用包括灌区运行状况、经济效益、环境性能及商业性能 4 个方面的 62 个指标对灌区进行评估。印度的评估工作则是在 2002 年 2 月在 Aurangabad 召开的研讨会上所发起的，此次会议确定了位于西部孟加拉州、马哈拉施特拉、比哈尔、哈里亚纳邦及泰米尔等地区的一些灌区作为评估研究对象，并联合运用国际灌溉排水技术与研究小组（IPTRID）所确定的指标及各州所确定的其他指标进行性能评价。

在灌区灌溉管理制度的改革评价研究方面，经过研究总结发现由于各个国家或地区的客观条件不同，灌溉管理制度改革在一些国家或地区取得了成功，如美国、法国、墨西哥、土耳其等国家，而在另一些国家改革结果并不理想，如印度尼西亚等国家。土耳其学者 Murat Yrecan 利用逻辑模型对本国 Gedia 河流域灌溉管理权移交前后发生的变化进行对比分析，发现将灌溉管理权从国有机构转移到民间组织得到了广大用水户的拥护。通过建立用水户协会（WUA），使农户参与到灌区的日常运行与管理中来，提高了水费实收率，保证了灌区所需运行经费的到位，使其可持续发展能力增强，而农户参与程度的提高使灌区的管理更加民主化。但是，管理权移交的过程中也存在着一些问题，如 WUA 没有制度化、合法化；政府取消了可持续发展和新建设施所需的财政预算和新增投资，导致灌溉系统更新改造缺乏资金支持。另外，管理权移交前，水价定得很低，用水户只需缴纳很少的水费，但管理权移交后，农民灌溉用水的成本增加，水费定价标准因此而提高，农民对此颇有怨言。到目前为止，土耳其已制定了一套完整的水费收取机制，以 WUA 为主体的参与式灌溉管理模式在土耳其灌区逐渐发展起来。1997 年，Johnson 对墨西哥的灌溉管理改革进行研究发现，墨西哥的参与式灌溉管理改革同样表明 WUA 在灌溉系统的运作与维护方面发挥了重要作用，从用水户收取的水费已完全能够满足系统运行与维护方面的支出。1998 年，在灌溉管理改革和 WUA 持续发展的影响因素研究方面，Kumar 和 Singh 认为，在水资源管理方式的转变过程中，将组建 WUA 作为单一的管理方式并不能够自动获得完全的成功，政府的支持必不可少。Vermillion 和 Garces Restrepo（1998）、Samad 和 Vermillion（1999）认为，建立和完善政策支持体系对灌溉管理制度变革能否成功具有重要的影响，另外，WUA 的规章制度完备程度、用水者之间的社会与经济相容性、用水者之间的信任程度的高低、WUA 与政府的合作关系是否理顺等对 WUA 的持续发展均具有重要的影响。

近年来,有些学者开始对灌溉管理制度变迁与收入和贫困的关系进行研究,发现现行灌溉管理制度改革可以有效减少农村贫困的发生率;它不仅能直接增加农作物产量和农民收益,更重要的是灌溉设施供给产生了乘数效应的间接影响。也有学者通过大量的实证研究证明,灌溉管理制度改革对改善贫困人口灌溉水的获取能力非常有益;对灌溉水价的研究表明,在提高水价困难的情况下,水市场可能是解决水资源短缺和水资源质量下降问题的一种政策选择,但在缺乏明确界定可自由交易的水权时,水市场只能鼓励更多地利用水而不是促进水的节约。因此,完善和明晰水权制度对于培育水市场起到了决定性的作用。

综合目前的研究成果可以发现,在农业水利项目评价的方法和内容上,主要在财务评价方面,各国际组织和发达国家已形成了一套系统的理论、原则和方法体系,其中许多已被我国沿用和采纳。但是,由于目前国外对农业项目社会评价和生态环境评价的理解不尽相同,因而对社会评价和生态环境评价的内容也不一致。作为社会评价的专业方法,联合国工业发展组织与世界银行等国际组织的一般做法是,在经济分析的基础上,考虑项目对收入分配的影响,分析项目收入对公共积累与消费、收入在不同阶层之间分配的影响等。英国海外开发署的专家则认为:除对土地使用变化、借款人、项目执行机构、检测机构等进行评价外,对于农业项目中的种植项目,社会评价还应包括以下方面:

(1)项目是否会在将来带来非农收入的盈利活动。

(2)项目是否会使一部分农民转变为农业工人。

(3)农民对项目推广的新技术的采纳程度。

加拿大的《效益费用分析指南》中的社会评价,除分配效果外,还包括环境质量与国防能力等方面的影响分析。巴西的社会评价则指项目的国家宏观经济分析,即根据国家的发展目标、产业政策、地区规划等,对项目进行投资机会研究,以确定项目的优先顺序。法国的影响分析是从宏观经济分析项目的投入产出对国民经济的影响。另外值得一提的是,在社会分析中,他们特别注意项目对妇女在项目中的作用,包括妇女的教育与就业等。对于生态环境评价,目前的研究还处于发展阶段,由于各国对生态环境研究关注的侧重点不同,建立的指标也差别较大。

中国是最先表示愿意参与 IPTRID 组织所开展的灌区评价工作计划的国家,2001 年 8 月联合国粮农组织派 Malano 来到湖北的漳河灌区及河南的柳园口灌区进行了考察,并向这两个灌区介绍了评价的方法。不同的国家,由于自然环境生态状况、经济发展状况等不同所开展的灌溉评价内容和目标也有所不同,在评价指标和评价方法的选取上也有所不同。综合以上可以看出,国外针对大型灌区节水改造项目的综合评价还需要深入系统的研究。

3.2.2　灌区效益评价国内研究进展

国内从 20 世纪 80 年代开始重视关于灌溉方面的评价研究,包括节水灌溉效益的评价、农业节水效益评价、灌区运行效益评价等。从事灌区评价研究较早的学者是茹智院士,他在研究中国灌区性能状况时,首次提出了一套比较全面的评价指标,并对湖北省漳河灌区在灌区改造之前(1976~1980 年)的运行状况进行了评价,分析了灌区运行状况不令人满意的原因,同时提出了一些改进措施,最后对灌区改造后(1985~1987)的性能与改造前的状况进行了对比分析。该研究理念在当时的条件下比较先进,但随着我国灌溉事业的发展以及灌区新情况、新问题的出现,该研究在许多方面尚需进一步发展完善。

1997 年,武汉水利电力大学的罗金耀在研究节水灌溉系统综合评估时,认为在考虑和定义节水灌溉系统的主要影响因素和综合评估指标时,既要涉及自然、资源、环境和社会经济条件,又要涉及作物品种、性质、规划设计和运行管理水平等较为复杂的问题。在研究节水灌溉综合评估方面,提出了 6 大类指标及各项指标的量化方法,包括政策类指标、技术类指标、经济类指标、资源类指标、环境类指标和社会类指标;采用"可能=满意度"原理对节水灌溉技术进行了综合评价;根据"可能=满意度"理论,研究了节水灌溉综合评价指标的合理度确定方法,提出了定量定性指标结合的节水灌溉综合评价理论与模型,为节水灌溉工程方案决策提供了新的有效的方法。2000 年,侯维东、徐念榕等结合井灌节水项目分析的特点,在传统层次分析法的基础上,采用改进的多层次综合评价方法,结合灰色关联理论对井灌区运行情况进行了评价;他们的研究综合了多种方法的特点,在理论上有一定的创新。2001 年,路振广等针对节水灌溉工程涉及因素的复杂性及评价中存在的问题,在广泛调研与咨询的基础上,按照指标属性的不同,将其归纳为七大类:政策类指标、技术类指标、经济类指标、财务类指标、资源类指标以及环境与社会类指标,并以此建立了节水灌溉工程综合评价指标体系,并对其中的定性指标提出了量化方法。2001 年,许静、雷声隆等在对灌区改造规划资料进行统计的基础上构建了一套指标体系,并用附加动量/自适应学习率的改进 BP 算法,建立了一个人工神经网络综合评价模型,对两个实际灌区进行了评价。

2002 年,王顺久、侯玉等建立了灌区综合评价的投影寻踪模型利用该模型将灌区综合评价的多个指标投影为一投影特征值,根据投影特征值的大小进行客观评价,该方法的精度有待进一步检验和提高。赵竞成等针对农业高效用水的特点,研究了农业高效用水综合评价的定位问题,详细分析了评价对象、评价主体、评价目标,探讨了农业高效用水的影响因素,应用模糊数学理论,基于 Visual basic 平台和数据库技术,开发了农业高效用水计算机辅助综合评价系统。韩振中等对大型灌区现状水平、存在问题进行了分析总结,系统地提出了大型灌区节水改造的评价指标体系,将其分为 7 类:社会经济指标、水土资源指标、工程状况指标、农业水资源利用效率、管理体制、经营管理水平、生态环境指标;每一类指标根据所描述问题的性质,又分为若干子类指标,子类指标又根据其内涵的不同进一步分为子类次级指标。运用这套指标对大型灌区现状和节水改造的紧迫程度进行评估,在系统评估灌区现状水平的基础上,通过分析研究表征灌区现状水平的关键指标,采用线性加权综合评估方法对灌区进行综合评估,该方法能准确地掌握大型灌区节水改造的紧迫程度;对灌区的单项指标水平进行评估,能够从不同侧面分析灌区现状水平,找出灌区的最薄弱区域与环节。该研究的目的是对我国灌区的现状水平进行评估,找出各灌区节水改造的紧迫程度,为国家进行资金投资提供参考。

2003 年,尚虎君、汪志农等对关中灌区监测指标体系进行了层次分析,通过一些定性指标的量化,利用层次分析法建立了综合考虑灌区改制的政策评价、灌溉效果评价、工程项目实施评价和社会评价的指标体系及其综合评价模型,对各灌区的改制成效和历年综合改制成效进行了目标评价值计算,但由于灌区管理体制改革是一个多因素、多目标的复杂系统,在定性指标的量化、指标权重计算、动态评估等方面尚需开展更深入的研究工作。高峰等提出了节水灌溉工程综合评价指标体系的建立方法,并构建了分为四层的节水灌溉工程综合评价指标体系。第一层目标层:节水灌溉工程综合评价指标体系;第二层大类指标层:政策评价、技术评价、经济评价、财务评价、资源评价、环境评价、社会评价;第三层子类指标:共 41 个,其中定量指标 20 个,定性指标 21 个;第四层是个别子类指标进一步细分的次子类指标。李甲林认为,参与式灌溉管理的实施,促进了灌区经济的发展和设施的建设,促进了灌区范围内新型社会关系的建立,并就灌区实施参与式灌溉管理后对灌区经济和社会发展所产生的影响,建立了系统的指标结构、提出了评价方法。李洁结合灌区完成的节水改造工程,从工程安全、农村经济、灌溉效益、生态效益等方面对泾惠渠灌区实施续建配套和节水改造的效益进行了全面的分析,该研究立足于泾惠渠灌区,指标体系适用的普遍性不广。

2004 年,王景雷、孙景生、吴景社等通过对节水农业的评价主体、评价对象、评价目的和评价尺度之间关系的探讨,讨论了评价指标的变化和得到合理客观的评价结果所应采取的若干措施,强调了评价过程中“一票否决”的作用和加强节水农业指标系统监测的重要性;在评价指标权重的确定上,虽提到了应考虑主客观影响因素进行权重确定,但对于如何合理地综合主客观影响因素进行赋权并未给出明确的解决办法。

2005 年,武汉大学的朱秀珍、李远华、崔远来等对灌区运行状况进行了评价研究,运用灰色理论、主成因分析法、纵横向拉开档次法等多种评价方法对灌区运行状况进行了评价;该研究第一个可贵之处是采取了多种方法从不同角度对灌区进行了评估,对各种方法得出的评价结果进行比较分析有助于提高对结果准确性的辨别;另一可贵之处是该研究考虑了动态因素并运用拉开档次法对灌区性能状况进行了分析评价。西安理工大学的赵阿丽针对陕西关中灌区的具体情况制定了一套具体的综合评估指标,具有实用性强的优点,论文中选取了 23 类三级指标,经过筛选,提取了 8 类次指标为评估体系的评估模型。在评价方法的选取上运用单一的静态评价方法——模糊综合评价方法进行了评价。由于大型灌区的综合评估涉及的方面很多,简单的指标体系和单一的静态评价方法显然不能满足要求,很多应该考虑的问题被遗漏。例如,灌区的可持续发展问题以及工程建设后的管理与改革的问题,应进一步完善指标体系,选取动态评价方法进行评价,根据评价结论提出针对性建议,在评价内容上应重视灌区的可持续发展及工程建设后的管理与改革等问题。陆琦、郭宗楼等提出了用于评价灌区灌溉管理质量的 8 个指标,应用主成分分析原理建立了灌区灌溉管理质量评价的综合指标——综合主成分,提出了综合主成分的评价标准。该研究侧重于主成分分析方法的运用,但主成分分析法在对指标进行处理的过程中容易造成信息的丢失,该研究对这一问题并未提出解决措施。河海大学的何淑媛利用系统分析方法,研究评估指标体系构建的原则和方法,按照定性和定量指标分析法,分别从社会、经济和生态环境三方面构建了农业节水综合效益评估指标体系,应用层次分析法确定权重。功效系数法对农业节水综合效益评估指标进行量化,最终建立农业节水综合效益多层次评判数学模型。何淑媛建立的指标体系主要集中在效益指标方面,对效益以外的方面涉及较少。李圩以都江堰灌区为例,分析了影响灌区发展的主要制约因素,从管理的角度出发,介绍了"良治"的理论,分析实现"良治"的关键环节,并详细阐述了"良治"的管理模式。该研究在管理角度可以为灌区节水改造提供理论参考。

2006 年,武汉大学的王修贵、李慧伶等在对灌区运行状况进行评价时,应用博弈论方法将主观赋权法(层次分析法)和客观赋权法(熵值法)进行综合集成,使得到的综合权重与各单一权重向量之间的偏差最小,并应用由该方法得到的综合权重进行了灌区评价,该研究在灌区评价指标权重确定上是一个突破。宫兴梅等对灌区存在的问题进行了分析,提出了应该实施节水工程改造和管理改革相结合的灌区改造方式,并对辽宁省东港市的灌区节水改造项目效益进行了分析;但该研究仅仅就灌区改造的部分效益进行了分析,并未深入开展灌区节水改造项目综合评价的研究。邱林、单淑贞等运用 DEA 的 C2R 模型和 C2GS2 模型同时对灌区绩效进行评价,分析了各灌区的规模效益,探讨了纯技术效益情况,找出了 DEA 无效的灌区存在的问题以及问题的原因,但是,用 DEA 方法进行评价的效率只是相对效率,而不是绝对效率,选取的决策单元、评价指标不同得出的结果也会有变化,只能为管理者提供部分参考信息。韩振中等结合甘肃省大型灌区续建配套与节水改造工程实践,针对灌区经营管理中存在的几个主要问题,提出在"十一五"期间管理体制与运行机制、水价与水费计收等方面改革的基本思路与措施,以提高灌区管理水平,达到以改造促改革、以改革促发展的根本目的,实现灌区经济社会可持续发展。他的研究侧重于灌区管理,没有对工程方面的因素进行总结以提出可行性建议。黄智俊、王克强等应用因子和聚类分析方法对全国农业节水灌溉绩效进行了评价,分析了各省市年际间绩效和排名的动态变化及原因,在聚类分析的基础上,进行了全国节水灌溉分区,但该研究选取的反映节水灌溉综合绩效的统计指标没有重视不同地区的特征,得出的结果难以全面反映我国不同地区农业节水灌溉绩效的实际情况。侯鲁川在对四川省的农业水资源、干旱发生规律和节水农业发展现状进行分析的基础上,建立了评价指标体系,以全省的 21 个市、州为评价单元,分别运用模糊层次分析法和模糊综合评价法对四川省节水农业的综合效益进行了评价,发现两种评价方法得出的结果和排序并不完全相同,作者并未对两种方法产生结果不同的原因进行分析,所建立指标体系的科学性和适用性有待改进。河南省水利科学研究院的潘国强、蒋立等针对河南省典型大中型灌区,通过对灌区运行中的问题进行专家论证,结合区域可持续发展理论,提出了大中型灌区可持续性发展评价的理论方法。该研究将灌区大系统可持续发展总目标分解为系统稳定性、系统发展协调性、系统发展水平等三个二级目标,并进一步将各二级指标分解建立三级指标体系,运用层次分析法确定指标权重,运用简单的线性加权方法逐层计算得出灌区的发展持续性量化评价值,通过与标准值进行对比来分析灌区的持续性发展状况,最后选取了两个灌区进行了评价比较研究。该研究是对于灌区可持续发展评价开展的一个有益的尝试,考虑的影响因素较全面、运用的区域可持续发展理论较新颖。

2007 年,西北农林科技大学的由金玉,针对我国灌区存在的管理体制不顺、水费收缴率低、末级渠系工程管理主体"缺位"等问题,以我国关中灌区为例,以 800 户定点农户与 120 条定点斗渠的跟踪调查资料为依托,较为全面地探讨了农民用水协会在组建及运行中存在的若干问题及影响农民用水协会正常运行的外部因素,重点分析了协会组建程序不规范、注册率低、渠系工程维修资金不足、协会受到外部阻力不能发挥作用等问题,并针对存在的问题提出了相应的意见及建议。对农民用水协会取得的成效如节水增产、农业收入增加、农民水费负担减轻等方面进行了探讨。崔远来、董斌、李远华等探讨了农业节水的评价指标与尺度问题,指出产生节水灌溉尺度现象的原因是灌溉过程中回归水的重复利用,讨论了在不同尺度下的水平衡要素及其在节水尺度效应中的作用,说明随尺度的增大,水平衡过程变得复杂化,节水尺度效应现象也更突出。并指出由于尺度效应的存在,传统灌溉效率指标在节水效果评估及水资源调配决策中存在的局限性,并对近年来国际上提出的相关评价指标进行评述。结合两个实例就评价指标随空间尺度的变化规律及灌区尺度节水策略问题进行了讨论,该研究在理论上具有创新性,但对节水灌溉的尺度影响效应研究不够具体化。

灌区节水改造是立足于我国灌区实际情况开展的工程改造项目,灌区节水改造项目综合评价是具有我国特色的一项项目综合后评价活动,相关的研究国外还未见有系统的报道。国内已有的研究报道主要见于中国灌溉排水发展中心韩振中等开展的全国大型灌区续建配套与节水改造项目中期评估工作,以及西安理工大学费良军教授等针对陕西关中灌区节水改造世界银行贷款项目开展的综合评估研究。西安理工大学费良军教授于 2006 年开始的针对关中大型灌区节水改造世界银行贷款项目开展的综合后评估研究,该研究基于关中地区九大灌区(包括三种不同类型的灌区——自流灌溉灌区、抽水灌溉灌区、井渠双灌灌区)开展的节水改造项目,考虑工程建设过程、工程效益、灌区管理体制与运行机制改革以及灌区的可持续发展等因素建立了大型灌区综合评估指标体系,该指标体系既有侧重性,考虑因素也比较全面,实用性较强。2007 年,西安理工大学的刘从柱,在他的硕士论文中,结合陕西关中九大灌区节水改造项目实际,针对节水改造项目的目标和任务,建立了比较全面的评价指标体系,该指标体系包括项目建设过程、项目效益、项目管理与体制改革以及项目的可持续性,4 个二级指标、10 个三级指标和 60 个四级指标。在此基础上运用模糊综合评判法对陕西关中九大灌区作为整体进行了评估研究。该研究建立的指标体系考虑因素较全面,系统性、应用性较强;在灌区节水改造项目的动态评价、灌区可持续发展、项目完成后的对策研究等方面没有进行深入的研究。

2008 年,西安理工大学费良军、何克瑾等应用基于博弈论的综合权重确定方法确定大型灌区节水改造项目综合评估指标权重,分别应用模糊综合评判方法和可拓理论选取陕西省关中地区典型自流灌区——洛惠渠灌区进行了灌区节水改造评价研究。该研究提出的权重确定方法较先进,但在灌区节水改造项目动态评价、节水改造项目可持续发展研究、项目完成后的对策研究上没有进行深入研究。王书吉、费良军等将基于单位化约束条件的综合集成赋权法应用于灌区节水改造综合评估,以陕西省关中地区 4 个灌区的生态环境效益评价为例对灌区节水改造项目进行了综合评估。

2009 年,王书吉、费良军等将两种不同原理的综合集成赋权法应用于灌区节水改造项目综合评估,对其应用情况进行了比较研究,发现在指标样本一致的情况下,两种综合集成赋权方法得出的权重向量并不一样。根据两种权重向量算出的综合评价值也不一致,对该问题进行了分析,并提出了两种综合集成赋权法各自的原理及在灌区评价中的适用范围。费良军、齐青青等基于博弈论的综合权重确定方法确定大型灌区节水改造项目综合评估指标权重,并应用改进的集对分析方法——非等权重集对分析综合评估模型和等权重简易集对分析综合评估模型,选取陕西关中地区抽水灌区—交口抽渭灌区和井渠双灌灌区—泾惠渠灌区进行了综合评估,评估结果得出两个灌区都为良;同时,开发了灌区综合评估软件。该研究首次将集对分析方法应用到了灌区节水改造项目综合评估中,但仍属于静态评价的范畴,没有考虑时间动态影响因素进行动态评价,由于灌区效益发挥在时间上的滞后性,仅仅进行静态评价难以得出全面、客观、合理的评价结果。

节水改造工程后评估涉及的内容是多方面的,灌区的发展受经济、社会、人口、资源、生态环境等因素的制约,是一个复杂的系统问题,也是由上述多种因素相互影响、相互制约而构成的复杂的社会经济复合系统,各子系统和要素之间、子系统相互之间、子系统和母系统之间存在着复杂的非线性关系,这决定了对灌区节水改造项目进行评价的难度,这一难度主要反映在评价指标体系的建立、指标权重确定以及评价方法的选择上。

综观目前已有的灌区节水改造项目的评估研究,相关研究开展的虽然较多,但仍很不全面和系统。要么在指标体系的选取上,只是从某一特定角度开展了评价研究,如经济效益、社会效益、环境生态效益等,要么在指标权重的确定以及评价方法的选取方面还不够完善,在指标权重的确定上,大部分采用的仍然是单纯的主观赋权法或客观赋权法,这样得出的权重考虑综合影响因素不够全面,在评价方法的选取上采用的仍然是常规的模糊综合评判法等静态评价方法,没有考虑时间的因素影响进行动态评价;在应用分层构建指标体系的形式对多个灌区进行评价时,采用常规的静态评价方法会出现不同的灌区最后的综合评价结果非常接近甚至一致的情况,且静态评价结果不能全面、科学地反映灌区节水改造项目的实际情况。所以在评价内容也即指标体系的选取上,应该考虑从项目开工建设到完工整个过程以及管理与改革等因素,并注重可持续性评价。在指标权重的确定上,应该选用综合主客观影响因素的综合集成赋权法,并对几种不同原理的综合集成赋权法在灌区节水改造项目综合评估方面的应用情况进行对比分析研究,总结几种方法各自的适用范围;由于节水改造项目效益的发挥在时间上具有滞后性,不可能在短时期内完全发挥,所以,在对节水改造项目进行评估时,不应只进行静态评估,还应考虑时间影响因素进行动态评价。针对灌区的非线性特征,选取合适的非线性评价方法对灌区节水改造项目进行评价。在得出评价结论后开展对策研究,针对存在的问题提出对策建议。

3.3　灌区效益评价的目的和意义

3.3.1　灌区效益评价的目的

评价的目的是要揭示主体与客体之间的价值关系,在观念建构价值世界,灌区效益评价的基本目的在于更好地为进一步的灌区投资服务。灌区建设项目的效益评价,首先是通过最佳选择的比较而促进项目的经济合理性和社会可行性,以得到最大利益的资金;同时以确保这个项目符合社会主义生产目的的要求,符合社会的需求;可以有效地使拟建项目和完成项目避免重复和盲目建设,项目的不确定性和风险评估,可以帮助决策者避免对项目的决策失误。其次是通过该项目的生态环境的影响分析,能有效地防止和减少项目对社会的负面影响,提高项目质量,在提高经济效益的同时,提高了项目的社会效益,也使项目可持续发展得到保证。这样,基于上述对现有评价思想的认识和综合,提出一种既不同于直觉主义,也不同于自然主义和情感主义的假说,来具体谈谈灌区效益评价的特点。

首先,是客观性。价值的实质是主体与客体之间的一种特殊关系,即客体满足主体需要的关系。既然是关系,它就必然包含关系的双方,而不能仅是关系中的一端。灌区效益评价就是描述现有的一种已经客观存在的现状,去揭示这一客观现实。

其次,独特性。灌区效益评价作为把握客观存在的价值关系的一种观念性活动,它具有自己独特的运作方式。在评价活动中包含两层关系;第一层是评价主体与评价客体的关系,评价客体即评价活动所要揭示的对象,也就是价值关系。第二层是价值主体与价值客体的关系,即价值关系的两端之间的关系。灌区效益评价也就是要揭示价值主体与价值客体的关系。而价值主体,在价值关系中不是以实体的形态存在,而是以价值主体的需要形式存在,即评价实际所把握的是价值主体的需要与价值客体的属性与功能关系。

那么,从逻辑上说,灌区效益评价活动就具有这样的操作程序:①把握价值主体的需要;②把握价值客体的属性与功能;③以价值主体的需要衡量价值客体的属性与功能,判断价值客体是否能满足价值主体的需要。在这一活动中,灌区效益评价的标准,就其实质而言,就是评价主体所把握的、所理解的价值主体的需要。

最后,复杂性。灌区效益评价是在特定的评价环境下进行,受到评价主体心理背景系统的制约,而且是在动态的环境下进行评价,这就体现了这一评价的复杂性,完全是在评价主体的观念中建构了一个价值世界。这一过程需要面对的系统是不断变化着的,是动态的,体现着复杂性。

以上是从价值论的观点出发,来论述灌区效益评价的特点,而灌区效益评价作为一种综合评价,其

自身还具有独特的特点,具体来说可以分为以下几个方面:

第一,评价内容广泛。

一般的灌区效益评价仅从国民经济及财务方面或环境或社会方面等单方面的指标入手,内容较为单一。综合评价则涉及灌区项目的经济、社会和环境等诸多方面,其评价内容比较广泛和复杂。

第二,调查、分析工作量大。

由于评价内容的广泛性和复杂性,使得调查、分析的工作量较大。特别是,大量的社会和环境指标所需要的社会资料和社会环境信息都要通过深入的社会调查取得。值得强调的是,评价人员对社会和环境情况的把握程度直接影响甚至决定分析的结果,因此要把握好社会调查和对调查资料的分析研究,对存在问题进行认真科学的分析。

第三,评价指标的多样性。

灌区建设项目是多样的,有的是以社会效益为主,如防洪、治涝、灌溉及水土保持等;有的是以经济效益为主,兼有一定的社会效益,如供水、发电及渔业等。对于具有不同效益和社会影响的灌区投资项目,评价指标也是有所不同的。综合各类指标,有的可以定量计算,有的则不能或难以定量计算。

第四,属于公益类、基础设施建设类项目。

大型灌区节水改造项目主要涉及两大类项目:农业工程项目和水利工程项目,属于国家基础设施建设类项目,带有一定的公益性质,其项目后评价属于政府投资项目后评价。虽然工程的建设会带来一定的经济效益,但其主要目的还是改善国家基础设施性能,为国家或当地国民经济发展提供基础性的支撑。

第五,资料收集困难。

大型灌区节水改造项目后评价的内容涉及范围较广,包括过程后评价、经济后评价、影响后评价、可持续性评价。经济后评价又分为国民经济后评价和项目自身的财务后评价;社会影响后评价又分为人文环境和自然生态环境的影响评价以及社会经济评价,它涉及政治、经济、技术等领域。在评估过程中需要有能反映项目各方面情况的翔实资料。但是,由于大型灌区节水改造还没有完全实现规范化和程序化;加上大型灌区节水改造工程长期以来"重建轻管",不重视资料的积累,很多工程缺少技术、管理等方面的相关统计资料和实际效果监测资料,这些给大型灌区节水改造项目后评价工作带来了极大的困难。

第六,项目后评价侧重点不同。

生产类项目的目的是创造尽可能多的经济价值。此类项目的后评价主要侧重经济方面;主要内容是经济效益评估,采用的方法和评估指标体系都与项目财务分析相关,如项目内部收益率、财务净现值等评估方法和指标。公益类项目的目的是创造社会效益,更好地为社会大众服务,这类项目的后评价强调的是社会效益,同时兼顾生态环境效益等;大型灌区节水改造项目属于公益类、基础设施建设类项目,在兼顾经济效益评估的同时,应偏重于社会效益,对项目实施后增加的就业机会、地方社会经济发展、民族团结、消除贫困、妇女地位等进行分析和评估。

3.3.2　灌区效益评价的意义

评价是人类的一种认识活动。它与认识世界"是什么"的认知活动不同,它是一种以把握世界的意义或价值为目的认识活动,即它所要揭示的不是世界是什么,而是世界对于人意味着什么,世界对人有什么意义。同样,灌区效益评价也是为了发现该投资对于人类世界的意义和作用是什么、究竟这种意义和作用有多大。

在现实中,人与世界的关系具有三种基本类型,即认识与被认识、改造与被改造、利用与被利用。世界是人认识的对象、改造的对象,同时又是人赖以生存的对象。在这三重关系中,认识是改造的前提,改造是认识的目的,而认识与改造都是利用的手段,利用是认识与改造的目的。换言之,进行灌区效益评价就是为进一步的水利投资服务,为了更好地利用有限的资金为人类世界进步服务,即完成水利投资的可持续。

　　人类的生存方式与人类生活的特点就是合规律合目地改造客观世界,以满足人类的需要。人类对于客观世界的利用是以改造为前提、为手段的,人类所利用的世界,实际是人类为了满足自己的需要而改造和在原有基础上创新了的世界。正因如此,人对世界的认识就不仅要认识世界本身是什么,世界的运动规律是什么,而且要掌握世界对人的意义,掌握哪些是对人有利的,人可以利用的,而哪些是对人有害的,人应避免的,哪些是经过改造后可利用的,以及在现有的基础上我们可以创造一个什么样的价值世界为人所利用,等等。

　　人的认识有两种不同的取向,一是揭示世界的本来面目,二是揭示世界的意义或价值,前者曾是认识论全神贯注的问题,后者是认识论未曾关注,但却应加倍关注的问题。对前者可称为认知,对后者可称为评价。因此,在认识活动中,评价的定位是:一种以揭示客观世界的价值观念去建构价值世界的认识活动。因而可以这样说,灌区效益评价是:人类一种揭示现有水利投资行为对人类客观世界的作用和意义,观念性的建构合理有效水利投资观的认识活动。

　　因此,在人类活动序列中,灌区效益评价是一种较之认知更接近于实践(改造世界)活动的认识活动。灌区效益评价是以认知客观世界规律为基础的,将认知包含于评价自身的、更高一级的认识活动。实践既基于对客观规律本身的认识,又基于对满足人的需要的价值关系的认识。水利投资效益作为人类认识世界规律的实践活动,有着两个基本的尺度:其一称为合规律,其二称为合目的。

　　灌区效益评价是一种观念活动,是一种在观念中建构价值世界的活动,因此它不可能是一种本能活动,尽管它是由本能活动而来,并以本能活动为基础的。最为基本的评价活动是趋利避害,这可以说是评价的前形式。人类仍然保持了这种前形式,而且,在与人的身体有直接关系的方面,这种准评价仍然起着重要的作用。但是,人类的活动已远远超出了生理需要的范围,同样水利投资效益也不仅仅从水利防御性的目的出发,更多的是应该考虑水利投资的社会综合效益。因为人的生理需要也大部分或说绝大部分都社会化了,具有了社会的形式,同人的社会活动紧密地联系在一起了,因此仅以身体的感觉器官来反映客观世界的活动已成为人类活动中非常小的一部分,灌区效益评价应更多地从宏观、综合的角度出发。人类活动领域的拓展,使评价活动远远地超出了本能,超出了生理需要的局限,换言之,灌区效益评价活动也不能停留在先前灾害防御效果评价上,应更多的是从把握社会效益和经济效益并举,实现水利可持续的角度出发,以更好地掌握客观人类世界的本质。

3.3.2.1　实际意义

　　自 1997 年开始,水利部在全国范围内开展了灌区续建配套与节水改造工程,到目前为止,一共启动 255 个大型灌区的续建配套和节水改造,但这些大型灌区建设情况如何、存在哪些问题、有哪些成绩、如何对这些问题和成绩进行定量分析并提出相应解决措施等,都需要有一个明确的答复。针对这些问题,水利部开展了全国大型灌区续建配套与节水改造项目中期评估工作,但工程的后评估指标体系和评估方法尚未成形。为了总结大型灌区续建配套与节水改造项目建设与管理的经验和教训,科学评估项目成效与存在的问题,进一步完善项目建设与管理,科学合理地确定今后大型灌区节水改造的指导思想、原则、目标、布局、投资方向和改革措施等。第一,通过对大型灌区节水改造项目进行效益评价专题研究,有利于对现有大型灌区的发展建设现状进行正确的评估,以指出大型灌区在诸多方面存在的不足;第二,明确了制约我国大型灌区健康发展的因素,有利于研究科学的针对措施,使我国的大型灌区建设能够走上一条平稳、健康、快速的发展道路;第三,使社会各界认识到大型灌区在我国农业中发挥的重要作用,从而为我国大型灌区的发展提供有力的支持;第四,通过赵口灌区典型事例的研究,为我国其他灌区提供了解决类似问题的范本,有利于提高我国大型灌区节水改造后评价工作的效率。

3.3.2.2　理论意义

　　目前,国内外就大型灌区节水改造项目综合效益评价开展了一些研究工作,也取得了一些成果,但均偏重于对工程效益的评价,节水改造工程涉及的地方是多方面的,既有好的方面,也有值得我们去改善的地方,将综合评价集中在工程的效益方面显然是片面的。本书通过工程建设后的管理与改革指标以及灌区的可持续发展指标进行多方面的综合评价,建立大型灌区节水改造综合后评价的最佳评价指标体系与评估方法,使大型灌区节水改造综合后评价理论得到进一步的完善。

3.4 灌区效益评价的内容和方法

3.4.1 效益评价的内容

3.4.1.1 经济效益评价

项目经济效益评价是指对项目竣工后的实际经济效果所进行的财务评价和国民经济评价。评价指标主要包括内部收益率、净现值及贷款偿还期等反映项目盈利和清偿能力的指标;评价方式是以项目建成运营后的实际数据为依据,重新计算项目的各项经济指标,并与项目评估时预测的经济指标进行对比,分析二者间的偏差及产生偏差的原因,总结经验教训;评价内容主要包括项目总投资和负债状况,重新预算项目的财务评价指标、经济评价指标和偿还能力等。项目效益分析应通过投资增量效益的分析,突出项目对企业效益的作用和影响。

国民经济评价是在合理配置国家资源的前提下,从国家整体的角度分析计算项目对国民经济的净贡献,以考察项目的经济合理性;财务评价是在国家现行财税制度和价格体系的条件下,计算项目范围内的效益和费用,分析项目的盈利能力、清偿能力,以考察项目在财务上的可行性。对灌区做经济评价,对可量化的经济因素做国民经济评价和财务评价;对一些不好量化的经济因素,应进行定性分析,做社会效益评价。经济评价一般先做财务评价,在财务评价的基础上再做国民经济评价;对社会公益性项目可先做国民经济评价,而后进行财务评价,在财务评价不能满足时,可寻找其他补救措施。

3.4.1.2 社会效益评价

社会效益是指最大限度地利用有限的资源满足社会上人们日益增长的物质文化需求。包括项目实施后为社会所做的贡献、企业经济活动给社会带来的收入、学校培养人才的数量与质量、毕业生在社会上做出的成绩与贡献,以及软科学研究成果对社会的科技、政治、文化、生态环境等方面所做出或可能做出的贡献等,涵盖了人类生存的各个方面。

人的行动自由只能在必要的公共利益范围内才得以限制,往往在一段比较长的时间后才能发挥出来。它涉及很多方面,但效益原理要点是从社会总体利益出发来衡量某种效果和收益,有广义和狭义之分。广义的社会效益是相对于经济效益而言的,包括政治效益、思想文化效益、生态环境效益等。狭义的社会效益,亦与经济效益相对称,还与政治效益、生态环境效益等相并列。

当今的社会效益评价可分为四种:第一种是包含在国民经济评价中的社会效益分析;第二种是经济评价加收入分配分析;第三种是项目的国家宏观经济分析;第四种是社会影响评价或称社会分析。从理论上分析,前三种都属于经济学范围。我国已在三峡和小浪底等重大型水利项目的国民经济评价和综合评价中做的社会影响分析,基本上属于第一种和第三种。而第四种社会评价范围广泛,难度很大,迄今国内外尚未见有完善的理论和方法。水利工程项目社会效益评价指标主要包括以下几个方面:

(1)增进项目区社会发展潜力。水利工程项目的开展在为当地提供大量能源资源的同时,还对当地的基础设施的建设具有极大的促进作用,而所有这些都使项目区的发展潜力得到了极大的提高。

(2)增加就业机会。随着水利工程项目的建设,人们的就业机会开始增加。一方面,它在解决部分城镇人员就业问题的同时还会使当地大量的农村剩余劳动力发生就业转移,因为在工程建设期间,对施工管理、技术人员、民工的需求量是非常巨大的。此外,随着水利工程项目的投入运营,将会需要一批专门的技术和管理人员,进而是就业机会的增加。

(3)促进服务事业的改进。水利项目在建设和运营的过程中,会促进社区的卫生、文教、社会福利等诸多方面的发展,不仅可以促进社区内包括休闲娱乐、教育、医疗卫生事业等诸多基础设施的建设,还会改善社区内的各项福利设施和条件,诸如新建敬老院、学校、图书馆、医院等。

(4)贫困人口的收益改变。工程项目的建设对于增加就业尤其是解决当地农村剩余劳动力的就业问题具有很大的推动作用,同时还有助于开发利用当地资源,以及带动发展相关产业,改善当地的经济发展状况,增加当地人民的收入,从而达到增加收入分配的效果。

（5）移民安置。很多水利项目都牵涉部分项目区居民的搬迁问题,而项目成败的关键就是对这部分人的妥善安置,这个问题如果不能圆满解决,甚至会影响社会的安定团结。因此,安置工作的展开要充分顾及安置效果对工程和社会发展的影响,主要包括:移民安置地区的基础设施建设水平是否得到了提高,移民的生产、生活质量是否得到了改善,补偿措施是否合理,对安置地点是否满意等方面。

（6）利益相关方的支持及公众参与。当地人尤其是当地相关政府机构的主要人员对于修建水利工程项目的态度是极其关键的。如果绝大部分人相当排斥,项目就很难开展下去。为了反映当地人民对该项目实施的态度,专门设置了该指标。此处提到的当地人是项目辐射区内的人口的总和。可以通过多种方式参与到工程中来,比如对工程方案的参与、在工程开展过程中的参与等。

3.4.1.3　环境与生态效益评价

生态效益从狭义角度而言是指生态环境中的诸物质要素,在满足人类社会生产和生活过程中所发挥的作用。从相关因素关系而言,生态效益指人类各项活动创造的经济价值与消耗的资源及产生的环境影响的比值。生态效益概念隐含着从生态与经济两个维度考虑环境问题,在两者之间做一个最佳的配置;在进行经济和其他活动时,在创造经济价值时,尽量减少资源的消耗和对生态环境的冲击。

生态效益是指人为活动造成的环境污染和环境破坏引起生态系统结构和功能的变化。水利工程的生态效益是指水利工程建成之后对自然界的生态破坏和生态修复两种效应的综合结果。生态破坏是指水利工程直接作用于水生态系统,扰乱了长期形成的自然界的循环,破坏了其原有的平衡而引起生态系统生产能力的减小和结构改变,从而引起生态退化。生态修复是指利用水利工程改变现有的水流运行规律,恢复河道水质、河流浅滩,使之光热条件优越,又形成新的湿地,让鸟类、两栖动物和昆虫等栖息。从表面看,水利工程是为了解决水资源不足或充分利用水力资源,但若深入研究,却发现其对社会、环境的潜在影响是巨大和复杂的。水利工程的生态效益评价指标是建立在生态基础之上的,对人类、自然、野生动植物等的影响进行综合分析,而对其经济效益和社会效益不做评价。因此,定性分析水利工程的生态负效应大于正效应。

水利工程项目环境效益评价指标可以概括为以下几个方面:

（1）水土流失治理度。主要反映的是项目所采用的水土保持措施对项目区水土流失的控制情况。

（2）自然资源利用情况。不同种类的水利项目,其利用自然资源的情况是不同的,因此评价指标也是不同的,防洪工程主要就是要有效利用土地资源;供水和灌溉工程主要是有效利用水量资源;水电工程主要是有效利用水能资源,不同类型的水利工程项目有不同的指标,主要分以下三种:

①防洪工程项目对土地资源利用状况的评价指标;

②供水和灌溉工程对水量资源利用状况的评价指标;

③水电工程对水能资源利用状况的评价指标。

（3）项目区内种群变化率。该项目的开展会导致水位提升,水域面积增大,形成一个巨大的人工湖,从而使项目区内的小环境发生变化,这种变化会对项目区内的动植物分布产生影响,可以通过项目区内的种群变化率来表示。

（4）项目区内环境美化。随着水电项目的建成与运营,会使水库水面抬高,水域扩大,形成巨大的人工湖,这也导致水库周围的气候状况产生变化,比如说增加了水库周边的空气湿度,这有助于水库周边的植物生长,净化自然环境。

（5）环境质量合格率。在工程项目建设期与运营期,工程的展开将会给环境带来一定的负面影响。

3.4.2　效益评价的方法

近年来,我国在灌区评估方法研究及应用方面有很大发展。目前,在灌区评价方面已经报道的方法主要有:层次分析法、模糊综合评判法、综合主成分分析法、人工神经网络法、灰色理论方法、投影寻踪法、集对分析法、可拓评价法等,这些方法都有其各自的优缺点。

3.4.2.1　层次分析法

层次分析法是美国著名的运筹学家 T. L. Satty 等在 20 世纪 70 年代提出的一种定性与定量分析相

结合的多准则决策方法。它是将决策问题的有关元素分解成目标、准则、方案等层次,在此基础上进行定性分析和定量分析的一种决策方法。2003 年,周维博等运用层次分析法对干旱半干旱地区灌区水资源综合效益进行评价。2005 年,舒卫萍等应用层次分析法对灌区运行状况进行了综合评价。

层次分析法作为一种定性分析与定量分析相结合的方法,在实际中得到了广泛的应用,但层次分析法要求建立的判断矩阵必须是一致阵。而实际中,当矩阵阶数 $m \geq 3$ 时,判断矩阵难以保证是一致阵,且当矩阵阶数 $m \geq 3$ 时,计算量很大,仅建立判断矩阵就要进行 $m(m-1)/2$ 次的两两元素比较判断。心理学试验表明,当被比较的元素个数超过 9 时,判断就不准确了,这制约了层次分析法的推广应用。目前,虽然有部分研究人员对层次分析法进行了改进,但这些改进后的研究成果仍很不成熟,且计算过程复杂烦琐,难以在实际应用中推广。

3.4.2.2 模糊综合评判法

模糊综合评判法是由因素集 V、评语集 U、因素评判集 R(从 V 到 U 的一个模糊映射)构成一个模糊综合评判模型,再根据各因素的相对重要性给定一个因素权重集 W,经过 W 与 R 的模糊合成,得到一个多因素综合评判集,然后对评判对象做出综合评价的一种综合评价方法。

综合评价因素中有些因素的度量是模糊的,由于主观的原因,人们对某些因素的褒贬程度不尽相同,很难直接用统计学的方法确定因素的具体判断值。模糊综合评判法是运用模糊数学的模糊变换基本原理和累计隶属度原则,考虑与被评价事物相关的各种因素,对方案进行综合评价。该法是参照经济计算的定量指标,结合各种"非经济因素"描述的定性指标,集中专家和评价者的经验及智慧,进行综合分析的评价方法。

2005 年,任晓力、王书吉等利用模糊综合评判逆问题方法对节水灌溉项目后评估的指标权重进行了研究,并与常规的模糊综合评判法得出的结果进行了比较,最终得出比较合理的各单项指标的权重值。2006 年,马涛等建立了模糊综合评判数学模型,并运用该模型对东港市的 3 个灌区的运行状况进行综合评价,评价结果与实际情况吻合良好。模糊综合评判法在综合评价方面应用较多,其方法也比较成熟。刘从柱、何克谨等分别应用模糊综合评判方法对灌区节水改造进行了综合评价。

由于模糊综合评判法在处理问题时,需将信息模糊化,这会使贫信息问题产生"模型失效",且在实际应用中起关键作用的权重集 W 往往根据经验人为确定,给模糊综合评判这样一种定量评价方法带上了较浓厚的主观色彩。

3.4.2.3 综合主成分分析法

综合主成分分析法是对数据和变量结构进行分析处理的一种多元统计分法,它通过将多个具有相关性的指标转换成少数几个互相独立的综合指标(主成分),为资料的后续分析提供方便。在进行综合评价时,先将原始指标转换成趋势性相同的若干个主成分,并对这些主成分进行一定的线性组合,以构造出综合主成分。然后依据各评价对象在综合主成分上得分的大小排出其优劣次序,以达到综合评价的目的。2004 年,姚杰等提出了用于评价灌区节水改造效益的 6 个指标,应用主成分分析原理建立了灌区节水改造效益评价的综合主成分,根据各灌区在综合主成分上的得分大小,从而得出各灌区的节水改造效益优劣情况。2005 年,陆琦等提出了用于评价灌区灌溉管理质量的 8 个指标,应用主成分分析原理建立了灌区灌溉管理质量评价的综合指标——综合主成分,并提出了综合主成分的评价标准,从而对灌区灌溉管理状况、管理水平进行了评价。2004 年,朱秀珍在其博士论文中运用主成分分析法对灌区运行状况进行了评价。这种方法最大的缺点就是在转换过程中容易造成原有指标信息的损失。

3.4.2.4 人工神经网络评价法

人工神经网络(Artificial Neural Network,ANN)是借助人脑和神经系统存储和处理信息的某些特征抽象出来的一种数学模型。它可以模拟人脑的某些智能行为,如知觉、灵感和形象思维等,具有自学习、自组织、自适应和非线性动态处理等特性。目前应用较多、研究比较成熟的多层前馈网络误差反传算法模型——BP 神经网络模型是一种较特殊的非线性映射方法,它通过一元函数的多次复合来逼近多元函数。BP 神经网络模型已经在模式识别与分类、函数逼近、数据压缩等方面取得了初步应用。1999 年,赵会强等将 BP 神经网络模型应用于区域节水水平评价,建立接近于人类思维模式的定性与定量相结合的综合评价模型。通过对给定样本模式的学习,获取评价专家的经验、知识、主观判断及对目标重要性的倾向,当需对某一区域进行节水水平评价时,该方法便可再现评价专家的经验、知识和直觉思维,从而实现定性与定量分析的有效结合,保证评价结果的客观性。

在综合项目评价中,目标属性间的关系大多为非线性关系,一般的方法很难反映。难以描述评价方案各目标间的相互关系,更无法用定量关系式来表达它们之间的权重分配,只能提供各目标的属性特征,以及同类方案以往的评价结构。人工神经网络评价方法的前提之一,是利用已有方案及其评价结果,根据所给新方案的特征,就能对方案直接做出评价。神经网络的非线性处理能力存在于信息含糊、不完整、矛盾等复杂环境中,它所具有的自学习能力使得传统的专家系统最感困难的知识获取工作转化为网络的变结构调整过程,从而大大方便了知识的记忆和提取。通过学习,可以从典型事例中提取所包含的一般原则,学会处理具体问题,且对不完整信息进行补全。神经网络既具有专家系统的作用,又具有比传统专家更优越的性能。

2000 年,郭宗楼等提出了一个农业水利工程项目环境影响评价体系,建立了供定量评价用的加权综合评价模型以及相应的 BP-ANN 模型,通过应用研究,说明该体系及其定量评价的结果是合理的,综合评价结论与当地的实际情况是相符的。2001 年,郭宗楼、雷声隆基于前人在评估领域引入人工神经网络模型的成功经验,将改进的 BP 神经网络模型用于灌区改造评估,在统计全国大型灌区改造规划大量资料的基础上,建立了灌区改造综合评估指标体系和模型训练样本。通过非线性插值获取学习样本,获得了很好的评估效果。2001 年,许静等利用附加动量/自适应学习率的改进 BP 算法,建立一个人工神经网络综合评价模型,并对两个实际灌区进行评价。该模型具有突出体现目标、灵敏反映差异、收敛快等特点。2004 年,宋松柏根据给定的水资源可持续利用评价等级标准,采用随机技术模拟生成足够数量的评价指标序列,应用 BP 神经网络模型,以评价指标生成序列和其所属的评价等级值来建立评价模型,并进行了实例研究。人工神经网络评价方法属于一种非线性评价法,该方法的原理是通过一元函数(或简单函数)的多次复合来逼近多元函数,使评价结果与理想结果之间的误差最小化。该方法最大的缺陷就是原理本身导致的评价结果的精度问题。

3.4.2.5　可拓评价法

可拓评价法是根据我国学者蔡文教授提出的物元可拓分析理论,对事物的多个相关因素进行分析,将评价指标体系及其特征值作为物元,通过评价级别和实测数据,得到经典域、节域及关联度,利用关联函数理论建立可拓相关矩阵并进行可拓聚类分析,从而建立定量的综合评价方法。物元可拓评价法属于系统科学类学科,是从定性和定量两个角度去处理现实世界中矛盾问题的一种新方法。2003 年,韩宇平、阮本清等在可拓模型构建中引入层次分析法确定权重,对河北省淳釜平原农业水资源状况进行了综合评判。2004 年,王立坤等将水质标准、评价指标及其特征值作为物元,对评价标准及实测数据进行归一化后,得到模型的经典域、节域、权系数及关联度,建立了水质评价的物元模型。2005 年,俞峰等鉴于目前地下水质量评判方法中存在人为影响因素过多、权值计算的不确定性等不足,提出了一种基于物元分析理论的评判方法对地下水质量进行综合评判。2005 年,关涛、余万军等建立项目评估决策各指标的标准值区域和权重,运用可拓评价法土地开发整理项目立项决策进行评价研究。2006 年,李林等进行区域水资源可持续利用综合评价时,把各地区各开发利用阶段作为物元的事物,以它们的各项评价指标及其相应的模糊量值构造复合模糊物元,通过计算与标准模糊物元之间的欧氏贴近度,对各地区水资源可持续利用进行综合评价与排序。该模型被应用到新疆农业水资源可持续综合评价中,取得了较好的效果。2006 年,孙廷容等引入基于非对称贴近度和粗集理论的改进可拓评价法对灌区干旱进行评价,有效地避免了灌区干旱评价指标界限的纲性量化导致的遗漏问题和单项指标评价结果的矛盾性、不确定性和不相容性。实例计算表明,采用基于粗集权重的改进可拓评价法进行灌区干旱评价是切实可行的。2007 年,张晓兰构建了地表水环境质量评价的综合物元模型,运用综合评判物元理论模型对渭河陕西段的水环境质量状况进行了评定。2007 年,叶勇等利用物元可拓评价法对长春市伊通河附近地下水水样进行水质等级评价;从评价结果中看出,运用物元可拓评价法对地下水水质进行综合评价,排除了人为的干预,并利用关联度函数及权重系数等手段,使最终评价结果更加接近于实际情况,比较客观地反映了地下水水质总体状况。2007年,西安理工大学何克谨等应用可拓理论对关中洛惠渠自流灌区节水改造进行了综合评估。但随着对物元可拓评价方法应用的探索,许多研究人员对该理论原理的合理性提出了质疑。

3.4.2.6 集对分析法

2009年,西安理工大学齐青青应用集对分析法对灌区节水改造项目进行了综合评价,应用改进的集对分析法——非等权重集对分析综合评估模型和等权重简易集对分析综合评估模型,对陕西关中地区抽水灌区—交口抽渭灌区和井渠双灌灌区—径惠渠灌区进行了综合评估,评估结果得出两个灌区都为良。该研究首次将集对分析法应用到了灌区节水改造项目综合评估,但仍属于静态评价的范畴,没有考虑时间动态影响因素进行动态评价。

3.4.2.7 投影寻踪法

2001年,金菊良、魏一鸣等应用投影寻踪模型对农业生产力进行综合评价,将农业生产力多维评价指标样本集综合成一维投影指标值,根据该投影指标值的大小对指标样本集进行统一评价。2002年,付强、王志良等将投影寻踪应用到土壤质量变化评价,将多维数据指标转换到低维子空间,通过寻求最优投影方向及投影函数值来实现对土壤的分类与等级评价。此外,2002年,王顺久、侯玉等建立了灌区改造综合评价的投影寻踪模型,利用该模型可将灌区改造综合评价的多个指标投影为一投影特征值,根据投影特征值的大小对灌区改造进行评价。2006年,张礼兵、程吉林等将基于数据探索的投影寻踪综合评价模型应用于农业灌溉水质评价,采用实数编码的免疫遗传算法优化投影方向,根据投影特征值的大小对农业灌溉水质进行评价。2006年,蒋国勇、操华良等将投影寻踪综合评价模型应用于灌区运行状况评价,采用实数编码的加速遗传算法优化投影方向,将多维数据指标(样本评价指标)转换到低维子空间,根据投影函数值的大小评价出样本的优劣,从而对灌区运行状况做出评价。2006年,郑海霞、封志明等基于农业资源利用效率评价指标的多目标性和不相容性,应用投影寻踪法对农业资源利用效率进行综合评价,依据指标样本自身的数据特性寻求最佳投影方向,通过最佳投影方向与评价指标的线性投影得到投影指标值,通过这一指标对样本进行统一评价。投影寻踪法虽然应用较多,但由于其本身原理上的固有缺陷,所得评价结果的精度有待提高。

3.4.2.8 灰色理论方法

2004年,朱秀珍在其博士论文中运用灰色理论对灌区运行状况进行评价,事先设定各评价指标等级标准值,运用灰色关联法求得各灌区对于各等级的关联度。根据最大关联度原则,从而可知道各灌区运行状况所处的级别。2006年,李慧伶等运用灰色理论方法对灌区运行状况进行评价,并与应用模糊综合评判法的综合评价结果进行对比,发现两种方法所得结果基本一致。灰色理论方法由于其计算过程的复杂性,在实际应用中不易被工作人员掌握,若要在实际应用中进行推广,理想的方法是将其进行简化改进或开发形成计算机软件,但目前这方面的研究成果还未见有报道。

3.5 赵口灌区续建配套与节水改造及二期工程效益研究内容

3.5.1 赵口灌区续建配套与节水改造及二期工程经济效益评价

赵口灌区续建配套与节水改造及二期工程经济效益评价包括国民经济评价和财务评价,主要分析指标包括内部收益率、净现值和贷款偿还期等项目盈利能力和偿还能力指标。并根据对赵口灌区的国民经济评价和财务评价分析结果,确定其国民经济评价指标是否优越,依据国民经济敏感性分析结果,分析该工程是否具有较强的抗风险能力。在财务评价方面,整体上财务收入是否大于总成本费用,该项目是否可以正常运行,在财务上是否可行,经济及社会效益是否显著,技术上是否可行,经济上是否合理等。

3.5.2 赵口灌区续建配套与节水改造及二期工程社会效益评价

赵口灌区续建配套与节水改造及二期工程社会效益评价是对赵口灌区在社会的经济发展方面的有

形与无形的效益和结果的一种分析,重点评价赵口灌区对所在地区和社区的影响,包括项目实施后为社会所做的贡献,企业经济活动给社会带来的收入,人民群众生活水平的提高及精神文明建设,农业发展及农业生产结构调整、农村工业化发展、区域工业发展、工业结构的优化升级、区域交通、旅游业、商贸业及房地产业等发展,以及对社会的科技、政治、文化及生态环境等方面所做出或可能做出的贡献等,涵盖了人类生存的各个方面。

3.5.3　赵口灌区续建配套与节水改造及二期工程环境与生态效益评价

赵口灌区是豫东地区生态环境保护的基本依托,灌区的建设对当地生态环境保护和改善起到至关重要的作用,生态效益的好坏,始终贯穿于人类的生产生活中。如果生态效益受到损害,整体的和长远的经济效益也难得到保障。通过对赵口灌区所在区域的环境与生态效益分析,在进行经济和其他活动,创造经济价值时,尽量减少资源的消耗和对生态环境的冲击,在社会生产活动中维护生态平衡,力求做到既获得较大的经济效益,又获得良好的生态效益。

第4章　赵口灌区工程经济效益评价

　　水利工程项目经济评价以国民经济评价为主,以财务评价为辅,其相关评价内容见第3章。本章以赵口灌区为研究对象,选取合理的评价指标,对其进行经济评价,评价依据为《水利建设项目经济评价规范》(SL 72—2013)和当地水利部门提供的调查资料。

4.1　赵口灌区工程对区域经济发展的影响

4.1.1　赵口灌区所在区域经济发展现状分析

4.1.1.1　郑州中牟经济发展状况分析

　　1. 中牟的地理位置和经济发展状况

　　中牟县位于河南省中部,隶属省会郑州市,东接古都开封,西邻省会郑州,土地总面积930 km²,总人口471 892人,城区常驻人口189 559人,辖10镇1乡3个街道办事处,273个行政村。

　　气候条件良好,生态环境优良。中牟县属典型的中纬度暖温带大陆性季风气候,四季分明,气候温和,雨热同期。年平均日照2 366 h,日时数多,总辐射量大,年平均气温14.2 ℃。全年农耕期为309 d,作物活跃生长期为217 d,无霜期为240 d,有利于多种植物生长和农作物复种。中牟县水资源比较丰富,年平均可利用总量5.5亿m³,全县年均降水量616 mm。县境内大小河流40余条,年均引黄水量3.01亿m³。县域水资源利用保护情况良好,水质优良。全县林木覆盖率达到19.55%。中牟县滩涂资源丰富,且为典型的黄河自然湿地,生物多样性特征突出,生态功能和环境气候优良。

　　工业经济快速增长。郑州年产1.3万辆MPV多用途乘用车和1.2万辆SUV乘用车的郑州日产部分新车下线;方欣生物等高新技术企业快速成长。产品质量不断提高,创建省级名牌产品3个、优质产品4个、免检产品3个。培优扶强效果明显,全县规模以上企业新增10家,达到141家,完成规模以上工业增加值43亿元,同比增长35%。其中,规模以上非公有制企业完成增加值39.6亿元,同比增长32.5%。全县工业增加值完成70亿元,同比增长27%。工业经济在国民经济中的主导地位稳步提升。

　　现代农业稳步发展。粮食、蔬菜、油料、水产品等大宗农副产品总产量均创历史新高,质量效益同步提升。大蒜标准化种植面积继续扩大,优质西瓜国家标准化示范项目通过验收,新认证无公害生产基地5个、农产品10个。建成畜牧业综合服务站3个,奶牛养殖小区达到25个,奶牛存栏3万头,畜禽良种覆盖率超过90%。新建农民专业合作社44个,创建国家和省级示范合作社各1个,市级10个;新发展省级重点龙头企业2家、市级8家,农业产业化水平持续提升。完成森林生态城工程造林1.6万亩,新建完善农田林网6.1万亩,建成林业生态村1个。农田水利基本建设连续17年获得省“红旗渠精神杯”。农机装备水平不断提高,被评为全国农业机械化示范区。

　　第三产业加速发展。雁鸣湖生态风景区开发引入市场机制,广东利海集团获得景区开发经营权。静泊山庄一期工程建成并接待游客。天明集团、锦江集团投资项目相继开工。农业高新科技园建成旅游服务中心。第七届“大闸蟹美食节”和第三届“西瓜节”成功举办。全年接待游客198万人次,旅游总收入实现13.9亿元,同比增长29%。县城西区20个开发建设项目通过专家委员会评审,已经陆续开工。金程花园、天骄名门等房地产开发项目相继建成,房地产业快速发展。“万村千乡”市场工程深入实施,覆盖城乡的配送网络基本建成,商贸流通体系逐步完善。信息、中介、社区等新兴服务业健康发展,通信、邮政、保险等产业保持较快增长。全县消费市场繁荣活跃,社会消费品零售总额完成43亿元,同比增长19%。

　　区位优越,交通便捷。中牟交通四通八达,铁路、公路、航空优势集于一体,地理位置极其优越。连霍高速公路、G220 线、陇海铁路、S102 线自北而南梯次排开,横贯东西,S223 线、万三公路纵穿南北。西连京广铁路、G107 线,东接京九铁路、G106 线。县城北距连霍高速 11 km,南距郑州国际机场 28 km,京珠高速、郑州绕城高速、机场高速在县域西南部交汇,郑开大道连接郑州、开封两大城市,航海东路目前正在建设之中,交通十分顺畅便捷。

经济发展:全县生产总值逐年增长,2018 年生产总值达到 350 亿元,比 2017 年增长 10.3%,人均位居全省前列;地方财政收入年均增长 10.4%,2018 年达到 53 亿元,全社会固定资产投资增长 7.1%,社会消费品零售总额增长 9.4%,2019 年生产总值达到 428.9 亿元,首次突破 400 亿元大关。成为中原地区新兴工业强县,综合实力进入十强。

结构调整:全面对接郑汴产业带的产业规划,着力构建"五区四带三组团"的产业布局,加快体制和科技创新,推进产业提档升级。三次产业比重调整为 14∶56∶30,二、三产业占 GDP 的比重明显提高。

城乡发展:中心城市建成区面积达到 30 km²,城区人口达到 30 万人,城镇化率达到 40% 以上。

人民生活:城镇居民人均可支配收入、农民人均纯收入年均分别增长 12%。

可持续发展:人口自然增长率控制在 6‰ 以内。单位生产总值能耗比"十五"末期降低 20% 左右。

2. 郑州中牟经济发展状况分析

(1)郑州中牟经济发展状况总体分析。

中牟县得天独厚的地理位置和丰富的资源优势、政策优势,将使得该区域发展前景非常广阔。特别是随着华强、凤凰卫视、建业华谊兄弟电影小镇、华特迪士尼等项目纷纷落地中牟,将会带动相关产业链企业陆续进驻该区域,郑州国际文化创意产业园发展将持续壮大,从而带动该区域开发、发展。大量高端房地产项目已陆续进入,将有效提升该区域房地产开发品质,有望成为郑东新区龙湖区域之后下一个房地产高端开发区域。郑州市"一心两翼"的城市发展定位,市政府向西,省政府向东,特别是向东发展已经很成熟且方向已定的情况下,中牟绿博组团等区域将迎来重大发展契机。政府规划和基础设施建设等配套政策要快速跟上,以更好地支撑该区域发展,否则会对该区域房地产开发和项目落地、投用带来消极影响。

(2)郑州中牟经济发展状况分析具体定位——郑州的"通州"。

郑上新区、中原新区、常西湖新区、郑东新区、中牟……哪个区域更可能成为郑州的"通州"?毫无疑问,中牟更有竞争力。原因可从以下几点来看:

第一,中牟作为郑汴融城的中间地带,地理位置得天独厚,同时与郑州航空港区接壤,中牟县处于中原经济区、郑州都市区、郑州航空港经济综合实验区"三区"叠加发展区域,发展潜力巨大。

第二,大项目纷纷落地。如果说早些年郑州大量的招商引资项目在郑东新区落地,那么近年来大项目屡屡落地中牟,中牟的产业发展除汽车产业外,时尚文化创意旅游产业、都市生态农业发展的也是风生水起。如富士康、比克、宇通、华强、华特迪士尼、建业·华谊兄弟、凤凰卫视等重大项目纷纷入驻;第二届全国绿化博览会、郑州市首届和第二届农业嘉年华先后在中牟举办;中牟连续举办了 14 届雁鸣湖"大闸蟹美食节"、11 届西瓜节暨大蒜贸易洽谈会等。中牟已成为项目争相入驻的热点区域和炙手可热的投资焦点区域。

像汽车产业集聚区规划面积 71 km²,集聚整车生产企业、汽车零部件及服务企业 300 余家,正在着力打造"千亿元产值的汽车产业"。郑州国际文化创意产业园规划面积 132 km²,在绿博园、国家 500 强企业华强项目带动下,吸纳了建业·华谊兄弟、海宁皮革城、奥特莱斯等大型项目 30 余家,拥有绿博园、方特欢乐世界 2 家 4A 级景区。都市生态农业示范区规划面积 510 km²,目前已成功打造国家农业公园、草莓种植示范区、年交易额 500 亿元的万邦农产品物流城"三个示范区",正在打造"国家级的现代农业示范区"。

根据中牟县 2016 年政府工作报告,2016 年郑州国际文化创意产业园编制完成 132 km² 的概念性总体规划及城市设计,启动公共基础设施、产业发展规划编制。新建、续建产业项目 49 个,海宁皮革城、杉杉奥特莱斯开业运营,长城书画院、枫杨外国语投入使用;全力推进华强四期、华特迪士尼、建业·华谊兄弟电影小镇、省歌舞剧院、海昌极地海洋公园等项目建设,全面加快规划设计专业园区建设,实现河南豫建等 4 个项目主体完工。实现砂之船控股公司、省奥体中心等项目签约;谋划打造省律师服务中心、河南建筑产业园等。

第三,从规划来看,2016 年 6 月 2 日《中牟县城乡总体规划(2015—2030 年)》通过了郑州市城乡规划局组织的专家论证。根据该规划,中牟县到 2020 年,城乡总人口 100 万人,城镇人口 81 万人,城镇化水平 81%;2030 年,城乡总人口 210 万人,城镇人口 195 万人,城镇化水平 93%;城乡居民点建设用地 220.3 km²。城镇空间布局上,《总体规划》提出城乡形成"三轴、三区、多组团"的城镇发展格局。三轴,即郑开大道公共服务轴、万洪公路产业轴、雁鸣大道县域城镇发展轴;三区,即沿黄生态保育区、城市核心功能区、南部生态农业区;多组团,即绿博组团、老城区组团、汽车城组团、官渡组团、大孟组团以及万滩、雁鸣湖、姚家、黄店等新市镇形成的多个城镇组团。

第四,中牟房地产市场近年来快速发展。这里聚集了雅居乐花园、名门紫园、星联湾、壹号公园、东润朗郡、建业春天里、伟业锦绣花园、绿都褐石街区等众多房地产项目。中牟的房价近年来也是水涨船高。

3.高水平编制好郑州中牟"十四五"规划和国土空间规划,推动经济社会高质量发展,切实发挥好郑开同城化发展的"桥头堡"作用

要深入贯彻落实习近平总书记在黄河流域生态保护和高质量发展座谈会上关于"十四五"规划编制的系列重要讲话精神,坚持新发展理念和以人民为中心的发展思想,按照"东强"定位,把握规律、科学谋划,围绕"聚、优、控",高水平编制好"十四五"规划和国土空间规划,推动经济社会高质量发展,切实发挥好郑开同城化发展的"桥头堡"作用。习近平总书记反复强调、高度重视区域协调发展。加快郑开同城化发展,是推进区域协调发展的一个重要课题。中牟处于郑州、开封之间,是推进郑开同城化、促进区域协调发展的关键节点,规划建设必须放到更大范围内思考,跳出地域观念限制,站位全局把准自身定位和作用,按照"东强"功能布局,提高站位、总体谋划,把握重点、聚焦聚力,高质量编制好发展规划,引领经济社会走好高质量发展路子,为国家中心城市建设、区域协调发展、黄河战略实施做出积极贡献。中牟要在全市国土空间规划指导下,结合"十四五"规划编制,加强对重点问题的研究,处理好政府与市场的关系、统与分的关系、近期与远期的关系,谋划好"十四五"发展,努力打造郑州区域协调发展亮点区域。要围绕"聚、优、控"进一步完善规划。聚,就是发展要聚焦,围绕重点板块,集中推进基础设施和公共服务建设,集中布局项目,更好承接要素资源梯度转移。优,就是优化交通结构、用地结构、产业布局、生态环境,坚持优地优用,将环境效益和经济效益统一起来,增强创新要素集聚能力。控,就是坚持集约发展,把发展聚焦聚力和适度空间留白统筹起来,不盲目铺摊子,用好有限资源,实现良性滚动发展。在规划建设推进上,要处理好面上统筹与重点推进的关系,既拉好框架,又收拢拳头集中突破;要坚持组团式发展,强化产业、公共服务和生态环境支撑,推动生产生活生态"三生融合"发展;要坚持 TOD 发展,打造轨道上的城市,处理好内部交通与外部交通的关系,建设宜居宜业城市,更好满足人民群众对美好生活的向往。

4.1.1.2　开封经济发展状况分析

1.开封的地理位置和经济发展状况

开封市地处河南省东部的豫东平原,北临黄河,在历史上因河而盛、因河而衰,几度兴衰皆与黄河息息相关。在新的历史时期,在一代代黄河人的不懈努力下,黄河由一条"害河"变成了一条"利河",对沿黄地区的经济发展起着重要作用。由于开封市水资源比较短缺(多年平均水资源总量为 12.47 亿 m³,人均占有水资源量为 272.9 m³,仅为全国人均水资源占有量的 1/9),其经济发展对黄河水资源的依赖比较强烈。为使黄河保持更强健的生命力,黄河水利委员会提出了实施最严格的水资源管理制度的要求。根据《河南省人民政府关于批转河南省黄河取水许可总量控制指标细化方案的通知》的有关规定,开封每年可引黄河水量不足 6 亿 m³(商丘没有直接引黄取水口,要占用其中一部分水量来满足城市工农业发展及生态环境的需要)。近年来,随着工农业的发展和城市人口的不断增加,水资源的需求量不断增大,因此如何充分合理地利用黄河水资源,提高供水效能,推动当地经济发展,成为一个重要问题。随着开封市工业强市战略的实施,开封市工业用水量逐年增加,引用价廉物美的黄河水是推进工业发展

的必然选择。此外,开封市作为国家级旅游城市,景观生态用水也会逐年增加,因此黄河水对开封市的城市建设和发展具有重要作用。

2.开封经济发展状况分析

(1)经济总量有所提升,城镇化水平实现突破。

根据《统计公报》相关经济数据,2019 年开封市经济保持中高速增长,地区生产总值 2 364.14 亿元,较上年增长 7.20%,且增速较上年略微上升,具体数据较上年增长 361.91 亿元(见图 4-1)。全市人均 GDP 为 51 733 元,首次突破了 5 万元大关。在 2019 年河南省 18 地市 GDP 排行榜中,省会郑州市以 11 589.70 亿元的成绩继续领跑全省,开封市居全省第 12 位,较上一年度上升一位。

开封市	2018年		2019年		差值	
GDP及增速(亿元/%)	2 002.23	7.00	2 364.14	7.20	361.91	0.20
第一产业增加值(亿元/%)	273.2	3.90	318.24	3.60	45.04	-0.30
第二产业增加值(亿元/%)	779.25	6.90	949.24	8.60	169.99	1.70
第三产业增加值(亿元/%)	949.78	8.20	1 096.66	7.00	146.88	-1.20
三次产业结构比例	13.7 : 38.9 : 47.4		13.5 : 40.1 : 46.4		—	
人均生产总值及增速(元/%)	43 936	6.80	51 733	6.90	7 797	0.10
年末户籍人口(万人)	525.64		527.77		2.13	
年末常住人口(万人)	456.49		457.49		1.00	
城镇化率(%)	48.85		50.28		1.43	
一般公共预算收入及增速(亿元/%)	140.68	14.60	154.86	10.10	14.18	-4.50
税收及增速(亿元/%)	102.80	18.00	113.30	10.20	10.50	-7.80
税收占比(%)	73.10		73.20		0.10	

图 4-1 开封市 2018 年及 2019 年主要统计数据对比

在经济下行的宏观条件下,开封市经济发展稳中有进,这是其加强宏观调控、精准施策、坚定不移推动高质量发展、深化供给侧结构性改革取得的积极成果,实现了对自身的突破。因此,在今后的经济社会高质量发展过程中,开封市应立足当前,着眼长远,保持清醒的头脑,细化"巩固、增强、提升、畅通"八字方针落实举措,下功夫、出真招、求实效,让经济高质量发展的主线继续"亮"下去。

《统计公报》表明,2019 年末开封市总人口 527.77 万人,比上年末增加 2.13 万人;常住人口 457.49 万人,比上年末增加 1.00 万人,其中城镇常住人口比上年末新增 7 万人,达 230.03 万人;常住人口城镇化率比上年末提高 1.43 个百分点,达到 50.28%,首次突破 50%,城镇化水平实现突破,城乡结构发生历史性变化。

开封市城镇化水平的突破得益于其统筹推进乡村振兴战略和百城提质工程。推进新型城镇化,科学规划是龙头,核心是以人为本,关键是提升质量。结合高质量发展的目标,开封市应着力推动城镇化从偏重速度规模向注重质量提升和可持续发展转变,从偏重城乡建设向注重民生改善和人的全面发展转变,从偏重城市空间扩张向注重完善城市功能和提高空间利用效率转变。坚持"四化"同步,推进城镇化与农业现代化的良性互动,优化城乡空间布局,坚持标本兼治统筹推进,城乡生态环境同步改善。

（2）产业格局更加稳固，工业经济平稳运行。

《统计公报》指出，2019 年开封市第一产业增加值 318.24 亿元，增长 3.60%；第二产业增加值 949.24 亿元，增长 8.60%；第三产业增加值 1 096.66 亿元，增长 7.00%。三次产业结构为 13.5∶40.1∶46.4。开封市是典型的"三二一"型产业结构，三次产业产值较上年均有所增长，从三次产业结构占比来看，第一产业占比略微下降，基本与 2018 年持平；第二产业占比小有上涨；第三产业占比略微下降。从产值来看，第二产业在 2019 年发展的趋势相对较好，第三产业仍然占据主导地位。

2019 年，开封市规模以上工业增加值比 2018 年增长 8.8%，增速居全省第 1 位，分别高于全国、全省平均水平 3.1 个百分点、1.0 个百分点；全市全部工业增加值比 2018 年增长 8.8%，对 GDP 的贡献率为 45.4%，拉动 GDP 增长 3.2 个百分点。

2019 年，奇瑞汽车河南有限公司工业产值超 100 亿元，成为开封市首个工业产值突破 100 亿元的工业企业，带动全市汽车制造业增加值比 2018 年增长 55.7%。

开封市深入推进制造业供给侧结构性改革，工业经济实现了平稳运行。大力实施"三大改造"，围绕八大产业链做文章，聚焦"四个 50"企业，积极培育新经济、新业态，不断优化营商环境，提升企业服务的质量和水平，产业规模和效益持续提升，高质量发展之路愈走愈稳。

在宏观经济下行和环境保护的双重压力下，开封市的工业产值及增速均具有明显提升，表明开封市在引进高附加值工业以及工业转型升级方面下足了功夫，在产业高质量发展方面取得了不小的突破。习近平总书记在河南考察时强调，制造业是实体经济的基础，实体经济是我国发展的本钱，是构筑未来发展战略优势的重要支撑。因此，开封市今后应继续推动产业转型升级，推进工业先行，保持高质量发展定力。

2019 年，开封市服务业增加值首次突破 1 000 亿元大关，占 GDP 的比重较 2018 年提高 0.1 个百分点。全市社会消费品零售总额完成 1 087.58 亿元，首次突破 1 000 亿元大关，比 2018 年增长 10.9%，增速分别高于全国、全省平均水平 2.9 个百分点、0.5 个百分点，居全省第 5 位；共接待国内外游客 7 959.6 万人次，比 2018 年增长 16.9%，旅游总收入达 713.5 亿元，比 2018 年增长 18.5%。

开封市的第三产业占据主导地位，其中文化旅游作为开封优势最为突出、特色最为鲜明的产业，对整个第三产业发展具有至关重要的意义，这与开封市大力实施的"文化+"战略有着密切的关系。现阶段由于疫情的影响，文旅产业受到不小的冲击，因此开封市应该在疫情防控常态化的前提下，积极采取各项政策措施，加速文旅产业的复苏，推动产业向价值链的高端发展，充分发挥文旅产业的"柱石"作用，为高质量发展注入新动能。

（3）粮食产量再创新高，特色农产品生产优势明显。

《统计公报》指出，2019 年开封市粮食产量 307.38 万 t，比 2018 年增加 6.25 万 t，增长 2.1%，增速高于全省平均水平 1.4 个百分点，居全省第 5 位。其中，夏粮产量 190.87 万 t，增加 9.25 万 t，增长 5.1%；秋粮产量 116.51 万 t，减少 3.00 万 t，下降 2.5%。小麦产量 190.87 万 t，增加 9.25 万 t，增长 5.1%。其他农产品按品类来看，油料产量 51.46 万 t，增加 3.50 万 t，增长 7.3%，其中花生产量 50.82 万 t，增加 3.55 万 t，增长 7.5%。蔬菜及食用菌产量 809.94 万 t，增加 41.74 万 t，增长 5.4%。瓜果类农作物产量 253.69 万 t，增加 12.95 万 t，增长 5.4%。总体上来看，开封市农产品粮食产量再创新高，特色农产品产量喜获丰收。

根据农业农村部农产品质量安全中心发布的公告，2019 年首批 88 个全国名特优新农产品名录，河南省共有 58 个农产品入选。其中，开封市的菊花、祥符区花生、杞县大蒜、通许小麦、尉氏蒲公英等 12 个农产品入选，占全国总数的 13.6%，占全省总数的 20.7%，位列全国第一。

习近平总书记在参加十三届全国人大二次会议河南代表团审议时指出，要扛稳粮食安全这个重任。河南作为农业大省，农业特别是粮食生产对全国影响举足轻重，要立足打造全国重要的粮食生产核心区，在确保国家粮食安全方面有新担当新作为。开封市农业比重大、农村地域广、农民人口多，农业农村工作在全市经济社会发展全局中具有十分重要的地位，藏粮于地，要牢守耕地保护红线，藏粮于技，要力促农业科技创新，开封市应做好：一是坚持打造高标准粮田，采用高标准技术，切实做好稳定粮食产量的各项工作,保障粮食生产的提质增效。二是持续构建现代化的农业产业体系,通过大力支持各县区建设国家现代农业产业园的途径来积极推动农业现代化发展。三是走品牌化发展路子,在特色农产品的种植方面,开封市应在现有类多质优的农产品基础上,继续提升农产品品质,培育特色农产品品牌,深入探索农产品品牌化、生产标准化和品质化之路,切实疏通农产品的"变现之路",助推开封市脱贫攻坚的"最后一公里"。

(4)科学研究投入稳步攀升,新旧动能转换加速。

《统计公报》指出,2019 年开封市全年申请专利 3 532 件,比 2018 年增长 18.2%;授权专利 1 952 件,比 2018 年增长 5.7%。获得省级科技进步奖两项,9 个项目入选省级创新示范专项备选项目,各类创新创业平台增至 25 家,省级以上新型研发机构、研发平台数量均居全省第 4 位。实施各级各类科技计划项目 259 项,14 项科技合作项目和 7 个平台建设项目成功签约,开封仪表成为国内唯一一家进入核电领域的综合流量仪表供应商。全市经省认定的高新技术企业 84 家。2019 年研究与试验发展(R&D)经费支出 20.1 亿元,比 2018 年增长 0.5%,占生产总值的 0.93%,其中基础研究经费 1.8 亿元。

全市规模以上工业增加值比 2018 年增长 8.8%。五大主导产业增加值比 2018 年增长 4.9%,占规模以上工业的 36.2%;传统支柱产业增长 9.9%,占规模以上工业的 46.7%。新动能保持较快发展,高技术产业增长 42.9%,占规模以上工业的 4.5%;高新技术产业增长 19.9%,占规模以上工业的 34.3%;高成长产业增长 7.4%,占规模以上工业的 48.9%;战略性新兴产业增长 11.2%,占规模以上工业的 8.9%。

全市单位规模以上工业增加值能耗降低 33.6%。综合能源消费量 309.74 万 t 标准煤,比 2018 年下降 27.7%。其中,轻工业 13.56 万 t 标准煤,下降 26.9%;重工业 296.18 万 t 标准煤,下降 27.8%。

数据显示,2019 年开封市在科研成果的取得和转化方面取得了长足的进步。高新技术产业以及战略性新兴产业增加值增速均显著高于规模以上工业增加值增速,且二者的产业增加值占规模以上工业增加值的比重达 43.2%,此外,能耗的降低也表明产业技术的不断革新。各项数据表明,开封市科技创新体系建设正在有序实施,全市科技创新能力得到了有效提升。以新产业、新技术、新业态、新模式为主要内容的新动能为开封市的发展带来新的经济增长点,释放高质量发展潜力,助推开封市经济社会高质量发展。

从产业发展来看,"高质量发展"的"高",有着高品质、高附加值、高技术含量、高收益等内涵。随着新一轮科技革命和产业变革的发展,大数据、人工智能、区块链等新技术迅猛发展,信息流与技术流交互作用,不断催生出新产业、新业态、新模式,特别是数字经济、智能经济等得到了蓬勃发展,使经济活力得到有效释放,新动能持续发展壮大,成为支撑我国经济迈向高质量发展的重要力量。在此次新冠肺炎疫情防控过程中,一些新技术和新业态得到了蓬勃发展,线上教育、远程办公、无接触配送、线上医疗以及各种"云"行业成为人们日常生活的一部分。当前和今后一个时期,开封市都要解放思想、更新观念,要瞄准高质量发展的目标要求,不断提高项目支撑力、企业竞争力、科技创新力、服务保障力,加快构建现代产业体系,推动资金、政策、人才等向战略新兴产业不断汇集,完善产业生态、创新生态,从而进一步释放新动能,激活蛰伏的高质量发展潜能。

(5)财税收入量质并举,居民生活水平稳步提升。

2019 年,开封市一般公共预算收入达 154.86 亿元,比上年增长 10.1%,增速分别高于全国、全省平均水平 6.3 个百分点、2.8 个百分点,居全省第 5 位。其中,税收收入达 113.30 亿元,比 2018 年增长 10.2%,增速高于全省平均水平 3.3 个百分点,居全省第 4 位;税比为 73.2%,高于全省平均水平 2.9 个百分点,居全省第 4 位。一般公共预算支出 424.49 亿元,增长 15.2%。其中,民生支出 298.55 亿元,增长 13.3%,占一般公共预算支出的 70.3%。

《统计公报》指出,2019 年开封市居民人均可支配收入 21 795 元,首次突破 2 万元,比 2018 年增长 9.1%,增速分别高于全国、全省平均水平 0.2 个百分点、0.3 个百分点,增速居全省第 5 位。居民人均消费支出 16 382 元,增长 10.2%。按常住地分,城镇居民人均可支配收入 31 305 元,增长 7.6%,城镇居民人均消费支出 23 199 元,增长 6.6%;农村居民人均可支配收入 14 473 元,增长 9.7%,农村居民人均消费支出 11 134 元,增长 14.7%。城乡居民人均可支配收入比值为 2.16,分别比全国、全省平均水平低 0.48、0.10。年末全市民用汽车保有量 69.75 万辆(包括三轮汽车、低速货车、摩托车和挂车),比 2018 年末增长 8.0%。民用轿车(小微型载客汽车)56.68 万辆,增长 9.7%,其中私人轿车保有量 54.72 万辆,增长 10.1%。各项数据表明,开封市城乡居民收入实现了持续增长,城乡居民收入差距进一步缩小,同时城乡居民消费更趋多元,全市城乡居民生活水平迈上了新台阶。

财政税收量质并举得益于开封市统筹实施积极的财政政策和稳健的税收政策,财政部门不断优化支出结构,强化保工资、保民生、保运转及防风险的财政职能作用;税收优惠政策降低企业成本,提升企业预期收益;民生支出得到有效保障,群众更多享受到了经济社会发展成果。

关注民生、重视民生、保障民生、改善民生,是人民政府的基本职责,也是构建社会主义和谐社会的关键所在。本着"以人为本,关注民生"的施政理念,开封市应该围绕"三个经营"(经营城市、经营土地、经营财政)的核心要义,统筹做好公司化运营开封的相关工作,解放财政,让财政回归本位,真正做到"财政保民生,建设靠运营"。同时要结合高质量发展目标,切实采取积极的财政政策,不仅要加大对公共领域的财政投入,还要从制度、职能方式、公务员队伍建设等方面入手,不断调节和优化资源配置,加大力度解决民生问题,提高居民生活水平。

(6)营商环境持续优化,民间投资持续提升。

《统计公报》指出,2019 年开封市固定资产投资(不含农户,下同)比 2018 年增长 10.8%,增速分别高于全国、省平均水平 5.4 个百分点、2.8 个百分点。其中,第一产业投资增长 75.0%,第二产业投资增长 2.9%,第三产业投资增长 13.0%。民间投资增长 11.9%,占固定资产投资的 85.7%,增速居全省第 5 位。

民间投资的持续投入离不开开封市以"店小二"的精神对营商环境的苦心经营。2019 年以来,开封市出台多项政策持续优化营商环境,落实"证照分离"改革举措,企业准入更加宽松,"准入不准营"难题得到有效化解,在全省率先建立营商环境评估指标体系,严格落实减税降费、促进非公有制经济高质量发展"三十条"等政策,坚持分类施策、创新突破、统筹推进,政务服务能力有效提升,机制建设更加完善,优化营商环境取得明显成效。在 2019 年河南省对外公布的《开封市营商环境评价报告》中,开封市政务服务指标在全省位列第 1。正如习近平总书记指出的,"营商环境没有最好,只有更好"。开封市应切实推行务实举措,加快投资管理体制改革,改善投资管理和服务,深度激活民间资本,增强经济主体的投资信心,让企业获得实实在在的"真金白银"、政策支持以及优质服务,进一步打造更规范、更包容、更开放的营商环境。

开封市应立足自身资源、区位以及政策优势,用足用好黄河流域生态保护和高质量发展、大运河文化保护传承利用、宋都古城保护与修缮及郑汴一体化深度发展等重大战略机遇,坚持稳中求进的工作总基调,坚持新发展理念,坚持以供给侧结构性改革为主线,坚持以改革开放为动力,以党的建设高质量推动经济发展高质量,在区域经济布局中发挥优势、找准定位,高标准推进县域经济高质量发展,奋力谱写新时代中原更加出彩绚丽的开封新篇章。

4.1.1.3　许昌经济发展状况分析

1. 许昌的地理位置和经济发展状况

许昌市地处河南省中部,位于东经 113°03′~114°19′,北纬 33°42′~34°24′,下辖 1 区(魏都区)、2 市(禹州市、长葛市)、3 县(许昌县、鄢陵县、襄城县),总面积 4 996 km²。全年平均气温在 14.3~14.6 ℃;1953~2011 年多年平均降水量为 727.62 mm,受季风气候影响,降水量年际变化大,丰水年与枯水年最大相差 2.5 倍,且汛期降水量占全年降水总量的 80%。总的来看,许昌市 2019 年度经济发展仍旧稳健,第二、三产业发展态势向好,城乡人均收入、支出水平均在全省前列,经济发展成果惠及民生,产业供给侧改革卓有成效,整体营商环境持续向好,城市整体发展仍留有较大潜力。许昌市位于淮河流域中游,市域河流属沙颍河水系,其中境内河道流域面积大于 1 000 km² 的有北汝河、颍河、双洎河、清潩河。全市有大型水库 1 座(白沙水库),中型水库 2 座(佛耳岗水库、纸坊水库),小型水库 44 座,总库容 4.1 亿 m³。根据多年调查和统计结果,许昌市地表水资源量为 3.66 亿 m³,地下水资源量为 7.23

亿 m^3,扣除地表水和地下水水资源重复计算量 1.79 亿 m^3,许昌市多年平均水资源总量约为 9.10 亿 m^3。

2. 许昌经济发展状况分析

1) 第三产业抬头趋势强劲

《统计公报》指出,2019 年许昌市区生产总值 3 395.7 亿元,较 2018 年增长 7.1%,2019 年许昌市经济增长速度受整体经济增速放缓影响下调,但 GDP 排名仍稳居河南省第 4,整体发展态势良好。产业结构方面,2019 年度许昌市三次产业结构占比为 4.78∶54.02∶41.20,仍然维持二三一产业经济结构。其中,经第四次经济普查,许昌市 2018 年第三产业增加值调整较大,由 1 047.4 亿元更正为 1 269.3 亿元,第三产业占比首次突破 40%,修正后三产结构占比为 4.84∶54.75∶40.41,近年许昌市第三产业上升趋势明显。

在 2018 年第三产业产值得到突破的同时,值得关注的是许昌市 2018 年度旅游总收入为 198.1 亿元,较 2017 年度 107.1 亿元增长约 85 个百分点,而 2019 年度旅游总收入为 213.55 亿元,涨幅仅为 8 个百分点。可见,旅游创收在三产上升趋势中影响甚微,同时对比近年来河南省各市旅游总收入情况,许昌市旅游总收入水平相对河南省其他城市的旅游创收排名靠后。

许昌市历史人文及环境区位优渥,同时近年来经济发展稳健,具备第三产业高质量发展条件,可在国民经济发展规划及固定投资方面精细化第三产业的投入,做大做强第三产业,其中文化旅游产业的发展更应引起高度重视。2020 年 3 月底,河南省委书记王国生在河南文旅厅调研座谈中谈及河南省文旅产业的发展要求时,重点强调了后疫情时期,河南省将推动文旅产业转型升级,提质增效,要“走出一条具有河南特色的文旅融合高质量发展之路”,为河南省文旅产业的可持续、高质量发展打了一剂强心剂。许昌市是著名的三国古都,三国文化名胜古迹众多,高耸入云的文峰塔、古色古香的春秋楼、雄伟壮观的灞陵桥、豪华气派的丞相府,无论是悠久的历史,还是美丽的传说,无不彰显出许昌地域文化的底蕴,就连郭沫若先生亦曾言:闻听三国事,每欲到许昌。许昌市文旅根基如此强盛,文旅融合何乐而不为?

2) 农业结构调整实效增强

《统计公报》指出,2019 年许昌市粮食种植面积 672.8 万亩,比上年减少 11.21 万亩;全年粮食产量 297.69 万 t,比上年减产 0.26 万 t,下降 0.1%。2019 年度许昌市全市粮食种植面积调整较大,比 2018 年减少 11.21 万亩,但在产能上基本维持了 2019 年政府工作报告的工作要求指标,粮食种植面积稳定在 650 万亩左右,总产稳定在 280 万 t 以上,农业种植结构的调整取得了实用效果。

许昌市 2019 年度农业结构取得实际成效,系许昌市 2019 年度工作中深刻聚焦于习近平总书记参加河南代表团审议时提出的实施乡村振兴战略和做好“三农”工作“六个要”要求。在工作中,坚持扛稳了粮食安全这个重任,深入推进了农业供给侧结构性改革。农业结构调整促产能效益提高是节源开流的双赢举措,许昌市可在此之上总结经验,树牢绿色发展理念,补齐农村基础设施短板,全面夯实乡村治理根基,用好深化改革法宝,通过科学的规划与预算,继续提高农业产能效益,争取实现河南的农业供给侧改革的“许昌样板”。

3) 经济发展成果惠及民生

《统计公报》指出,2019 年许昌全市人均可支配收入 25 949.2 元,比 2018 年增长 8.9%;全市居民人均消费支出 16 422 元,比 2018 年增长 13.3%;年末累计普通高中 35 所,普通初中 205 所;中心城区共建成智慧阅读空间 32 座、电子图书借阅机 108 台、诚信阅读漂流屋 41 个。

在经济增速放缓的趋势下,许昌市全市人均可支配收入与消费支出水平上涨幅度较往年明显,位于全省前列,说明整体社会效益得到了持续的改善。全年教育资源的固定投入效果明显,全市高中、初中、小学分别较 2018 年有所增加,学生的人均教育投入得到提升。全市对智慧阅读等基础设施投入成效明显,市区“15 分钟阅读圈”初步形成。

2019 年度许昌市惠民保障方面的投入在教育投入方面倾斜较大。结合当下经济及市场形势,国家对医疗健康等民生基础设施加大重视及《健康中国行动(2019—2030 年)》《中共中央 国务院关于促进中医药传承创新发展的意见》等健康产业政策的趋势叠加。医疗健康、中医药传承创新等大健康产业的发展将势不可遏,建议许昌市在后续的城市顶层设计及产业发展规划中,可在医疗健康的惠民设施上多发点力,同时需注重整体民生保障的综合提升。

4)工业经济发展持续向好

《统计公报》指出,许昌市 2019 年全市规模以上工业增加值比 2018 年增长 8.4%,工业发展持续向好。其中,从经济类型看,国有控股企业增长 5.4%;集体企业增长 5.5%;股份制企业增长 9.0%;外商及港澳台商投资企业增长 8.2%;私营企业增长 14.4%。私营企业 2019 年度工业产值涨幅最大,全市股份制企业、集体企业和国有控股企业均呈稳定增长趋势。

综观许昌市近年发展,在制造行业形成了极具竞争力的比较优势,全市拥有许继、森源、黄河、瑞贝卡、金汇、首山化工、远东传动等一批全国知名企业;民营经济发展活跃,是河南省民营经济发展的公认样板,培育了一大批高成长性的中小企业和一支高素质企业家队伍,许昌市工业经济的稳健向好,民营经济功不可没。

许昌市工业经济发展稳中有进与民营经济之活跃得益于近年来许昌市政府在保障民营经济发展及科创人才引进储备方面的措施得力,令许昌市整体营商环境得到了持续的优化。据悉,在鼓励科技创新方面,自 2013 年开始,许昌已连续 6 年召开科技创新大会,累计拿出逾 2 亿元“真金白银”对优秀创新型企业、创新型企业家和科技创新领军人才进行重奖;在人才引进方面,实施“许昌英才计划”,设立 15 亿元许昌英才基金,先后引进一大批带技术项目的领军型、高层次人才到许昌创新创业;在优化营商环境方面,近年来许昌市相关部门相继出台 38 项具体措施,制定实施了企业家队伍培养“十百千”、大企业集团培育等 7 个行动计划,坚持每年召开高规格的民营经济发展座谈会,近 3 年累计拿出 7.3 亿元财政资金支持企业发展。一个城市的经济增长潜能不单是经济发展潜力,更是城市的企业竞争力、科创人才储备能力及创新能力等整体营商环境综合实力的体现。许昌已铸得如此“亲”“清”环境,怎能不引得凤凰来栖呢,不难预见,许昌未来产业发展之潜力不可估量。

4.1.1.4 商丘经济发展状况分析

1. 做足枢纽经济,步入发展新轨道

《统计公报》指出,经初步核算,商丘市全年生产总值 2 911.20 亿元,全省排名第 7。2019 年商丘全市生产总值增速为 7.4%(见图 4-2),相比于 2015~2018 年期间所维持的 8%左右水平,2019 年经济发展增速有所放缓。但总体来看,相比于 2019 年河南省全省 7.0%的 GDP 增速,仍属于省内平均水平。在三产占比方面,2019 年商丘市第三产业占比从 2018 年的 42.7%升至 44.3%,第三产业产值占比则相对有所增加。其中,第一产业增加值 428.92 亿元,增长 2.4%;第二产业增加值 1 193.48 亿元,增长 7.9%;第三产业增加值 1 288.80 亿元,增长 8.9%。

图 4-2 商丘市生产总值走势

2019 年,商丘市的经济增速 5 年来首度进入 7%水平,意味着其经济发展已步入一个全新轨道。从产业结构调整来看,第三产业的比重增加,也表明商丘市的经济结构优化取得了一定成绩。

“得枢纽者得天下”。2018 年,商丘市入选全国 100 个大型高铁枢纽站。2019 年 12 月 1 日,京港高铁商(丘)合(肥)段正式开通运营,同时此段与正在规划设计的京雄商高铁连接,将使商丘成为河南省继郑州之后，第二个拥有高铁"十"字交通网络的城市。国家铁路大动脉陇海铁路、京九铁路、徐兰高铁、京港高铁与全国区域性铁路等干线，相互交汇于商丘市区。毫无疑问，商丘正牢牢坐实河南的交通枢纽大户之位。

2020 年，在新冠肺炎疫情影响、"十三五"收官以及"十四五"启航之年等多种政策环境叠加下，商丘市的挑战与发展机遇并存。从商丘市层面来看，商丘市需以国土空间规划编制为先导，以高质量项目为落脚点，抢抓黄河流域生态保护和高质量发展国家战略历史机遇，着力打造黄河故道全域产业融合发展经济带，为商丘市新阶段的高质量发展营造一个良好开端。在产业方面，做实做足枢纽经济，以枢纽经济为抓手，培育发展新动能、构筑产业新高地、彰显商丘高品质城市生活。

2. 物流中心大放异彩，外贸朋友圈有序扩容

2019 年商丘市全市货物进出口总额 34.6 亿元，与 2018 年相比增长达到 46.5%，远高于河南省 2019 年全年平均增长 3.6% 的水平，斩获佳绩。此外，商丘 2019 年全年共吸收外商直接投资（不含银行、证券、保险）新设立企业 214 个，进出口对外经济朋友圈逐步扩大。而在新冠肺炎疫情的影响下，2020 年前两个月，商丘市外贸进出口更是完成 5.1 亿元，同比增长 52.1%，增幅居全省第 1 位的不俗成绩。

2017 年，商丘市保税物流中心正式封关运营，正式标志着不沿边不靠海的商丘市进入了"无水港口时代"。2018 年，在《国家物流枢纽布局和建设规划》当中，商丘市被定位为商贸服务型国家物流枢纽承载城市，枢纽经济活力被进一步释放。2019 年 6 月，河南民权保税物流中心（B 型）获得国家四部委联合批复，这是商丘市获批的第二家保税物流中心。同样是在 2019 年，随着河南米字型交通架构的不断完善，商丘市的交通枢纽地位又上升至一个新高度。在这种区域优势利好下，2019 年商丘市在外贸方面增长所取得的成绩，值得肯定和赞扬。而回到 2020 年，在新型冠状病毒肺炎疫情对外贸进出口所产生的长尾效应下，商丘市需深入贯彻落实中央"六稳""六保"指示精神，及时研究，及时解决，确保 2020 年商丘的对外贸易再上一个新的台阶。

3. 新兴产业势头猛进，经济新动能凸显

统计数据显示，2017~2019 年期间，商丘市全年规模以上工业高技术制造业增加值同比上年的增速分别为 14.10%、13.40%、34.80%（见图 4-3），呈现出良好的较快发展趋势。以 2019 年为例，商丘市全年规模以上工业中，计算机、通信和其他电子设备制造业增长达到了 82.2%，医药制造业增长了 16.7%，新产业增长较快。

图 4-3　商丘市规模以上工业高技术制造业增加值增速走势

加快培育新动能是推动商丘市经济转型升级、提质增效、行稳致远的重要途径。2019 年，商丘市高技术制造业增长 34.80%，此数据深刻意味着计算机、通信和其他电子设备制造业等高技术制造业在商丘市经济发展中占据更重要的位置。2020 年，站在经济发展的新起点，商丘市仍然要深化落实培育壮大新动能的各项举措，按照推动实现高质量发展的总体要求，加速培育发展战略性新兴产业，进一步优化新产业、新业态发展的政策环境，以产业集聚区二次创业为抓手推动产业智能化转型升级，不断壮大商丘市经济发展的新动能。

4. 旅游发展增势明显，文化价值稳步提升

《统计公报》指出，2019 年，商丘市全年共接待国内外游客 2 343.92 万人次（见图 4-4），比 2018 年增长 45.8%。旅游总收入 53.4 亿元，增长 56.4%。

随着时代的发展，旅游成为大热门行业。而对比商丘市 5 年的旅游人数变化，可以发现商丘市这几年在旅游方面呈现出一个良好向上的发展势头。商丘市并不缺文化资源，以商丘古城为代表的文化游、

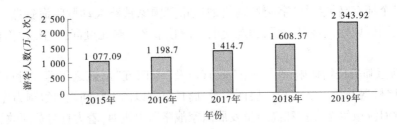

图 4-4　商丘市全年接待旅游人数走势

以睢县为代表的体育旅游、以芒砀山为代表的山水游以及民俗游等,都是商丘市丰富的旅游风景名片。此外,商丘高铁枢纽经济的高速发展,将成为拉近商丘市与其他城市之间的区域旅游合作,提供相互支持发展的新动力。2020 年,在疫情对旅游业重创之下,商丘市需深入抓好交通枢纽的区位优势,在商贸文化、古城文化、水文化、民俗文化上下足功夫,打造一系列高质量的文旅项目、旅游产品和旅游服务,提高现有旅游项目的吸引力,助力推动商丘文旅产业高质量发展。

4.1.1.5　周口经济发展状况分析

1. 全市 GDP 首破 3 000 亿元,经济增速稳中"有劲"

《统计公报》显示:初步核算,2019 年全市生产总值 3 198.49 亿元(见图 4-5),经济总量首次挺进"GDP3000 亿俱乐部",居全省第 5 位(自 2013 年以来,全市经济总量连续 7 年保持全省第 5 位),占全省经济总量比重为 5.9%,较 2018 年初步核算数提高 0.3 个百分点。与此同时,顺应全国经济由高速增长转向高质量发展的新常态,周口市经济增速有所放缓,但仍高于河南省平均水平。

周口市	2019年		2018年		河南省		较2018年增速	较河南省增速
GDP及增速(亿元/%)	3 198.49	7.50	2 687.22	8.20	—	7.00	−0.7	0.5
第一产业增加值(亿元/%)	474.53	2.40	448.97	3.40	—	2.30	−1	0.1
第二产业增加值(亿元/%)	1 406.01	8.50	1 212.65	8.30	—	7.50	0.2	1
第一产业增加值(亿元/%)	1 317.95	8.70	1 025.6	10.80	—	7.40	−2.1	1.3
三次结构比例	14.8:44.0:41.2		16.7:45.1:38.2		8.5:43.5:48.0		—	
人均GDP及增速(元/%)	36 891.5	8.10	30 817	9.00	56 388	6.40	−0.9	1.7
人均可支配收入及增速(元/%)	18 321	9.30	16 761	10.10	23 903	8.80	−0.8	0.5
年末总人口(万人)	1 166.15		1 161.69		—		446	
年末常住人口(万人)	866.22		867.78		—		−156	
一般公共预算收入及增速(亿元/%)	140.92	9.00	129.34	15.70	—		−6.7	1.7
税收及增速(亿元/%)	100.25	10.80	90.48	21.40	—		−10.6	3.9
税收占比(%)	71.14		69.96		70.30			
城镇化率及较上年增长(%/百分点)	44.36	1.54	42.82	1.6	53.80	1.5	−0.06	0.5

图 4-5　周口市 2019 年主要统计数据对比分析

过去一年,周口经济社会发展延续了总体平稳、稳中有进的态势,并显示出"后发赶超"的劲头和广阔空间。多年来,周口市作为黄淮四市(周口市、信阳市、商丘市、驻马店市)之一,是河南省的人口大区、农业大区、工业小区、财政贫区,也是全省高质量发展的"木桶短板"。从《统计公报》看,2019 年周口市人均 GDP 和人均可支配收入排名仍位列河南省倒数第 2、倒数第 1(见图 4-6)。但是,在经济下行、增速整体回落的大环境下,周口市人均 GDP 和人均可支配收入及 GDP、一般公共预算收入、税收,以及城镇化率等主要经济指标增速均跑赢了河南省平均水平,彰显出良好的赶超势头。可以预见,随着《淮河生态经济带发展规划》等区域协调发展政策的深入实施,"后无追兵,前皆标兵"的周口市将驶入高质量发展快车道。

排名	地市	GDP/亿元	地市	人均 GDP/万元	地市	人均可支配收入/元
1	郑州市	11589.7	郑州市	113139	郑州市	35942
2	洛阳市	5034.9	济源示范区	93693	济源示范区	29065
3	南阳市	3814.98	焦作市	76827	焦作市	27116
4	许昌市	3395.7	许昌市	76312	洛阳市	27101
5	周口市	3198.49	洛阳市	72912	鹤壁市	26105
6	新乡市	2918.18	三门峡市	63473	许昌市	25949
7	商丘市	2911.2	漯河市	59190	安阳市	24647
8	焦作市	2761.1	开封市	51733	漯河市	24625
9	信阳市	2758.47	新乡市	50277	新乡市	24562
10	驻马店市	2742.06	平顶山市	47201	平顶山市	24030
11	平顶山市	2372.64	信阳市	42641.4	三门峡市	23924
12	开封市	2364.14	商丘市	39719	南阳市	22627
13	安阳市	2229.3	驻马店市	38943	开封市	21795
14	濮阳市	1581.49	南阳市	38064	濮阳市	21592
15	漯河市	1578.4	周口市	36892	信阳市	20928
16	三门峡市	1443.82	安阳市	24647	商丘市	20175
17	鹤壁市	988.69	濮阳市	-	驻马店市	19644
18	济源示范区	686.96	鹤壁市	-	周口市	18321

图 4-6 2019 年河南省辖市 GDP、人均 GDP 和人均可支配收入排名

2.产业结构持续优化,税收突破百亿大关

《统计公报》显示:2019 年,全市三次产业结构为 14.8∶44.0∶41.2(见图 4-7),第二、三产业占 GDP 的比重达 85.2%。产业结构保持了持续优化,工业发展尤其表现亮眼。从增速看,二产增加值增速逆势而上,保持了持续增高;其中,规模以上工业增加值增长 8.5%,高于全省 0.7 个百分点;工业增值税增长 19.1%,增速全省第 1。从结构看,六大支柱产业、高成长性制造业、高新技术产业增加值增长 9.1%、10.5%、14.9%,分别高于全市工业增速 0.6 个百分点、2 个百分点、6.4 个百分点。此外,周口税收突破百亿元大关,完成 100.2 亿元,占一般公共预算收入的比例达 71.1%,创历史新高。

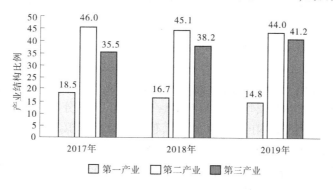

图 4-7 2017~2019 年周口市三次产业结构

周口市产业转型升级开局良好,得益于周口市对"中原港城"城市定位和"四大经济"的科学谋划、精准施策。2017 年,周口市委、市政府着眼国家战略布局,选择自身发展定位,确定了发展临港经济的重大战略部署,响亮提出"满城文化半城水,内联外通达江海"的中原港城建设目标。定位一经提出引起全市、全省、全国广泛关注,"支持周口发展临港经济"写入 2018 年河南省政府工作报告。为实现"港、产、城"融合发展,周口以临港经济、工业经济、城市经济、返乡经济"四大经济"破题水运、人口等比较优势,并提出产业招商"五不要",实施"以商招商、以诚招商",务实笃行走上一条由"黄土经济"向"蓝水经济"的转型发展之路。

"十四五"期间是周口大发展的关键期，要不松劲儿、加满油、行好船。围绕临港经济，突出抓好"五大临港产业园区"的土地资产优化前置和产业精准招商；围绕工业经济，抓好"工农融合"，依托已经招引进来的安钢产能置换等龙头项目，推动第一、二、三产业强链补链延链；围绕城市经济，要策应周淮融合、恒大千亿量投资强势入驻等新形势、新需要，同步推进城市硬件和"软实力"更新升级，大胆探索政企合作经营城市的"周口样板"；围绕返乡经济，要把"一县一主业"集聚发展计划，纳入到县域经济高质量发展的"大盘子"中统筹推进。

3. 开放步伐明显加快，"豫货"出海口雏形初现

《统计公报》显示：2019 年，周口市外贸进出口累计完成 102.96 亿元，增长 9.9%，高于全省 6.3 个百分点。引进省外资金 606.4 亿元，实际利用外资 5.86 亿美元。保税物流中心（B 型）建设获省政府批复，验关通关效率居全省前列。

周口市已经按下发展"快车键"，正在引领"内河水运、临港产业、生态城市"三位一体的临港经济新模式。周口港口物流产业集聚区是河南省唯一以内河港口为依托的新兴产业集聚区，也是周口中心城区的重要组成部分。目前，港口吞吐量占全省总吞吐量的 95%。从 2013 年周口港口物流产业集聚区正式挂牌成立；到 2018 年河南省对周口港重新的定义和规划，赋予其"豫货出海口"的重任；到 2019 年 6 月周口港—淮安港集装箱航线开通，实现河南省内河航运集装箱运输"零"的突破；再到 2019 年 9 月，周口港太仓港点对点精品航线的开通，实现直通海港，以及 12 月首艘千吨级自造船下河……周口港正在加速成为周口市拉大城市框架和提升城市承载力的重要载体、深度融入"一带一路"的开放门户、河南省自贸区和郑州航空港经济综合实验区的"出海口"，以及河南省打造"公铁水空"四位一体多式联运综合交通运输体系的重要组成部分。

"豫货出海口"雏形初现，"蓝水经济"水涨船高。乐见中原港城向海而生、破浪前行！

4.1.2　赵口灌区对所在区域经济发展的影响

4.1.2.1　赵口灌区与区域经济发展的关系

赵口灌区位于河南省中东部，随着工农业的发展和城市人口的不断增加，水资源的需求量不断增大，但河南以及豫东地区水资源贫乏，时空分布不均。水资源条件恶劣给水资源的利用造成很大困难，加剧了水资源的供需矛盾，水资源已成为该省经济发展的制约因素，局部地区已影响国民经济发展和人民生活水平的提高。水资源是基础自然资源，同时又是战略性经济资源，是生态环境的控制因素之一，影响到经济社会和环境的安全和发展。从河南省 21 世纪的发展来看待水资源的现状和远景供需趋势，不难发现水资源短缺与水污染严重，将制约河南省农业和经济社会的发展速度，以致影响豫东地区的工业、农业以及人文环境的建设。

赵口灌区地貌除商丘市、永城市境内有小面积的孤山残丘外，均为辽阔的豫东平原，地势平坦，由西北向东南微倾斜，海拔为 30～85 m，坡降为 1∶4 000～1∶7 000，大部分属淮河流域，境内河渠现状四通八达，即能灌溉又能排涝，是河南省内的粮食主产区。但该地区水资源严重匮乏，人均水资源量为全国人均水资源量的 15%。水资源的匮乏严重困扰着地区经济社会的发展。

赵口灌区毗邻黄河，多年来豫东地区依托赵口、黑岗口、柳园口、三义寨四大引黄灌区，大力实施黄河水资源的优化配置，采取多种水源并用，形成引黄经济用水与引黄农业直灌和引黄补源用水相结合，改善生态环境建设，发展旅游产业，促进经济社会可持续发展相结合的综合水资源开发利用。实践证明，加快引黄供水事业发展，提高黄河水资源的开发利用率，是豫东地区经济快速科学发展的战略之策。

4.1.2.2　促进工农业协调发展

工业和农业的协调发展有利于发挥区内与区际间的资源互补性与生产结构互补性。工业经济发展必须要以农业基地作为依托，走工农业相结合的道路，促进经济的全面繁荣。赵口灌区是河南四大引黄灌区之一，灌区大多作为河南省最重要的工农业生产基地，作为建设中的中原城市群和经济隆起带，地域涉及郑州、开封、周口、许昌、商丘等 5 个市，包括中牟、祥符区、尉氏、通许、杞县、太康、扶沟、西华、鹿邑、鄢陵、柘城等 13 个县（区）。承接起了全省部分经济隆起带，贯穿起了部分中原城市群。

随着"工业强市"战略的实施,目前河南经济迅猛发展,GDP增长速度已达13%左右,2009年工业企业完成增加值约100亿元,GDP总量为536亿元,城镇化率达到48%。开封大型工业项目如开封碳素厂、开封火电厂扩建项目相继完工投产,资产重组后的晋煤化工、永煤空分、平煤开伐步入良性运行,汴西新区平原水库正在酝酿中,高校园区初具规模,开封县晋开集团的上马等都将大量引用黄河水。商丘民权电厂一期2×600 MW发电机组并网投产,二期2×1 000 MW发电机组完成可行性论证并上报审批,预计该建设项目2011年投入运行,年取水规模达到2 000万t。商丘市永城县立足永煤集团的资源优势,正在积极规划新建火力发电厂,预计取用水量为5 200万m³/年。随着以上建设项目的实施,商丘市非农业用水将增加9 200万m³/年。由于近几年地下水严重超采,各级政府采取强有力措施关闭水井,所以在地表水缺乏,地下水限采的形势下,引黄供水的潜在空间非常广阔,豫东地区的工业发展与赵口灌区引黄河水资源密不可分,引黄供水将大力推动地方经济的快速发展。所以,赵口灌区的兴建能保证工业农业用水,并将成为豫东地区经济起飞的重要因素。

4.1.2.3　在协调区域粮食平衡中的作用

坚实的农业基础是经济良性循环、社会稳定的必要保证和前提条件,但粮食生产与消费始终是困扰中国经济发展的大问题,这种困难局面在短时间内难以改变。鉴于中国地区差异性较大,因此应从开发水资源入手,发展粮油副业生产,达到"近产近销,货畅其流,路线最短,费用最省"的供需目标。河南粮食生产历史悠久,豫东地区更是"中原粮仓"的重中之重,赵口灌区可灌溉面积587万亩,利用黄河水资源得天独厚的优势,成为河南粮食生产的风水宝地。赵口灌区地域涉及郑州、开封、周口、许昌、商丘5个市,包括中牟、开封市祥符区、尉氏、通许、杞县、太康、扶沟、西华、鹿邑、鄢陵、柘城等13个县(区)。

赵口引黄工程全灌区总土地面积5 949 km²,涉及灌溉面积587万亩,其中列入续建配套与节水改造工程规划面积为366.5万亩,二期工程面积220.5万亩。耕地面积590万亩,有效灌溉面积300万亩,近3年实灌面积194.4万亩,主要种植作物为小麦、玉米、棉花,复种指数185。赵口灌区骨干渠道为灌排合一渠道,水资源丰富,自1972年开灌以来,已累计引水约88亿m³,灌溉面积7 200多万亩次、补源面积1 300多万亩次。对灌区农、林、牧、副、渔业全面发展起到了显著作用。二期工程建设完成后,可改善灌溉效益面积6.5万亩,对协调区域性粮食安全的平衡起到十分重要的作用。

4.1.2.4　促进贫困地区的人口流动及城镇化建设

习近平同志指出,新型城镇化建设一定要站在新起点、取得新进展。要坚持以创新、协调、绿色、开放、共享的发展理念为引领,以人的城镇化为核心,更加注重提高户籍人口城镇化率,更加注重城乡基本公共服务均等化,更加注重环境宜居和历史文脉传承,更加注重提升人民群众的获得感和幸福感。赵口灌区二期工程,是河南省实施"四水同治"十大水利工程中第七个开工的项目,是国务院确定的172项节水供水重大水利工程之一,也是纳入"全国新增1 000亿斤粮食生产能力规划"的重点水利项目。赵口灌区二期工程建成后,将使灌区面积达到587万亩,比原来增加220.5万亩,成为河南省第一大灌区,全国第四大灌区,可年新增粮食4亿斤以上,对于提高河南省粮食综合生产能力、打造全国粮食生产核心区具有重要支撑作用。赵口引黄工程能够对促进贫困地区的人口流动及城镇化建设起到积极的推动作用。

4.1.2.5　加速周边社会经济的推动

赵口灌区节水改造工程位于河南省黄河南岸豫东平原,为国家172项重大水利建设项目之一,也是河南省粮食生产核心区建设规划的重点项目,范围涉及粮食核心区主体范围内中牟、通许、杞县、太康、柘城和开封市城乡一体化示范区、鼓楼、祥符区等8个县(区)。该工程从赵口引黄闸引水,通过骨干工程和灌区灌排工程系统,解决区域内灌区农业发展和生态补源需求,对加快河南省粮食核心区建设、发展现代农业,改善区域水资源条件、促进区域经济协调发展,改善区域水生态环境、提升水生态文明建设具有重要的促进作用,并且可构建豫东平原输水网络,提高区域水资源配置能力。

4.1.2.6　提高当地区域人民群众生活水平

赵口灌区控制区域基本上为辽阔的豫东平原,地势平坦,海拔为30~85 m,坡降为1:4 000~1:7 000,大部分属淮河流域,境内河渠现状四通八达,既能灌溉又能排涝,是河南省内的粮食主产区。

但该地区水资源严重匮乏,人均水资源量为全国人均水资源量的15%。加之灌区区域人口的增加、城镇化水平的提高、工农业的快速发展对引黄灌区十分短缺的水资源及水环境产生了巨大冲击,需水量的迅速增加以及各部门间竞相开发所导致的不合理利用、水环境日趋恶化,使水资源供需矛盾日益突出。地表水、地下水水质的恶化给灌区的工农业生产和居民生活带来了严重的后果,条件恶劣给水资源的利用造成很大困难,加剧了水资源的供需矛盾,水资源的匮乏严重困扰着地区经济社会的发展,水资源已成为河南省经济发展的制约因素,局部地区已影响国民经济的发展和人民生活水平的提高。当地区域民生急需改善生活条件,赵口灌区的续建配套及节水改造工程的实施,对缓解灌区日益突出的水资源供需矛盾,改善区域生产、生活条件和生态环境以及人民群众的生活水平有着非常重要的意义。

4.2　经济效益评价的理论及方法

4.2.1　经济效益理论与指标

经济效益指工程技术经济活动中的有效成果消耗的对比关系,或符合社会需要的产出与投入的对比关系,简称为"成果与消耗之比"或"产出与投入之比"。经济效益应遵循以下三条基本原则:

一是有效成果原则。有效成果是指对社会有用的劳动成果,即对社会有益的产品或者劳务。有效成果可用使用价值或价值表示。使用价值可以考察产品或者劳务的有用性;价值可以考察产品或者劳务对社会的贡献。

二是全部消耗原则。所谓全部消耗,包括生产过程中的直接劳动消耗、劳动占用及间接劳动消耗三部分。直接劳动消耗是指技术方案在运行中的物化劳动消耗和活劳动消耗。劳动占用是指技术方案从开始实施到停止运行为止长期占用的劳动量。间接劳动消耗是指与技术方案实施在经济上相关单位或部门所发生的消耗。

三是有效成果与劳动消耗相联系原则。在进行经济效益分析时,必须将技术方案的成果与消耗、产出与投入结合起来进行比较,而不能单独使用成果或者消耗指标。

4.2.1.1　经济效益分类

由于考察问题的角度不同,以及经济效益自身的可计量性不同,经济效益可做如下分类:

一是直接经济效益和相关经济效益。直接经济效益,是指通过方案实施可以直接得到的经济效益;相关经济效益,是指与方案经济上相关的单位可以从方案实施中,间接得到的经济效益。

二是企业经济效益和国民经济效益。企业经济效益(财务效益)是技术方案为企业带来的效益;国民经济效益是技术方案为国家所带来的贡献。对技术方案的取舍,应主要取决于国民经济评价结果。

三是有形经济效益和无形经济效益。有形经济效益是指能够用货币量化的效益。无形经济效益是不能用货币量化的效益,由于无形经济效益不能或者不易用货币量化,可采用定性分析方法或者定性分析与定量分析相结合的方法描述。

四是绝对经济效益和相对经济效益。绝对经济效益是指方案本身所取得的经济效益。相对经济效益是指一个方案与另一个方案对比取得的经济效益。

4.2.1.2　经济效益的一般表达

一是差额表示法,是一种用有效劳动成果与劳动消耗之差表示经济效益大小的方法。表达式为

$$E = B - C$$

式中　E——经济效益,也称作净效果指标;

　　　B——有效劳动成果;

　　　C——劳动消耗。

当E大于0时,技术方案可行。这种方法不易衡量技术装备水平和内外部条件差异较大的方案。

二是比值表示法,是用有效劳动成果与劳动消耗之比表示经济效益大小的方法。表达式为

$$E = B/C$$

式中　E——经济效果耗费比,当 E 大于 1 时,技术方案经济上可行。

三是差额-比值表示法,是一种用差额表示法与比值表示法相结合来表示经济效益大小的方法。表达式为

$$E = \frac{B - C}{C}$$

式中　E——经济效果耗费比,当 E 大于 0 时,技术方案在经济上可行。

4.2.1.3　经济效益评价指标

一是价值性指标,是反映效果与消费之差的指标。如静态差额指标有利润额、利税额、附加值等;动态差额指标有净现值、净年金、净终值等。

二是比率性指标,是反映效果与耗费之比,或净效果与耗费之比的指标。静态比率性指标主要有投资收益率、投资利润率、成本利润率等;动态比率性指标主要有内部收益率、外部收益率、净现值率等。

三是时间性指标,是从时间上反映效果与耗费比的指标。常用的时间性指标如投资回收期、贷款偿还期等。

4.2.1.4　经济效益评价标准

一个技术方案应服从国家发展的方针政策,有利于社会的稳定、增加就业、保护环境、改善民生等,满足国家技术规程规范的要求,然后从经济效益的角度判断是否合理。一个技术方案,当价值性指标大于 0、比率性指标满足相关行业或者部门的规定标准时,可以判断该方案经济上合理。如内部收益率、投资回收期,不同的行业或者部门可能有不同的规定标准。

4.2.2　国民经济评价

4.2.2.1　国民经济评价的概念和作用

建设项目经济评价分为国民经济评价和财务评价两个层次。国民经济评价也称国民经济分析,是按照资源合理配置原则,从国家整体角度考察项目的效益和费用,用影子价格、影子工资、影子汇率和社会折现率等国家经济参数分析及计算项目对国民经济的净贡献,评价项目的经济合理性。它是项目经济评价的有机组成部分。

国民经济评价具有以下两个特点:

(1)整体性和系统性。国民经济是一个大系统,每个建设项目都是这个大系统中的一个子系统,国民经济评价就是把建设项目放在国民经济这个大系统中,从国家整体来分析、计算项目给国家这个大系统带来的效益和国家为此而付出的代价(费用)。

(2)引入影子价格——最优化的方法。影子价格也称最优计划价格,是在约束条件下研究系统性规划对偶问题的最优解,是实现资源最优配置的手段。项目国民经济评价中的影子价格能够真实地反映项目投入和产出的经济价值,反映项目建设给国民经济带来的效益和费用,正确评价项目的经济合理性,从而实现资源的优化配置。

目前对国民经济评价的范围有着不同的理解。一个项目对整个国民经济影响是多方面的,项目的国民经济评价究竟对哪些方面的影响进行分析和评价,国民经济评价应包括哪些内容,也就是对国民经济评价的范围有着不同的理解。一种对国民经济评价的狭义理解,认为项目的评价应分为多方面,经济评价应与社会评价分开,经济评价仅仅分析和评价项目对国家经济产生的影响。另一种广义的理解,认为可以将费用和效益的比较方法用于项目影响的各个方面,可以将各种影响的费用和效益化为统一的可比较量,进行总的费用与效益的比较。这种广义的理解,就是要将项目对国民经济各个方面造成的影响,都用统一的经济分析方法,用统一的费用与效益相比较方法,用统一计量单位进行比较,以确定项目总的费用和效益。《建设项目经济评价方法与参数》(第 3 版)基本上采取了广义的国民经济评价概念,也就是要用统一的经济分析方法,用费用和效益的比较方法对项目的各方面影响进行分析评价,用统一的量纲计算和评价。但在具体处理上考虑到有些间接影响经济量化的困难,难以用统一货币衡量这些影响的价值,并不强求一定要将这些影响量化为货币价值,可以用其他的量化方法比较,或者用定性的

描述方法。因此,虽然国民经济评价方法在原则上采用了广义的国民经济评价概念,但在实际操作上做了许多简化,采用了近似于狭义的方法。

国民经济评价是对投资的宏观经济效益进行分析和评价,目的是更有效地分配和利用国民经济资源,最大限度地促进国民经济的增长和人民生活水平的提高。其作用主要有以下几点:

(1)国民经济评价是宏观上合理配置资源的需要。合理的资源配置应能使国民经济目标达到最优化的资源配置,为使国民经济大系统目标达到优化,所选项目应该是对大系统目标优化最有利的项目。而由于市场体系的不完善以及市场功能的局限性等因素,财务评价往往不能全面、正确地反映项目的投入物和产出物的真正经济价值,由财务评价所选择的项目可能不是对国民经济目标优化最有利的项目。因此,为在宏观上合理配置资源,需要对项目进行国民经济评价。

(2)国民经济评价能真实地反映项目对国民经济的净贡献。从国家角度出发,投资目的是取得尽可能大的国民经济效益,项目的取舍应以项目对国民经济净贡献的大小为依据。

(3)国民经济评价是投资决策科学化的需要。科学、合理的投资决策应能有效地促成合适投资规模、合理投资结构和实现好的经济效益。

国民经济评价可以从以下三个方面促进投资决策的科学化:①通过调整社会折现率等来控制一些项目的通过与否,以达到调控投资规模的目的;②通过体现宏观意图的影子价格、影子工资等,可以起到鼓励或者抑制某些行业、区域及某类项目发展的作用;③通过选择国民经济经贡献大的项目,可以保障好的国民经济总体效益。

国民经济评价的意义在于,是站在国家宏观角度,以合理地利用国家资源,使国家获得最大净贡献为准则,来选择最优的项目或方案,因此政府调节这只"看得见的手"来辅助市场机制那只"看不见的手"。我国是社会主义国家,国家和企业的利益在根本上是一致的,但是具体到某一个项目,由于所站的角度不同,有时会发生矛盾,能使企业获得利益的项目,不一定最有效地利用了国家资源;相反的,最有效地利用了国家资源的项目,也不一定能使企业获利。为此,在国民经济评价时,应按照国家的目标和价值尺度,为项目选择提供合理的基础,以反映国家的宗旨、社会的目标,正确评价项目对国民经济的实际影响,并据此审定项目投资计划(包括新建、改建、扩建和正在实施的项目)。

4.2.2.2 国民经济评价的内容和步骤

1. 国民经济效益与费用的识别

在国民经济评价中,应该从整个国民经济的角度来划分和考察投资方案所形成的投资项目的效益和费用。效益是指项目对国民经济所作的贡献,包括项目本身的直接效益和项目带来的间接效益;费用是指国民经济为项目所付出的代价,包括项目本身的直接费用和由项目引起的间接费用。对转移支付和应对外部效果费用进行重点分析。

2. 影子价格的确立

在国民经济评价中,应选择既能够反映资源本身的真实经济价值,又能够反映供求关系和国家经济政策的影子价格。稀缺物质的合理利用和符合国家经济政策的经济价格(如影子价格),按照国家规定和定价原则,合理选用和确定投入物与产出物的影子价格和参数,并对其进行鉴定和分析。

3. 基础数据的调整

影子价格确立以后,应将项目的各项经济基础数据按照影子价格进行调整,计算项目的各项国民经济效益和费用。

4. 编制报告表

根据调整、计算所得项目各项国民经济效益和费用数值,编制国民经济评价报表,包括基本报表和辅助报表。

5. 国民经济评价指标分析

根据国民经济评价报表及社会折现率等经济参数,计算项目的国民经济评价指标,分析项目的国民经济效益和经济合理性。此外,还应对难以量化的外部效果进行定性分析,以及从整个社会角度来考察和分析项目对社会进步目标的贡献,即进行所谓的社会效果分析。

6.进行不确定性分析

从国民经济角度分析项目可能面临的风险以及项目的抗风险能力,一般包括经济敏感性分析,有条件或需要时还应进行概率分析。

7.对方案经济效益比选的评价

方案经济效益比选一样可以采用净现值或差额收益率法。而对于效益相同的方案或效益基本相同又难以估算的方案,可以采用最小费用法(如总费用现值比较法和年费用比较法)。方案经济效益比选应遵循宏观和微观、技术和经济相结合的原则进行。方案经济效益比选的结论应通过国民经济评价和财务评价综合分析后确定。

8.做出评价结论和建议

从上述确定性分析与不确定性分析结果,对项目的经济合理性做出判断,并结合项目的财务评价结果,做出项目经济评价的最终结论,提出相应意见。

项目国民经济综合评价,从国家整体利益出发,考虑到政治目标、经济目标、社会目标、环境保护、生态平衡、合理利用和保护自然资源以及国防需要等各种因素,使宏观效果与微观效果相结合,并用系统的、整体的和综合的观点,从经济、技术、社会、政治和军事等各方面,全面分析和综合评价建设项目的可行性。

4.2.2.3　国民经济费用效益识别

确定项目经济合理性的基本途径是将项目的费用和效益进行比较,进行国民经济评价首先要对项目的费用和效益进行识别和划分,也就是要认清所评价的项目在哪些方面对国民经济产生费用,在哪些方面产生效益。

1.识别费用效益的基本原则

费用和效益都是相对于目标而言的。效益是对目标的贡献;费用是对目标的负贡献。财务评价以投资人(或项目)净收入最大化为目标,凡是增加投资人(或项目)收入的就是财务收益;凡是减少投资人(或项目)收入的就是财务费用。国民经济评价以社会资源的最优配置从而使国民收入最大化为目标,凡是增加国民收入的就是国民经济效益;凡是减少国民收入的就是国民经济费用。识别费用效益的基本原则体现在以下两个方面:

(1)系统边界。国民经济评价从国民经济的整体出发,其系统分析的边界是整个国家。国民经济评价不仅需要识别项目自身的直接经济效果,而且需要识别项目对国民经济其他部门和单位产生的效果,即外部效果;不仅应识别可以用货币计量的有形效果,还应识别难以用货币计量的无形效果。

(2)追踪的对象。国民经济评价以实现资源最优配置,从而保证国民收入最大增长为目标,而国民收入(这里指 GDP)是由全社会最终产品的总和所决定的。牢记国民经济评价追踪的对象是资源的变动,而不是货币的流动,这是正确识别费用和效益的关键。对一个投资项目来说,项目的资源投入意味着减少了这些资源在国民经济其他方面的可使用量,从而减少了国民经济其他方面的最终产品产出量,正是从这种意义上说,该项目对资源的使用产生了国民经济费用。同样的道理,项目的产出是国民经济效益,是由于项目的产出能够增加社会资源——最终产品的缘故。由此不难理解,在考察国民经济费用和效益的过程中,其追踪的对象不是货币,而这从项目投入和产出所产生的社会资源的变动。凡是减少社会资源的项目投入都产生国民经济费用;凡是增加社会资源的项目产出都产生国民经济效益。

2.直接费用和间接费用

项目的直接效果更是由在项目向国民经济大系统提供产品或劳务而对国民经济做出的直接贡献。直接效益的确定一般可以分为两种情况:①如果项目产出物用以增加国内市场的供给量,其效益就是这部分增加量所满足的国内需求的价值,等于对这部分增加供给量的消费者支付意愿。②如果项目产出物未导致国内市场供应量的相应增加,如项目产出物用于出口,其效益为所得外汇的经济价值;如项目产出物用于替代进口,其效益等于所节约外汇的经济价值;如项目产出物用于替代国内原生产企业的部分或全部产品,其效益为原生产企业减少生产或停止生产而减少向社会所释放的资源,它的价值等于这部分资源的支付意愿。

　　项目的直接费用是指因项目建设和生产耗费的直接投入而使国民经济为项目所付出的代价。直接费用的确定一般分为两种情况:①如果项目的投入物来自国内生产量的增加,费用就是增加国内生产所消耗资源的经济价值。②如果项目投入物的国内生产量保持不变,如项目投入物来自进口,费用等于所花费外汇的经济价值;如果项目投入物来自出口减少,其费用等于所减少外汇收入的经济价值;如项目投入物来自对其他项目供应量的减少,其费用为其他项目因此而减少的效益,等于其他项目对这部分投入物的支付意愿。

3. 外部效果的识别

　　投资项目除会产生与其投入与产出所对应的直接费用和直接效益外,还会对社会其他部门产生间接费用和(或)间接效益。这种间接费用和(或)间接效益统称为项目的外部效果。外部效益是指项目对社会做出了贡献,而项目本身并没有得到好处的那部分效益。外部费用是指国民经济为项目付出了代价,而项目本身并没有实际支付的费用。外部效果是国民经济评价所特有的费用或者效益项,其识别和计量都是比较困难的。

　　通常外部效果是较难计算的,为了减少计算上的困难,首先应力求明确项目范围的"边界"。一般情况下,可扩大项目的范围,把一些相互关联的项目合在一起作为"项目群"进行评价,使项目的外部效果内部化,在进行项目国民经济评价时,对一些外部效果明显的项目,要分情况进行具体的分析。事实上,国民经济评价中采用的影子价格应在一定程度上考虑了外部效果,是项目的某些"外部效果"在项目的内部得到体现。同时为了防止外部效果的扩大化,一般只要求计算一次相关的效果。对不能定量计算的外部效果,应做定性的描述。

4. 转移支付

　　转移支付是指系统内部所发生的费用和效益的相互转移,它并没有发生实际的资源消耗(或增加)。在项目国民经济评价中,国家作为一个大系统,其内部发生的某些费用和效益仅仅只是互相转移,但并没有发生实际资源的增加和减少,这部分费用和效益称为国民经济内部的"转移支付"。

　　在国民经济评价中,有四种常见的直接转移支付,即是税款、补贴、国内贷款和其债务偿还(还本付利息)。税收和利息等转移支付虽然不是资源费用,但是它们对收入再分配,或许还对储蓄,却有重要的影响。如果政府希望将项目选择作为改进收入分配和增加储蓄的手段,那么在确定项目的费用和效益时,就应该将这些转移支付也考虑在内,并将其他反映在生产要素投入的影子价格和项目所产生的收入中。

　　识别某项费用或效益是不是转移支付,需要注意两点:第一要看这一费用或效益是不是仅限在系统内部发生,如果同系统外部有联系就肯定不是"转移支付",如国外借款的还本付利息与系统外部有联系,不应看作为转移支付。第二,判断是否发生实际的资源变化(耗用或增加),没有发生资源变化的属转移支付。转移支付在国民经济评价中既不作为费用也不作为效益。如关税和销售税金及附加、国内借款利息等在国民经济评价中都不应计为费用,不应体现在国民经济效益费用流量表的费用流出中,在以财务评价为基础进行调整来进行国民经济评价时,要注意从现金流中剔除这部分费用。

5. 无形效果

　　几乎所有的投资项目都有无形费用和无形效益,它们统称为无形效果。它们包含了各个方面的因素,诸如收入分配、地区均衡发展、生态平衡、社会安定、国家安全等。这些无形效果是真实存在的,这是进行项目选择时需要考虑的,因此需要仔细地进行识别。

　　对于无形效果占主要地位的项目,应采用相同效果下的费用比较法或者多目标决策方法。但是,这些方法只能给出方案之间相对比较的结论,并不能给出方案本身的绝对经济效果。

6. 影子价格

　　项目投入物和产出物财务价格并不是总能够正确反映对国民经济的真实价值,因此有必要引出一套不同于财务价格的、能够反映项目投入物和产出物真实价值的影子价格。所谓影子价格,是指根据一定原则确立的、比财务价格更为合理的价格。这里所谓的合理,是指应能更好地反映产品的价值、反映市场供求情况、反映资源的稀缺程度,应能使资源配置向优化方向发展。

国民经济评价虽然不能简单地采用交换价格,但是现实经济中的交换价格毕竟是对资源价格的一种估价,而且这种价格信息又是最大量、最丰富地存在于现实经济之中的,所以获得影子价格的最基本途径是以交换价格为起点,将交换价格调整为影子价格。一般而言,项目投入物的影子价格就是他的机会成本——资源用于国民经济其他意图时的边际产出价值,即资源用于该项目而不能用于其他意图所放弃的边际效益。项目产出物的影子价格就是用户的支付意愿——用户为取得产品所愿意支付的价格。

4.2.3　财务评价

财务评价是根据国家现行财税制度和价格体系,分析、计算建设项目(技术方案)直接发生的财务效益和费用,编制财务报表,计算评价指标,考察项目的盈利能力、清偿能力,以及外汇平衡能力等财务状况,据以判别项目的财务可行性。

财务评价具有以下特点:①评价目标。财务评价的目标是追求项目投资给企业(或投资主体)带来的财务收益(利润最大化)。②评价角度。财务评价是站在项目投资主体或项目系统自身角度进行的经济评价。③费用和效益的识别。财务评价中的费用,是指由于项目的实施给投资主体带来的直接费用支出;财务评价中的效益,是指由于项目的实施给投资主体带来的直接收益。④价格。财务评价中,费用和效益的计算均采用市场价格。⑤主要参数。财务评价中,利率和汇率、税收及折旧等,均按国家现行财税制度的规定执行。

4.2.3.1　财务评价的参数选取

财务评价的基础数据依据和参数选取是否合理,直接影响财务评价的结论,在进行财务分析计算前,应做好这项基础工作。

1. 财务评价

财务评价是对拟建项目未来的效果增加与费用进行分析,应采用预测价格。预测价格应考虑价格变化因素,即各种产品相对价格变动和价格总水平变动(通货膨胀或者是通货紧缩)。由于建设期和生产经营期的投入产出情况不同,应区别对待。基于在投资估算中已经预留了建设期涨价预备费,因此建筑材料和设备等投入物,可采用一个固定的价格计算投资费用,其价格不必年年变化。生产运营期的投入物和产出物,应根据具体情况选用固定价格或变动价格进行财务评价。①固定价格,是指在项目生产运营期内不考虑价格相对变化和通货膨胀影响的不变价格,在整个生产运营期内都采用预测的固定价格,计算产品销售收入和原材料、燃料动力费用。②变动价格,是指在项目生产运营期内考虑价格变动的预测价格。变化价格又分为两种情况:一是只考虑价格相对变化引起的变动价格;二是既考虑价格相对变化,又考虑通货膨胀因素引起的变化价格。采用变动价格是预测在生产经营期内每年的价格都是变化的。为简化起见,有些年份可以采用同一个价格。进行盈利能力分析时,一般采用只考虑相对价格变化因素的预测价格,计算不含通货膨胀因素的财务内部收益率等盈利性指标,不反映通货膨胀因素对盈利能力的影响。进行偿还债务能力分析,预测计算期内可能存在比较严重的通货膨胀时,应采用包括通货膨胀影响的变动价格计算还债能力指标,反映通货膨胀因素对偿还债务能力的影响。在财务评价中计算销售(营业)收入和生产成本所采用的价格,可以是含增值税价格,也可以是不含增值税的价格,应在评价时说明采用哪种计价方法。

2. 税费

财务评价中合理计算各种税费,这是正确计算项目效益和费用的重要基础。财务评价涉及的税费主要有增值税、营业税、资源税、消费税、所得税、城市维护建设税和教育费附加等。进行评价时应说明税种、税基、税率、计税额等。如有减免税收优惠,应说明政策依据以及减免方式和减免金额。

3. 借款利率

借款利率是项目财务评价的重要基础数据,用以计算借款利息。采用固定利率的借款项目,财务评价直接采用约定的利率计算利息。采用浮动利率的借款项目,财务评价时应对借款期内的平均利率进行预测,采用预测的平均利率计算利息。

4.汇率

财务评价汇率的取值,一般采用国家外汇管理部门公布的当期外汇牌价的卖出、买入中间价。

5.计算期

财务评价计算期包括建设期和生产运营期。生产运营期,应根据产品生命期、主要设施和设备的使用寿命期、主要技术的寿命期等因素确定。

6.生产负荷

生产负荷是指项目生产运营期内生产能力的发挥程度,也称为生产能力利用率,以百分比表示。生产负荷是计算销售收入和经营成本的依据之一,一般应按项目投产期和投产后正常生产年份分别设定生产负荷。

7.财务基础收益率

财务基础收益率是项目财务内部收益率指标的基准和判断依据,也是项目在财务上是否可行的最低要求,也用作计算财务净现值的折现率。如果有行业发布的本行业基准收益率,就用它作为项目的基准收益率;如果没有行业规定,那么由项目评价人员设定。

4.2.3.2　财务评价费用和效益

费用和效益识别的基础是项目经济评价的目标。费用和效益都是相对评价目标而言的,是以评价目标来定义的。效益就是对评价目标的贡献;费用则是对评价目标的反贡献,是负效益。在项目经济评价中,费用与效益处于追求目标下的对立统一。没有费用,就没有效益。

为了与国民经济评价中的费用和效益相区别,习惯上把财务评价中的费用称为支出,效果称为收益。支出是指以企业(实施者或投资主体)或建设项目系统自身为系统边界,由于建设项目实施发生的货币支付(从企业内流向企业外的货币),也称直接费用或现金流出。收益是指以企业或建设项目系统自身为系统边界,由于建设项目实施而带来的货币收入(从企业外流向企业内的货币),也称为直接收益或现金流入。

要识别费用和收益,首先必须明确计算费用、收益的范围。一个项目的投资可能不仅涉及所在的厂区,而且涉及厂外运输、能源等公共设施,除用在直接生产的厂房、设备,还可能用于辅助设施;除有物料、燃料的直接消耗,还可能有其他之间连接消耗或损失。由于财务分析以企业盈利性为标准,所以在判断费用、收益的计算范围时只计入企业的支出和收入。对于那些虽由项目实施所引起但不为企业所支付或获取的费用和收益,就不予计算。

建设项目或技术方案的财务收益(现金流入)主要由以下几项组成:①销售收入。包括提供服务的收入。②资产回收。指寿命期末回收的固定资产余额和流动资金。③补贴。指国家或有关部门为鼓动和扶持某些项目的开发或技术方案的实施而给予的补贴。

建设项目或技术方案的财务费用(现金流出)主要由以下几项组成:①投资,包括固定资产投资(含无形及递延资产投资)和流动资产投资。②税款,包括销售税金及附加和所得税。③经营成本(经营费用),即总成本费用中需要以现金支付的部分。

4.2.3.3　财务评价的内容和步骤

财务评价是从投资项目或企业角度对项目进行的经济分析,与财务评价相对应的是从国家或者社会的角度进行的国民经济评价。从原则上说,为了在全国范围内合理地分配资源,项目的取舍应考虑国民经济评价的结果。但是企业是独立的经营单位,是投资后果的直接承担者,因此财务评价是企业投资决策的基础。

财务评价的主要内容和步骤如下:

(1)在对投资项目的总体了解和对市场、环境、技术方案充分调查与掌握的基础上,收集预测财务评价的基础数据。这些数据主要包括:预计的产品销售量及各年度产量;预计的产品价格,包括近期价格和预计的价格变化幅度;固定资产、流动资金投资和其他投资估算。成本费用及其构成估算。这些数据大部分是预测数据,因此这一步骤又称为财务预测。

(2)编制资金规划与计划。对可能的资金来源和数量进行调查和估算。例如:可筹集到的银行贷款种类,企业未来各年可用于偿还债务的资金量等;根据项目实施计划,估算出逐年投资量;计算逐年债务偿还额。在此基础上编制出项目寿命期内资金来源和运营计划。这个计划可以用资金来源与运用表来表示。

(3)计算和分析财务效果。根据财务基础数据和资金规划,编制财务现金流量表。根据这些可以计算出财务评价的经济效果指标。这项内容有时要和资金规划同时进行,利用财务评价的结果可以进一步分析和调整资本金规划。

4.2.4　国民经济评价与财务评价的差异分析

4.2.4.1　概念区别

国民经济评价是从国家的角度考察项目需要国家付出的代价和对国家的贡献,也就是所产生的国民经济效益,以确定项目的宏观可行性。国民经济评价是按照合理配置的原则,从国家整体角度考察和确定项目的效益和费用,采用社会折现率、影子汇率、影子工资、货物影子价格等经济参数,分析、计算项目给国民经济带来的净贡献,以考察项目的经济合理性,为投资决策提供宏观上的依据。财务评价是从企业的角度考察项目的货币收支和盈利能力及贷款偿还能力,以确定项目的财务可行性。

对于建设项目,公益性的水利工程,特别是涉及国民经济许多部门重大的和对国计民生具有重大影响的建设项目,不仅要从企业角度进行财务评价,而且更为重要的是要从国家、社会的角度进行国民经济评价,因为这些公益性的水利工程则主要以其国民经济评价结论作为方案选择的重要依据。国民经济评价通常简称经济评价。国民经济评价与财务评价之间既有相同点又有区别,它们的联系也是很紧密的。

它们的共同点在于两者评价的目的都是以尽可能小的投入获得最大的产出;两者的基础工作是相同的,即两者都是在完成产品需求预测、技术方案确定后、投资估算和资金筹措的基础上进行的。两者运用的理论方法以及所遵循的原则是相同的,都是用效益—费用比的方法,都遵循效益及费用的识别有无对比的原则;都考虑时间价值,进行动态分析,通过基本报表计算净现值、内部收益率等指标。

它们的区别在于评价的角度和基本出发点不同,效益和费用的划分含义也不相同,它们运用的价格体系也是不同的。另外,财务评价采用的是官方汇率、行业基准收益率;国民经济评价则采用影子汇率和社会折现率。评价的内容也略有不同。财务评价要进行盈利能力分析、偿债能力分析、财务生存能力分析;国民经济评价则只分析项目的经济效益。

4.2.4.2　国民经济评价和财务评价的联系

国民经济评价和财务评价的共同之处在于:它们都使用费用和效益比较方法,即都要寻求以最小投入获取最大产出,都采用现金流量分析方法与报表分析方法,计算内部收益率、净现值等经济盈利性指标。

4.2.4.3　国民经济评价和财务评价的区别

(1)两种评价的角度和基本出发点不同。财务评价是站在项目层次,从项目经营者、投资者、债权人角度,分析项目财务上能够生存的可能性,分析实际收益或损失,分析投资或贷款的风险和收益。国民经济评价则是站在国家和区域层次上,从全社会角度分析评价比较项目对国民经济的费用和效益。

(2)项目费用、效益的含义和范围划分不同。财务评价只根据项目直接发生的财务收支,计算项目的费用和效益。国民经济评价则是从全社会角度考察项目的费用和效益,考察项目所消耗的有用社会资源和对社会提供的有用产品,不仅要考虑直接的费用和效益,还要考虑间接的费用和收益,即外部效果。而项目的有些收入和支出从全社会角度考虑,不能作为社会费用或收益,例如税金和补贴、国内银行贷款利息等均视为转移支付。

(3)评价采用的价格体系不相同。财务评价使用实际的项目财务收支价格,国民经济评价则使用影子价格体系。

(4)使用的评价参数不相同。财务评价采用行业基准收益率或银行贷款利率。国民经济评价采用国家统一测定的影子汇率和社会折现率等参数。

(5)评价内容有区别。财务评价有两个方面:一是盈利能力分析,另一个是清偿能力分析,也就是要分析项目财务收支预算的松紧程度,分析项目借款偿还能力,而国民经济评价则仅仅只有盈利性分析。

国民经济评价和财务评价的区别除以上几个方面外,还有其他方面,详细见表4-1。

表 4-1　国民经济评价和财务评价的区别

序号	评价类别	国民经济评价	财务评价
1	评价角度	从国家角度	从经营者角度
2	评价目的	项目对国民经济的净贡献,即国民经济净效益	项目货币收支和盈利状况及贷款偿还能力
3	评价参数	影子价格、影子汇率、社会折现率	市场价格、官方汇率、基准收益率
4	评价的效果	考虑直接费用和间接费用及效益(内部效果和外部效果)	考虑直接费用和效益(内部效果)
5	物价变动因素	不考虑	考虑
6	税收和补贴	不考虑	考虑
7	折旧	不考虑	考虑
8	贷款和归还	不考虑	考虑
9	国内主要评价指标	经济净现值、经济内部收益率、经济换汇成本、经济投资回收期	财务净现值、财务内部收益率、借款偿还期、投资回收期等

财务评价和国民经济评价的结果有时是不一致的,甚至导致相反的结论。财务评价和国民经济评价的结果不外乎以下四种情况:①两种评价均认为可行,那项目可以取;②两种评价均认为不可行,那项目不可取;③财务评价认为不可行,而国民经济评价认为可行,则需采取必要的优惠政策措施,使财务评价成为可行;④财务评价认为可行,而国民经济评价认为不可行,那么可以否定该项目,或在可能时,重新考虑方案,进行所谓的"再设计"。

4.2.5　不确定性分析

为了提高技术经济分析的科学性,减少评价结论的偏差,就需要进一步研究某些技术经济因素的变化对技术方案经济效益的影响,于是就形成了不确定性分析。不确定性分析是对生产、经营过程中各种事前无法控制的外部因素变化与影响所进行的估计和研究。经济发展的不确定因素普遍存在,如基本建设中就有:投资是否超出、工期是否拖延、原材料价格是否上涨、生产能力是否能达到设计要求等。为了正确决策,需进行技术经济综合评价,计算各因素发生的概率及对决策方案的影响,从中选择最佳方案。其基本分析方法有盈亏分析、敏感性分析、概率分析,主要计算方案的损益值、后悔值、期望值。决策在实施过程中,将受到许多因素的影响。产生不确定性的因素如下:

(1)未来经济形势的变化,如通货膨胀和物价变动。

(2)技术进步使技术装备和生产工艺变革。

(3)生产能力的变化。

(4)建设资金和工期的变化。

(5)国家经济政策和法规、规定的变化。例如,企业的经营决策将受到国家经济政策调整、市场需要变化、原材料和外协件供应条件改变、产品价格涨落、市场竞争加剧等因素的影响,这些因素大都无法事先加以控制。

因此,为了做出正确决策,需要对这些不肯定因素进行技术经济分析,计算其发生的概率及对决策方案的影响程度,从中选择经济效果最好(或满意)的方案。

进行不确定性分析,需要依靠决策人的知识、经验、信息和对未来发展的判断能力,要采用科学的分析方法。通常采用的方法有:①计算方案的损益值。即把各因素引起的不同收益计算出来,收益最大的方案为最优方案。②计算方案的后悔值。即计算出由于对不确定因素判断失误而采纳方案的收益值与最大收益值之差,后悔值最小的方案为最佳方案。③运用概率求出期望值,即方案比较的标准值,期望值最好的方案为最佳方案。④综合考虑决策的准则要求,不偏离规则。概括起来就是,不确定性分析可分为盈亏平衡分析、敏感性分析、概率分析和准则分析。

其中,盈亏平衡分析只用于财务评价,敏感性分析和概率分析可同时用于财务评价和国民经济评价。

4.2.5.1　盈亏平衡分析

盈亏平衡分析主要研究项目收入和支出的平衡关系,通常是根据项目达到设计生产能力后的产品产量、成本、价格等方面的数据确定项目的盈亏平衡点(Break Even Point,BEP),并据此分析产品产量、生产能力利用率、产品价格等因素对项目盈亏的影响。

盈亏平衡点是指对某一因素而言,当其值等于某数值时,总收入和总支出相等,此数值即为该因素的盈亏平衡点。在该点上,项目既不盈利也不亏损,处于收支平衡的保本状态,所以盈亏平衡分析又叫作保本分析或损益临界分析。盈亏平衡分析是项目不确定分析中常用的、比较简单的方法。

4.2.5.2　敏感性分析

敏感性分析又称敏感度分析,是投资项目决策中常用的一种不确定性分析方法。在效益费用的计算分析中,由于不确定性因素的存在,会直接影响项目经济效益指标的可靠性,不同的不确定性因素对经济指标的影响是不同的,我们把那些对项目经济指标影响较大的不确定性因素称为敏感因素;对经济指标影响较小的不确定性因素称为非敏感因素。所谓敏感性分析,就是通过计算各种不确定性因素的变化对项目的风险程度。敏感性分析的作用如下:

(1)弄清哪些客观因素对项目的经济效益影响最大,即哪些因素属敏感因素。

(2)预测出敏感因素变化到什么程度,项目的经济效益会低于规定的衡量标准,即经济效益上由可行变为不可行。

(3)选择一个或几个最敏感的因素,预测其出现最不利的变化幅度的可能性,进而得出项目的风险程度,并提出有针对性的预防措施,提高项目决策的可靠性。

敏感性分析一般是在用动态分析进行经济分析以后,在调整现金流量的基础上进行的。敏感性分析方法有单因素分析法、多因素分析法。

4.2.5.3　概率分析

概率是对随机事件在未来发生可能性大小的一种度量,经济评价中的概率分析方法主要是通过研究各种不确定性因素发生变动的概率分布,对方案的净现值、内部收益率、投资回收期等主要经济效果指标的概率分布做出判断,通过计算这些指标的几个重要参数(常见的是期望和方差),计算一些相关的概率,给出项目所承受风险的量化描述。

4.2.5.4　风险分析

风险分析的实质就是项目运行过程中对项目可行性产生重要影响的不确定因素。项目风险的分析主要体现在两个方面:一是不确定因素出现的可能性的大小;二是不确定因素对经济评价的影响。通过不确定因素分析,以估计项目可能承担的主要风险,确定项目在经济上的可靠性。不确定因素分析主要包括盈亏平衡分析、敏感性分析、概率分析。

4.3　国民经济评价的主要指标

国民经济评价指标体系大体可以分为两类:一是经济效果指标;二是社会效果指标(见图4-8)。其中,经济效果指标是定量计算的指标,而社会效果指标主要说明无形效果。

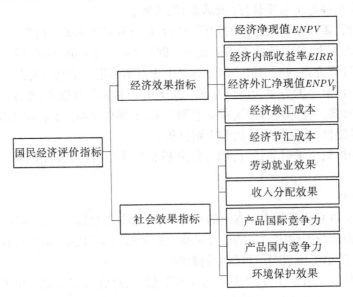

图 4-8　国民经济评价指标体系

项目的经济效益指标主要考察项目的国民经济盈利能力。为此目的,需要编全部投资的国民经济效益费用流量表,并据此计算全部投资经济内部收益率和经济净现值指标。对使用国外贷款的项目,还应编制国内投资国民经济效益费用流量表,并据此计算国内经济内部收益率和经济净现值指标。对于产出物出口(含部分出口)或替代进口(含部分替代进口)的项目,应进行外汇效果分析。外汇效果分析需要编制经济外汇流量表及国内资源流量表,计算经济外汇净现值、经济换汇成本或经济节汇成本指标。

社会效果主要是无形效果,社会效果指标可以分为两类:第一类,用定量形式表示的社会效果评价指标,主要有劳动就业效果指标(包括总就业效果、直接就业效果和间接就业效果)、收入分配效果指标、产品国际竞争力指标、产品国内竞争力指标和环境保护效果指标等。第二类,用定性指标表示的社会效果指标。主要有先进技术的引进、社会基础设施、生态平衡、地区开发和经济发展、人口结构以及文化素质改变,以和审美、政治、军事等方面定性分析指标。

项目国民经济评价最主要的内容是国民经济盈利能力分析,《建设项目经济评价方法与参数》(第3版)规定,项目国民经济盈利能力评价指标是"经济内部收益率"和"经济净现值"。其中,经济内部收益率是项目国民经济评价的主要指标,项目国民经济评价必须计算这一指标,并用这一指标表示项目经济盈利能力的大小。

经济内部收益率(EIRR)是项目在计算期内各年经济净效益流量累计现值等于零时的折现率。

$$\sum_{t=1}^{n} (B - C)_t (1 + EIRR)^t = 0$$

式中　　$EIRR$——经济内部收益率;

B——效益流入量;

C——费用流出量;

$(B-C)_t$——第 t 年的经济效益流量;

n——项目的计算期,以年计。

经济内部收益率可由定义式用数值解法求解,手算可以用试差法,利用现成的软件程序或函数由各年的净效益流量求解经济内部收益率。

经济内部收益率($EIRR$)是从国民经济评价角度反映项目经济效益的相对指标,它显示出项目占用的资金所能获得的动态收益率。项目的经济内部收益率等于或大于某一基准值时,表明项目对国民经济的净贡献达到或超过了预定要求。《建设项目经济评价方法与参数》(第 3 版)规定用社会折现率作为经济内部收益率的基准值。

经济净现值(ENPV)是指用社会折现率将项目计算期内各年净效益流量折算到项目建设期初的现值之和。经济净现值的表达式为:

$$ENPV = \sum_{t=1}^{n} (B - C)_t (1 + i)^{-t}$$

式中　i——社会折现率。

经济净现值(ENPV)是反映项目对国民经济净贡献的绝对指标。项目的经济净现值等于或大于零表示国家为拟建项目付出代价后,可以得到符合社会折现率所要求的社会盈余,或者可以得到超额的社会盈余,并且以现值表示这种超额社会盈余的量值。经济净现值大于或等于零,表示项目的盈利性达到了基本要求。经济净现值越大,表明项目所带来的经济效益的绝对值量越大。

不同的评价对象、评价口径,项目的效益流入和流出的定义是不一样的,《建设项目经济评价方法与参数》(第 3 版)规定了两种经济盈利能力评价口径:全投资与国内投资。前者是不考虑项目的投资资金是怎样筹集的,将全部投资都假定为国内投资,分析项目国民经济的经济效益,这种口径的盈利能力分析是针对全部投资的,所以相应的指标称为全投资经济内部收益率和全投资的经济净现值。国内投资盈利能力评价要考虑项目建设投资资金的筹集方式,考虑从外国借款获得资金以及其他方式从国外获得资金对项目盈利能力造成的影响,这种口径的盈利能力分析是针对国内投资的,所以相应的指标称为国内投资经济内部收益率和国内投资经济净现值。对两种评价口径,《建设项目经济评价方法与参数》(第 3 版)在两个报表中规定了相应的国民经济效益流入和费用流出的项目范围。

根据我国国民经济发展的宏观社会经济发展目标,在项目的国民经济评价中,除采用上述主要经济评价指标作为项目取舍的基本判别标准外,还需设置一个衡量项目对社会贡献大小的辅助评价指标。辅助评价指标,按其衡量方式可分为两类:用定量的价值形式表示的社会经济效果指标,主要有劳动就业效果、收入分配效果、节能效果等效果指标;用非定量化的定性指标表示的社会效果指标。例如先进技术的引进、社会基础设施、生态平衡、资源利用、地区开发和经济发展、城市建设的发展等方面的社会效果指标。上述这些社会经济效果和社会效果等指标,具有相对重要性,应根据建设项目的特点及其在国民经济中的地位,以及项目所在地区的社会经济结构等因素进行社会效果指标选择,并需符合国家现行的经济建设方针政策。总的说来,这些指标在项目决策时,对建设项目的取舍具有相对的重要作用,在一般情况下都只能作为附加或伴随条件来考虑;当然,也并不排除在某些情况下它能起到一定的决定性作用。

4.4　财务评价的主要指标

建设项目财务评价是根据评价项目财务经济效果而设定的。从本质上说,它应能反映生产的两个方面,即反映项目投入(花费)与产出(所得)的关系。财务评价指标不同于一般的技术指标和技术经济指标。20 世纪 50 年代,在项目设计中衡量项目的投资经济效果,通常采用基建投资费用、产品成本和劳动生产率三个指标,而不采用利润指标。在方案比较中,采用差额投资(指固定资产投资)回收期(固定资产投资差额除以两个方案的产品成本差额)和差额投资效果系数(投资回收期的倒数)。20 世纪50 年代末到 60 年代初,国外经济评价方法有了较大发展。由于在项目评价中,引入了"等值"技术(通过利息使不同时间的货币"价值"相等的技术),从而为项目不同时期发生的收支和各个方案在同等基础上进行经济计算、分析和评价提供了重要方法,即所谓的"动态方法"(折现方法)。同时,伴随着运筹学、概率论与数理统计、数据处理方法在生产中的应用,以及系统工程、计量经济学、优化技术等学科的发展,扩大了经济分析和评价的量化范围,但任何一种评价方法和任何一个评价指标,都是从一个固定角度、一个侧面或几个侧面来反映项目的经济效果,总会带有一定的局限性。因此,需要制定一组评价指标(指标体系)。在财务评价中,除设有主要指标外,还应设有辅助指标和补充指标,进行各种辅助和补充分析。常用的财务评价指标如图 4-9 所示。

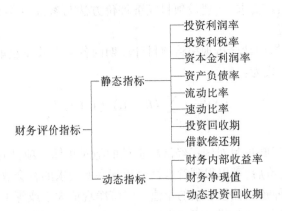

图 4-9　财务评价指标

　　上述评价指标可通过前述相应的基本财务报表直接或间接求得,并进一步进行财务盈利能力分析、财务清偿能力分析、财务外汇平衡分析等。此外,也可以根据项目特点和实际需要,进行其他辅助分析。

4.4.1　财务内部收益率

　　财务内部收益率是指项目在整个计算期内各年净现金流量现值累计等于零的折现率,它是评价项目盈利能力的动态指标。其表达式为:

$$\sum_{t=1}^{n}(CI-CO)_t(1+FIRR)^{-t}=0$$

式中　CI——现金流入量;

　　　　CO——现金流出量;

　　　　$(CI-CO)_t$——第 t 年的净现金流量;

　　　　n——计算期年数。

　　财务内部收益率可根据财务现金流量表中净现金流量,用试差法计算,也可以采用专用软件的财务函数计算。按分析范围和面对对象不相同,财务内部收益率分别为项目财务内部收益率、资本金收益率(资本金财务内部收益率)和投资各方收益率(投资各方财务内部收益率)。项目财务内部收益率($FIRR$)的判别依据,应采用行业发布或者评价人员设定的财务基准收益率(i_c),当 $FIRR>i_c$,即认为项目的盈利能力能够满足要求。资本金和投资各方收益率应与出资方最低期望收益率相比较,判断投资方收益水平。

4.4.2　财务净现值

　　财务净现值是指按设定的折现率计算的项目计算期内各年净现金流量的现值之和。计算公式为:

$$FNPV=\sum_{t=1}^{n}(CI-CO)_t(1+i_c)^{-t}$$

式中　i_c——设定的折现率。

　　财务净现值是评价项目盈利能力的绝对指标,其反映项目在满足按设定折现率要求的盈利之外,获得的超额盈利现值。财务净现值等于或大于零,表明项目的盈利能力达到或超过按设定的折现率计算的盈利水平。一般只计算所得税前财务净现值。

4.4.3　全部投资回收期

　　全部投资回收期可分为静态全部投资回收期和动态全部投资回收期。

　　静态全部投资回收期是指以项目的净收益偿还项目全部投入资本(固定资产投资和流动资金等)所需要的时间,一般以年为单位,并从项目建设期第 1 年算起。它是考察项目在财务上的投资回收能力的主要静态指标。如果从项目投产年算起,应予以特别注明。其表达式为:

$$\sum_{t=1}^{p_t} (CI - CO)_t = 0$$

动态全部投资回收期是按现值法计算的投资回收期,其表达式为:

$$\sum_{t=1}^{p_t'} (CI - CO)_t (1 + i_c)^{-t} = 0$$

动态投资回收期可直接从财务现金流量表(全部投资)中的累计净现值计算求得。与静态投资回收期相比,动态投资回收期的优点是考虑了现金收支的时间因素,能真实反映资金的回收时间。缺点是要进行现值计算,比较麻烦。在投资回收期不长或折现率不高的情况下,两种投资回收期的差别可能不大,不致影响项目评价或方案比选的结论。但在静态投资回收期比较长的情况下,两种投资回收期的不同有可能是比较明显的。

4.4.4　投资利润率

投资利润率是指项目在计算期内正常生产年份的年利润总额(或年平均利润总额)与项目投入总资金的比率,它是考察单位投资盈利能力的静态指标。将项目投资利润率与同行业平均投资利润率相比较,判断项目的获利能力和水平。

4.4.5　投资利税率

投资利税率是指项目达到设计生产能力后的一个正常年份的年利润总额或项目生产期内的平均利税总额与项目总投资的比例。将投资利润税和行业平均投资利税率相比较,以判别单位投资对国家积累的贡献水平是否达到本行业的平均水平。

4.4.6　资本金利润率

资本金利润率是指项目达到设计生产能力后的一个正常年份的年利润总额与资本金的比例,它反映投资项目的资本金的盈利能力。

4.4.7　与偿债有关的指标

当项目有借款时需要进行偿债能力分析,项目清偿能力分析主要是考察项目计算期内各年的财务状况及偿还债务能力。主要指标有利息备付率、偿债备付率、资产负债率、流动比率和速动比率等。利息备付率是指项目在借款偿还期内,各年可用于支付利息的税息前利润和当期应付利息费用的比值。偿债备付率是指项目在借款期内,各年可用于还本付利资金与当期应还本付利金额的比值。资产负债率是负债与资产之比,它是反映企业各个时刻所面临的财务风险程度及偿还债务能力的指标。流动比率是企业各个时刻偿付流动负债的能力的指标。速动比率是企业各个时刻,立即可以变现的货币资金偿付流动负债的能力的指标。

4.5　赵口灌区经济效益分析计算依据和参数

4.5.1　计算依据

(1)国家发展和改革委员会与建设部 2006 年 7 月发布的《建设项目经济评价方法与参数》(第 3 版)。
(2)2013 年 11 月水利部发布的《水利建设项目经济评价规范》(SL 72—2013)。
(3)《水利工程供水价格管理办法》(国家发展和改革委员会、水利部 2003 年第 4 号)。
(4)《水利工程供水价格核算规范(试行)》(水财经〔2007〕470 号)。

4.5.2　编制原则

(1)效益费用口径一致原则。

（2）定量分析与定性分析相结合的原则，以定量分析为主。

（3）动态分析与静态分析相结合，以动态分析为主。

（4）坚持有无对比原则，正确识别项目的费用和效益。

4.5.3　计算参数

4.5.3.1　计算期

根据《水利建设项目经济评价规范》（SL 72—2013）的要求，计算期包括建设期和运行期。根据《赵口灌区续建配套与节水改造项目总体可行性研究报告》，计算期确定为 32 年，其中建设期 2 年，正常运行期 30 年。

4.5.3.2　基准年

各年的投入物和产出物均按照年末发生，为便于计算，基准年选在计算期第 1 年，基准点为基准年年初。

4.5.3.3　社会折现率

根据《建设项目经济评价方法与参数》（第 3 版），社会折现率测定为 8%，其中对于收益期长的建设项目，如果远期效益较大，效益实现的风险较小，社会折现率可以适当降低，但不应低于 6%。本工程以灌溉为主，属于社会公益性项目。灌区属于我国的三大粮食主产区之一，用占全国十六分之一的耕地，生产了全国四分之一的小麦、十分之一的粮食，每年调出 400 亿斤原粮和加工制成品，为保障我国粮食安全做出了突出贡献，赵口灌区范围内有耕地 590 万亩，是河南省小麦生产的重要区域之一。综合考虑，本次国民经济评价社会折现率采用 8%。

4.5.3.4　影子价格

本工程位于河南省中东部黄河南岸平原，地域涉及郑州、开封、周口、许昌、商丘等 5 市，包括中牟、开封、尉氏、通许、杞县、太康、扶沟、西华、鹿邑、鄢陵和柘城等 13 个县（区）。工程项目区地处我国中原地区，其中郑州市为国家的交通枢纽城市，交通四通八达，十分便利。目前，国内商品的价格主要有市场调节，市场化程度比较高，根据有关部门测算，2016 年我国市场化程度达到 97.01%，政府管理价格比重不足 3%，因此商品的价格基本上反映了商品的价值。此外，本工程建设内容主要包括渠道整治、渠道护砌、堤顶管理道路、桥涵闸配套建筑物和管理所重建等，工程使用的材料设备均为一般建筑工程材料，不需要进口。根据以上分析，在不影响评价结论的前提下，本次以市场价格作为影子价格进行国民经济评价。

4.6　赵口灌区经济效益分析基础数据

4.6.1　工程投资

由于赵口灌区二期工程尚在建设中，经济评价以续建配套与节水改造工程为主，根据《赵口灌区续建配套与节水改造项目总体可行性研究报告》（2016 年），按照 2015 年价格水平，赵口灌区续建配套一期工程静态总投资 9.75 亿元，实际已完成并投入运行 7.18 亿元，其中建筑工程 56 096 亿元、机电设备及安装工程 0.12 亿元、金属结构及安装工程 0.12 亿元、临时工程 0.28 亿元、独立费 0.58 亿元、预备费 0.33 亿元、环保 0.06 亿元、水保 0.09 亿元。剔除其中属于内部转移支付的税金等费用，国民经济评价采用投资约 7.01 亿元，工程投资分 3 年投入。分年度投资估算详见表 4-2。

表 4-2　分年度投资估算

项目	第 1 年	第 2 年	第 3 年	合计
静态总投资（万元）	20 822	30 156	20 822	71 800
国民经济评价采用投资（万元）	20 139	29 861	20 139	70 139
比例	0.29	0.42	0.29	1

4.6.2　年运行费

年运行费按照规范约定的方法进行测算,主要包括工程维护费和管理费。

4.6.2.1　工程维护费

工程维护费包括修理费、材料费、燃料及动力费等与工程修理维护有关的成本费用,按固定资产投资(扣除占地淹没补偿费用)的 1.0% 估算,每年 1 042 万元。

4.6.2.2　管理费

管理费包括职工薪酬、其他费用等与工程管理有关的费用,按固定资产投资(扣除占地淹没补偿费用)的 0.5% 计算,每年为 347 万元。

根据分析,年运行费估算为 1 389 万元。

4.6.3　流动资金

流动资金为维持项目正常运行所需要的全部周转资金,根据规范的要求,按照年运行费的 10% 估算为 139 万元。

4.7　赵口灌区效益估算

本工程建成后,使灌溉水利用系数由 0.45 提高到 0.66,改善灌溉面积 108.5 万亩,恢复灌溉面积 258 万亩,工程效益主要是灌溉效益。

4.7.1　效益估算方法

根据《水利建设项目经济评价规范》(SL 72—2013)的规定,灌溉效益可采用分摊系数法、影子水价法和缺水损失法计算,结合本工程的实际情况,采用分摊系数法计算,按有、无项目对比,灌溉和农业技术措施可获得的总增产值,乘以灌溉效益分摊系数计算。灌溉效益分摊系数取 0.4。

4.7.2　效益估算

4.7.2.1　灌区基本情况

赵口灌区地处黄泛区,西北高,东边低,地势平缓,微地形起伏较大,具有明显的岗、坡、平、洼地形态。灌区内土壤肥沃,交通方便,适宜于各种作物生长,是河南省粮食生产基地之一。赵口灌区始建于 1970 年,建设初期以放淤为主,范围仅涉及开封市郊区及开封县的部分耕地,20 世纪 80 年代以后,转为灌溉补源为主,灌区范围逐步扩大。1997 年再次扩建后,灌溉面积达到 108 万亩。此后结合灌区内的水系、上游退水、排水等进一步发展了部分灌溉面积,形成了现在的赵口灌区。

现在的赵口灌区位于河南省中东部地区,地理位置北纬 33°40′~34°54′,东经 113°58′~115°30′。赵口灌区总面积 6 399 km²,现有耕地 590 万亩,北临黄河,南抵泰康、西华、周口市界;西自尉氏西三分干以西庄头、门楼任、朱曲等村镇,以及鄢陵、许昌县界,东至鹿邑县涡河干流以南与清水河之间,涉及郑州、开封、周口、许昌、商丘等 5 市,包括中牟、开封、尉氏、通许、杞县、太康、扶沟、西华、鹿邑、鄢陵、柘城等 13 个县及开封市郊区。

赵口灌区续建配套节水改造项目区土地面积 3 695.08 km²,耕地面积 366.5 万亩,涉及中牟、开封、尉氏、通许、扶沟、西华、鄢陵、泰康、鹿邑等 9 个县,北以总干渠、运粮河、涡河至出太康县境起,南至西华颍河、太康李贯河、鹿邑黑河、清水河接壤;北以贾鲁河支流水溃沟、双泊河、鄢陵清潩河为界,东至鹿邑县惠济河。

赵口灌区属于暖温带季风气候,春夏秋冬四季分明。冬季在蒙古高压控制下,盛行西北风,气候干燥,天气寒冷;夏季受西太平洋副热带高压影响,暖湿海洋气团从西南、东南方向侵入,冷暖空气交替频繁,促使降雨集中。根据统计资料,灌区内降水量318~1 051 mm,多年平均降水量700 mm,年平均蒸发量1 320 mm;多年平均气温14.2 ℃,无霜期216 d,平均日照2 391.6 h。因此,灌区内旱灾以初夏出现机会最多,春旱次之,秋旱和伏旱也有出现。根据统计,中华人民共和国成立后共发生了大范围旱灾17次。

4.7.2.2　灌区节水改造的重要作用

赵口灌区的建设对加快河南省粮食生产核心区建设,提高粮食综合生产能力,保障国家粮食安全具有重要意义。我国用不到世界10%的耕地,生产了世界1/4的粮食,养活了世界1/5的人口,这对世界粮食安全都是巨大的贡献。但是我国粮食增产幅度还不能完全满足消费的刚性增长需求,再加上土地流失、环境污染、农民种粮积极性下降等问题,未来一定时期内粮食"紧平衡"将是一种常态。河南省粮食总产量占全国的1/10,其中夏粮占全国的1/4强。2009年,河南省被确定为国家粮食战略工程核心区,河南省的粮食生产对保障国家粮食安全具有十分重要的作用。2014年习总书记来河南视察曾欣慰的说:"今年能吃上白馍了",习书记还指出,"河南农业特别是粮食生产是一大优势、一张王牌,这个优势、这张王牌任何时候都不能丢"。因此,充分发挥粮食主产区的作用,实现"谷物基本自给、口粮绝对安全"的国家粮食安全新目标,在当前乃至今后相当长的时期,河南省任重道远。2011年中原经济区建设上升为国家战略,核心内容是"三化"(工业化、城镇化、农业现代化)协同发展,而"三化"协调发展的前提是"不以牺牲农业和粮食,生态和环境为代价",这个前提本身就是要加快建设粮食生产核心区。赵口灌区以小麦和玉米等粮食作物为主,是河南省的粮食主产地之一,续建与节水改造工程的建设,对提高灌区内300多万亩耕地灌溉保证率,提高粮食产量,保障国家粮食安全具有十分重要的意义和作用。

此外,赵口灌区位于河南省的粮食主产区,以农业生产为主,灌区续建与节水改造工程完成后,可改善灌溉条件,提高现有灌区灌溉保证率,恢复部分灌区的灌溉,对促进灌区农业经济发展、调整种植结构、增加粮食产量和土地产出,增加农民收入,巩固小康社会建设成就具有十分重要的意义。

4.7.2.3　种植结构

赵口灌区农作物主要以小麦、玉米、棉花、西瓜和花生为主,其次有部分林果业等经济作物。在赵口灌区节水改造工程设计时,根据有关规划,对规划年灌区种植结构进行适当调整,调整方向为稳定粮食生产,适当增加经济作物种植面积,合理安排不同作物的轮作制度。

夏收作物以小麦为主,规划年由现状的84.3%调整为82.7%;晚秋作物以玉米、花生为主,规划年由现状的81.8%调整为82.8%。以棉花、西瓜为主的秋收作物规划年由现状的7.1%调整为17.3%;灌区复种指数由现状的1.76调整为规划年的1.82,粮经比67:33。

4.7.2.4　灌溉效益计算

灌溉效益计算采用分摊系数法计算。根据灌区种植结构调整预测成果,分别选用小麦、玉米和棉花为代表计算灌溉效益。经灌区内现状调查,通过将改造灌片与灌溉条件较为完善的灌片相比较,赵口灌区续建与配套节水改造项目完成后,小麦、玉米和棉花亩产量可增加75 kg、81 kg、9 kg,灌区总增产量可达到8 609万kg。按照市场价格2.8元/kg、2.6元/kg、12.0元/kg计算,灌区增产产值为24 349万元,灌溉效益分摊系数采用0.4,则年灌溉效益为9 740万元。赵口灌区灌溉效益见表4-3。

表4-3　赵口灌区灌溉效益

项目	灌溉面积 (万亩)	亩增产量 (kg/亩)	总增产量 (万kg)	单价 (元/kg)	总增产值 (万元)	分摊系数	灌溉效益 (万元)
小麦	54.4	75	4 080	2.8	11 424	0.4	4 570
玉米	54.4	81	4 406.4	2.6	11 456.6	0.4	4 582.7
棉花	13.6	9	122.4	12.0	1 468.8	0.4	587.5
合计	122.4		8 609	17	24 349		9 740

注:表中"合计"栏个别数据四舍五入。

4.8　赵口灌区国民经济评价及敏感性分析

4.8.1　国民经济评价指标

根据效益费用分析,编制国民经济效益费用流量表,计算赵口灌区节水改造工程经济内部收益率为10.11%,大于社会折现率8%,因此建设该项目在经济上是合理的。赵口灌区国民经济效益费用流量表见表4-4。

表 4-4　赵口灌区国民经济效益费用流量表　　　　　　　(单位:万元)

序号	费用				效益			经济效益流量
	投资	运行费	流动资金	费用小计	灌溉效益	回收流动资金	效益小计	
1	20 139			20 139				−20 139
2	29 861			29 861				−29 861
3	20 139			20 139				−20 139
4		1 389	139	1 528	9 740		9 740	8 212
5		1 389		1 389	9 740		9 740	8 351
6		1 389		1 389	9 740		9 740	8 351
7		1 389		1 389	9 740		9 740	8 351
8		1 389		1 389	9 740		9 740	8 351
9		1 389		1 389	9 740		9 740	8 351
10		1 389		1 389	9 740		9 740	8 351
11		1 389		1 389	9 740		9 740	8 351
12		1 389		1 389	9 740		9 740	8 351
13		1 389		1 389	9 740		9 740	8 351
14		1 389		1 389	9 740		9 740	8 351
15		1 389		1 389	9 740		9 740	8 351
16		1 389		1 389	9 740		9 740	8 351
17		1 389		1 389	9 740		9 740	8 351
18		1 389		1 389	9 740		9 740	8 351
19		1 389		1 389	9 740		9 740	8 351
20		1 389		1 389	9 740		9 740	8 351
21		1 389		1 389	9 740		9 740	8 351
22		1 389		1 389	9 740		9 740	8 351
23		1 389		1 389	9 740		9 740	8 351
24		1 389		1 389	9 740		9 740	8 351
25		1 389		1 389	9 740		9 740	8 351
26		1 389		1 389	9 740		9 740	8 351
27		1 389		1 389	9 740		9 740	8 351

续表 4-4

序号	费用				效益			经济效益流量
	投资	运行费	流动资金	费用小计	灌溉效益	回收流动资金	效益小计	
28		1 389		1 389	9 740		9 740	8 351
29		1 389		1 389	9 740		9 740	8 351
30		1 389		1 389	9 740		9 740	8 351
31		1 389		1 389	9 740		9 740	8 351
32		1 389		1 389	9 740	139	9 879	8 490

经济内部收益率:10.11%

经济净现值:13 645 万元

4.8.2　敏感性分析

结合项目的实际情况分析,认为影响国民经济评价指标的主要因素为工程投资、经济效益和年运行费等。本次分别拟订了以下方案进行国民经济敏感性分析:

(1)投资增加或者减少 10%。

(2)经济效益增加或者减少 10%。

(3)年运行费增加或者减少 20%。

敏感性分析结果见表 4-5。经分析,投资和效益对经济评价指标影响相当,效益变化对经济评价指标最为敏感。拟订的方案经济内部收益率仍大于 8% 的社会折现率,项目具有较强的经济抗风险能力。

表 4-5　敏感性分析结果

敏感性方案		经济内部收益率	经济净现值(万元)
基本方案		10.11%	13 645
投资	增加 10%	9.09%	7 622
	减少 10%	11.30%	19 669
效益	增加 10%	11.36%	22 273
	减少 10%	8.80%	5 018
运行费	增加 20%	9.74%	11 167
	减少 20%	10.47%	16 124

4.9　赵口灌区财务评价

水利项目的财务评价是工程项目经济评价必不可少的一部分,是判断项目财务可行性所进行的一项重要工作,是以现行的会计准则、会计制度、水利项目经济评价规范、税收法规和价格体系等各项原则为依据,从项目的财务收益角度,来深入分析估算项目的直接收益和直接成本费用,并以此来编制各种财务报表,估算财务评价指标。

财务评价是工程项目经济分析的重要组成部分,在项目评价的各个阶段都是不可缺少的重要内容。财务评价是投资者决策的重要依据。财务评价结论决定着投资者是否投资该项目,项目的发起者是否推进该项目,债权人是否给该项目贷款等。在项目方案选优中也起到重要作用。因为项目评价的精髓就是在众多的方案中选优,财务评价结果可以反馈到方案的构成和研究中,优化方案的设计,使方案更趋于科学化、合理化。财务生存能力的评价对一些公益性的或非经营性的建设项目的可持续发展的能力起到一个考察和预测的作用。财务评价既是经济评价的核心内容,又为国民经济评价提供了数据计算的基础。

4.9.1　财务评价的内容及程序

4.9.1.1　财务评价的依据及内容

赵口灌区节水改造工程财务评价的主要依据:国家发展和改革委员会与建设部以发改投资〔2006〕1325 号文印发的《建设项目经济评价方法与参数》,水利部于 1993 年 3 月颁布的《水利建设项目经济评价规范》,水利部水财字〔1995〕281 号文《关于试行财务基准收益和年运行费的通知》等有关规定和国家现行财务制度。

赵口灌区节水改造工程项目财务评价的内容主要包括:财务支出的估算和财务收入的分析计算,其中包括工程建设项目总投资,年运行费用、流动资金,水价成本核算,各项应纳税金以及农业灌溉增产效益;计算财务内部收益率、财务净现值以及财务回收期三项指标,并以此从项目的财务角度分析项目的盈利能力。按照财务制度规定,采用制造成本法估算总成本费用。

4.9.1.2　财务效益和费用的识别与估算

效益和费用的识别是工程项目财务分析的前提。效益主要是指项目的一定周期内销售产品、提供劳务等所取得的收入;在计算期内可回收的固定资产余值以及回收的流动资金;还有就是国家为了扶持该项目建设而给予的补贴。费用则是建设项目的总投资、经营成本和销售税金。在进行财务评价时,要对费用和效益逐一进行识别,估算项目财务效益和费用时应遵循客观、准确以及费用和效益计算口径一致的原则。

财务的效益与费用的计算包括销售收入(财务收入)、总成本费用、销售税金、其他费用等的计算。其中销售收入计算公式:

$$销售收入 = 总成本费用 - 折旧费 - 维简费 - 摊销费 - 利息支出$$

总成本费用计算公式:

$$总成本费用 = 外购原材料 + 外购燃料动力 + 工资及福利费 + 修理费 +$$
$$折旧费 + 维简费 + 摊销费 + 利息支出 + 其他费用$$

4.9.1.3　基础数据收集即编制各类报表

在财务评价之前,必须先进行财务预测。这项工作是基础性的工作,以收集来的资料和估算的数据作为基础。在收集资料和经计算各类指标数据的基础上,可以填制财务辅助报表,编制项目财务数据的报表。报表主要分为现金流量表、损益表、资产负债表以及资金来源和资金运用表等。

4.9.1.4　财务评价指标的计算以及对项目的效益分析

根据上述各种财务报表中所显示的各项财务数据,与国家现行规定的评价标准或基准值进行比对计算,最后就可以对项目的财务状况做出可行与否的评价结论。

4.9.1.5　对项目进行财务不确定性分析

一般是对项目进行敏感性分析和盈亏平衡分析,以此来判断项目在投入建设以后可能发生的风险和项目本身的抗风险能力。有的公益性的水利项目对财务不确定性没有进行不确定性分析,只做国民经济的不确定性分析,也是可以的。

由上述分析而得出的各种数据,对项目的财务可行性做出准确的判断,然后再从多种备选方案中择优选取一种可操作的方案。

4.9.2　投资计划与资金筹措

本次赵口灌区续建配套与节水改造工程设立专项资金,保证专款专用。由于工程建设期长,项目实施过程中按工程进度拔付工程款,并预留 10% 的工程保留金,确保工程质量。

本次赵口灌区续建配套与节水改造工程静态总投资 9.75 亿元,实际已完成并投入运行 7.18 亿元。根据国家扶持政策及灌区经济承受能力,申请中央投资 58 004.93 万元,省级地方配套资金 13 795.07 万元。其中:第一批总投资 20 139 万元,第二批总投资 29 861 万元,第三批总投资 20 139 万元。

4.9.3　财务评价的基本参数

(1)计算期与行业财务基准收益率。本节水改造工程建设工期 3 年,建成后第 1 年开始发挥效益,正常运行期 40 年,计算期 43 年。采用动态分析法,设定折现率采用 $i_e = 8\%$。

(2)工程投资。项目区工程静态总投资 71 800 万元。

(3)基准年。根据《水利建设项目经济评价规范》(SL 72—2013)的规定,资金的时间价值计算的基准点定在建设期的第 1 年年初。投入物和产出物除当年借款利息外,均按年末发生和结算。

(4)价格。根据《水利建设项目经济评价规范》(SL 72—2013)的规定,根据国家现行财税制度,采用财务价格进行核定,通常为政府规定的价格或市场价格。

4.9.4　工程投资估算

河南省水利厅颁发的豫水建〔2006〕第 52 号文《河南省水利水电工程概预算定额及设计概(估)算编制规定》,原水利电力部水利水电规划设计院(88)水规字第 8 号文颁布的《水利水电工程设计工程量计算规定(试行)》;国家发布的有关技术规范、规程等。

赵口灌区续建配套工程实际已完成并投入运行 7.18 亿元,其中建筑工程 5.61 亿元、机电设备及安装工程 0.12 亿元、金属结构及安装工程 0.12 亿元、临时工程 0.28 亿元、独立费用 0.58 亿元、预备费 0.33 亿元、环保 0.06 亿元、水保 0.09 亿元。剔除其中属于内部转移支付的税金等费用,财务经济评价采用投资 6.94 亿元,工程投资分 3 年投入。

4.9.5　工程总成本的估算

通常节水项目的成本估算是指项目在运营以后,一般为一年的维持灌区正常运行所发生的全部费用,以年为单位核算,按照财务制度规定,采用制造成本法,估算总成本费用。

赵口节水改造工程总成本估算的依据:《建设项目经济评价方法与参数》(第 3 版),水利部水财字〔1995〕1281 号文《关于试行财务基准收益和年运行费的通知》,《水利建设项目经济评价规范》(SL 72—2013)。

赵口节水项目进行成本费用估算时,对各种费用的因素进行比对,以做出准确的估算。本次赵口续建及节水改造项目的成本估算按照"成本要素法"进行估算,一般续建及节水改造工程需要估算的成本费用有水价成本、制造成本。

4.9.5.1　水价成本

水价成本包括维持灌区正常运行所发生的全部费用,以年为单位核算,按照财务制度规定,采用制造成本法,估算总成本费用,其公式为:

$$水价成本 = 制造成本$$
$$灌区总水量 = 9 969.09 万元/年$$
$$198 300 万 m^3/年 = 0.050 元/m^3$$

4.9.5.2　制造成本

1.折旧费

(1)原有工程残值:2007 年灌区评估 3 587 万元,固定资产形成率取 80%,则固定资产为 2 869.6 万元;灌区已投资运行 14 年,残值率取 74%,则工程残值为 2 123.50 万元;按运行期 40 年,则年折旧费 53.09 万元。

(2)新增固定资产残值:本次灌区规划投资 71 800 万元,固定资产形成率取 80%,则固定资产为 57 440 万元;按运行期 40 年期末无残值计,则年折旧费 1 436 万元。

故年折旧费总计 1 489.09 万元。

2. 年运行费

年运行费是该项目年正常运行(运作、流通、生产等)所需要的费用(包括人力费用、物资费用等本项目的关联费用的总和)。节水工程项目年运行费主要包括管理费、黄河水资源费、综合维护费等。

赵口灌区节水工程项目年运行费主要包括管理费、黄河水资源费、综合维护费等。计算同国民经济评价中运行费,经计算工程正常运行期年运行费合计 7 400 万元。

3. 水资源费

水资源费根据国家和地方现行引黄灌溉收费综合标准要求收取水费,按近期水平年考虑,项目区每年会产生水资源费,计入总成本费用。

根据水利厅 1997 年批复的《河南省赵口灌区管理暂行规定》(豫水农字〔1998〕10 号文)赵口分局和黄河部门水资源费为每立方米水费 0.016 元,其中第一季度交黄河部门水资源费为 0.012 元/m³,其他季度交黄河部门水资源费为 0.010 元/m³。按近期水平年考虑,该区每年需引黄河水 90 000 万 m³,则黄河水资源费合计 1 080 万元。

以上总计年制造成本为 9 969.09 万元/年。

4.9.6 财务收入、利润和税金估算

财务收入是项目建成后补偿成本、缴纳税金、偿还债务等的前提。水利投资项目的销售收入、利润和税金的估算,要随项目情况而异,节水灌溉续建项目区主要是农业灌溉增产效益,一般称为增产财务收入。计算增产效益时,应考虑灌溉效益分摊系数。灌溉增产财务收入计算同国民经济评价,只是价格采用市场价格。

4.9.6.1 财务收入估算

节水灌溉改善增产财务收入计算公式如下:

$$增产量 = 每亩增产 \times 种植面积$$
$$灌溉效益 = 增产量 \times 价格 \times 灌溉效益分摊系数$$

该项目区主要是农业灌溉增产效益,项目建成后,可改善灌溉面积 366.5 万亩,同时也提高了本地区抵御旱、涝、碱灾害的能力,促进绿化和农副产品加工业的发展,改善地下水质和生态环境等。

灌区作物主要有小麦、玉米、棉花、其他作物等,该项目区的复种指数为 1.80。由于农业增产是水、肥、种子等多种农业措施共同作用的结果,计算增产效益时,应考虑灌溉效益分摊系数。

灌溉增产财务收入计算同国民经济评价,只是价格采用市场价格,详见灌溉改善增产财务收入(见表 4-6)。

表 4-6 灌溉改善增产财务收入

作物种类	每亩增产 (kg/亩)	种植面积 (万亩)	增产量 (万 kg)	价格 (kg/元)	灌溉分摊 系数	灌溉效益 (万元)
小麦	75	54.4	4 080	2.80	0.40	4 569.6
玉米	81	54.4	4 406.4	2.60	0.40	4 582.66
棉花	9	13.6	122.4	12.00	0.40	587.52
经济作物	25	20.26	506.5	2.70	0.40	547.02
其他	25	12.49	312.25	2.60	0.40	324.74
合计		155.15				10 611.54

由表 4-6 可以看出,该项目年均财务收入为 10 611.54 万元。

4.9.6.2 税金

税金是国家参与国民收入分配与再分配的一种方式,是国家筹集资金的主要渠道,是国家宏观调控

经济活动的重要杠杆。

　　水利投资项目应该依法缴纳增值税、销售税金及附加与所得税。增值税应该归为价外税,在销售税金中是不计算的。

　　增殖税的表达式如下:

$$应纳增值税额 = 销项税额 - 进项税额$$
$$销项税额 = 销售数额 \times 增值税率$$

　　由于赵口灌区节水工程项目本身是公益性的建设项目,税金是按总投资额的1.5%提取的。赵口灌区节水工程项目税金取为工程总投资的1.5%,为1 077万元。

4.9.7　财务评价指标

　　水利投资项目的财务评价,要选取正确的评价指标来进行选择可行和或最优的方案。项目的财务评价内容、报表及评价指标见表4-7。

表4-7　项目的财务评价内容、报表及评价指标

财务评价内容	基本报表	财务评价指标体系		
		静态指标		动态指标
盈利能力分析	全部投资财务现金流量表	全部投资回收期		财务内部收益率 财务净现值 财务净现值率
	自有资金财务现金流量表	自有资金投资回收期		财务内部收益率 财务净现值
	损益表	投资利润率		—
		投资利税率		
		资本金利润率		
清偿能力分析	资金来源与运用表	借款偿还期		—
	资产负债表	财务比率	资产负债率	—
			流动比率	
			速动比率	
外汇平衡分析	财务外汇平衡表	—		—
不确定性分析	盈亏平衡分析	平衡点生产能力利用率、平衡点产量		—
	敏感性分析	—		净现值
				净年值
				投资回收年限
				内部收益率
				财务净现值
	概率分析			净现值、期望值、净年值大于或等于零的累计概率

4.9.7.1　财务盈利能力分析

　　财务盈利能力分析是项目财务评价的重要组成部分,有动态分析(现金流量分析)和静态分析。需要编制现金流量表,计算项目财务净现值、项目财务内部收益率等指标。静态分析指标有项目回收期、总投资收益率、资本金净利润率等指标。

1.现金流量估算

在对一个工程项目进行经济评价时,为了计算方案的经济效益,常把一个项目在某一段时间内的支出费用称为现金流出,把这段时间获得的现金收入称为现金流入。那么,在一个工程项目计算期内的各个时间点上发生的现金的流入与流出,以及由此产生的差额,就称为现金流量(Cash Flow,CF)。

根据各项费用与效益计算值以及项目计算期 43 年(含建设期 3 年),绘制财务现金流量表(见表4-8),计算财务内部收益率、财务净现值以及财务回收期三项指标,并以此从项目的财务角度分析项目的盈利能力。

表 4-8　赵口灌区节水改造投资现金流量表　　　　　　(单位:万元)

序号	现金流出	现金流入	净现金流量	累计现金流量
1	20 139		−20 139	−20 139
2	29 861		−29 861	−50 000
3	20 139		−20 139	−70 139
4	1 528	9 740	8 212	−61 927
5	1 389	9 740	8 351	−53 576
6	1 389	9 740	8 351	−45 225
7	1 389	9 740	8 351	−36 874
8	1 389	9 740	8 351	−28 523
9	1 389	9 740	8 351	−20 172
10	1 389	9 740	8 351	−11 821
11	1 389	9 740	8 351	−3 470
12	1 389	9 740	8 351	4 881
13	1 389	9 740	8 351	13 232
14	1 389	9 740	8 351	21 583
15	1 389	9 740	8 351	29 934
16	1 389	9 740	8 351	38 285
17	1 389	9 740	8 351	46 636
18	1 389	9 740	8 351	54 987
19	1 389	9 740	8 351	63 338
20	1 389	9 740	8 351	71 689
21	1 389	9 740	8 351	80 040
22	1 389	9 740	8 351	88 391
23	1 389	9 740	8 351	96 742
24	1 389	9 740	8 351	105 093
25	1 389	9 740	8 351	113 444
26	1 389	9 740	8 351	121 795
27	1 389	9 740	8 351	130 146

序号	现金流出	现金流入	净现金流量	累计现金流量
28	1 389	9 740	8 351	138 497
29	1 389	9 740	8 351	146 848
30	1 389	9 740	8 351	155 199
31	1 389	9 740	8 351	163 550
32	1 389	9 879	8 490	172 040
33	1 389	9 740	8 351	180 391
34	1 389	9 740	8 351	188 742
35	1 389	9 740	8 351	197 093
36	1 389	9 740	8 351	205 444
37	1 389	9 740	8 351	213 795
38	1 389	9 740	8 351	222 146
39	1 389	9 740	8 351	230 497
40	1 389	9 740	8 351	238 848
41	1 389	9 740	8 351	247 199
42	1 389	9 740	8 351	255 550
43	1 389	9 740	8 351	263 901

财务内部收益率 $FIRR = 10.11\%$

财务净现值 $FNPV = 18\ 726.27$ 万元

2. 财务盈利能力评价指标

1) 项目投资回收期

投资回收期是指用项目投入运营后的纯收益与总投资相抵消所要用的时间(一般以年计),表现了项目的投资回收效率与能力。静态投资回收期不考虑时间因素,动态投资回收期把时间因素考虑进去。

静态投资回收期表达式如下:

$$\sum_{t=1}^{P_t}(CI-CO)_t = 0$$

式中　　P_t——静态投资回收期;

　　　　CI——项目现金流入;

　　　　CO——项目现金流出;

　　　　$(CI-CO)_t$——项目第 t 年的净现金流量。

投资回收时间越短,抗风险能力就越强,当投资回收期小于或等于规定的基准的投资回收期时,回收的速度正合适。

由于静态投资回收期未把资金的时间价值考虑进去,它所反映的资金回收期限是不准确的,水利建设项目一般投资的规模大,那么相应的回收期也就较长,所以水利投资项目通常是采用动态投资回收期来计算的。

动态投资回收期表达式如下:

$$\sum_{t=1}^{P'_t}(CI-CO)_t(1+i)^{-t} = 0$$

式中　P'_t——动态投资回收期;

　　　i——最低收益率或设定的贴现率。

另外,在计算动态投资回收期时,也可直接用全部投资现金流量累计净现值来进行估算,其计算表达式如下:

$$P_t = 累计净现金流量开始出现正值年份数 - 1 +$$
$$上一年累计净现金流量的绝对值／当年净现金流量现值$$

式中　P_t——项目的投资回收期(以年计)。

经计算,赵口灌区节水工程项目的投资静态回收期 P_t = 11.42 年。动态回收期 P'_t = 19.93 年。

采用投资回收期评价方案的单一选取标准是:

$P_t \leqslant T$(基准投资回收期),项目可行;

$P_t > T$,项目不可行。

在考察项目的经济效益时,必须将投资回收期和财务内部收益率、财务净现值等结合使用。

2)财务净现值

财务净现值是将发生的现金流入和现金流出按照规定的贴现率或最低利益率折算到基准年的现值相加而得来的。其计算表达式如下:

$$FNPV = \sum_{t=1}^{n} (CI - CO)_t (1 + i_c)^{-t}$$

若 $FNPV > 0$,项目会得到收益,项目是可行的;

若 $FNPV < 0$,项目达不到预期的经济标准,项目不可行。

经计算:$FNPV$ = 18 726.27 万元。

设定折现率 i_c = 8%,计算期暂定 43 年(包括建设期 3 年和运行期 40 年),建设期工程投资60 235.20 万元。

项目建成后,每年资金流入量:CI = 9 740 万元;

每年资金流出量:CO = 1 389 万元。

3)财务内部收益率 $FIRR$

财务内部收益率可以通过项目投资现金流量表内的各指标的计算而得,在投资项目财务评价中被称为财务的内部收益率。项目财务内部收益率和其项目财务净现值是分析项目投资现金流量的主要指标。利用财务内部收益率指标评价投资项目的判别标准是:当一个项目 $FIRR \geqslant i_c$ 时,项目能达到经济效益的满意率,表示项目是可行的;但是相反的结果,表示项目是不可行的。

一个项目的财务内部收益率与财务净现值一样,也同时考虑了资金的时间因素和项目在整个研究周期内的经济状况,所以水利投资项目一般会将财务内部收益率作为财务评价的必须的评价指标,其表达式如下:

$$\sum_{t=1}^{30} (CI - CO)_t (1 + FIRR)^{-t} = 0$$

式中　$FIRR$——项目投资财务内部收益率;

　　　CI——现金流入量,万元;

　　　CO——现金流出量,万元;

　　　$(CI-CO)_t$——第 t 年的净现金流量,万元;

　　　T——计算期年数;

　　　$FIRR$——财务内部收益率。

经计算得 $FIRR$ = 10.11% > 8%。

从以上计算可以看出,国家为本项目投资后,财务内部收益率为10.11%,动态投资回收期为19.93年,除得到符合设定折现率8%的社会盈利外,还可得到18 726.27 万元的盈余,因此从项目财务盈利能力来看,本项目在经济上是合理的。

4.9.7.2　自我维护能力评价

为维护灌区的正常运行,建议供水水价略高于成本价,可以取 0.10 元/m³,灌区内每亩年均灌溉水量约为 289.33 m³,则年亩灌溉成本为 28.93 元/m³,而年亩灌溉效益为 38.99 元,灌溉收益为 10.06 元/亩。因此,灌区群众完全能够承受该供水水价。灌区运行应采取量水到斗口、农口按方收费,先收费后放水的水费计算方法,各级政府及职能部门要积极组织协调,配合做好水费征收工作,以使灌区能够自我发展,搞好灌区的正常运行及维修工作,促进灌区工作的良性循环。

4.10　经济效益评价结论

本工程在灌区建设、续建配套及节水改造工程,以骨干渠道衬砌为重点,以节水灌溉为中心,以改善农业生产条件,提高人民生活水平,加快现代化农业建设和黄河流域生态保护和高质量发展战略为基准。根据对赵口灌区的国民经济评价和财务评价分析结果,国民经济评价指标比较优越,国民经济敏感性分析结果,表明该工程具有较强的抗风险能力。在财务评价方面,整体上财务收入大于总成本费用,该项目可以正常运行,在财务上是可行的,经济效果好,社会效益显著,技术上可行,经济上合理。

第5章　赵口灌区续建配套与节水改造及二期工程的社会效益评价

5.1　社会效益评价的作用

社会效益是指最大限度地利用有限的资源满足社会上人们日益增长的物质文化需求,是指在一定的社会制度下,人们从事某种活动对社会经济、政治文化发展等方面所起的促进作用。社会效益是社会效果和社会利益的总称。社会效益有广义和狭义之分。广义的社会效益是相对于经济效益而言的,包括政治效益、思想文化效益、生态环境效益等。狭义的社会效益,亦与经济效益相对称,还与政治效益、生态环境效益等相并列。

5.1.1　对社会人口的效益作用

从人的经济活动二重性方面考察,人口对社会发展的作用体现在人口的经济活动之中。人口规模、人口结构、人口再生产等,可以通过生产、分配、交换、消费等经济活动去影响社会。首先,人口作为劳动力的源泉,是物质资料生产的一个因素。劳动力人口的数量、素质及其发展趋势,劳动者与生产资料结合的性质和状况,对社会再生产的规模、速度都有重要的制约作用。其次,人口对物质资料的消费有重要影响。人口的自然构成、地域构成、社会构成以及人口的消费水平和消费方式,对社会再生产的结构、积累和分配的比例,扩大再生产的方向和规模也有重要的影响。最后,人口对物质资料的分配和交换也有重要影响。人口的规模、再生产速度、年龄结构、生活水平状况、素质和消费倾向都对分配的比例、状况、交换的广度,以及市场的供求变化产生不容忽视的影响。人口的发展与一定历史条件下的社会再生产运动所提出的要求相适应,就能促进社会的发展;反之,则阻碍或延缓社会的发展。

5.1.2　对社会经济的效益作用

经济效益,是通过商品和劳动的对外交换所取得的社会劳动节约,即以尽量少的劳动耗费取得尽量多的经营成果,或者以同等的劳动耗费取得更多的经营成果。社会效益是指最大限度地利用有限的资源满足社会上人们日益增长的物质文化需求。

从国家层面上讲,作为社会主义国家,建设文化强国,不能只顾经济效益,更要重视社会效益。坚持把社会效益放在首位就是要求我们坚持重点论,抓住社会效益这个主要矛盾放在首位;坚持社会效益和经济效益相统一则是要求我们坚持两点论,统筹兼顾主次矛盾。

从企业(从事文化产品生产和服务的企业)角度讲,对于企业而言,它们从事生产和服务的根本目的是盈利,因此是坚持把经济效益放在首位的,国家可以通过行政、法律等手段规范它们的生产经营行为,使它们在追求经济效益的同时兼顾社会效益。因此,对于企业而言,经济效益是其主要矛盾,社会效益是次要矛盾,企业要生存和发展,首先考虑的是经济效益。

总的来说,就是经济效益与社会效益相结合,既要确定经济效益的不断发展,又要保证社会效益的有力补充。

5.1.3　对提高科技的效益作用

社会效益,是指推进科学技术的进步,促进人才的培养,提高科学管理水平和提高人民物质文化生活水平及促进社会发展等方面所起的作用;是指该科学研究成果对社会的科技、政治、文化、生态、环境等方面所做出或可能做出的贡献。值得注意的是,科学研究的经济效益和社会效益具有慢热性、非显性的特点,往往要在一段比较长的时间后才能发挥出来。

5.1.4　对社会事业的效益作用

社会效益是指其效果对社会、国家和广大人民有益,而效益、社会效益、社会效果、社会影响问题是一个价值问题,是指对社会的发展进步,对物质文明和精神文明建设两个方面产生的影响,也是对社会公益事业的支持与赞助,是指个人的行动自由只能在必要的公共利益范围内才得以限制,且包括诚实守信的经营信条,以德取人、以信取人、以质取人、以诚取人,在消费者心目中树立良好的企业形象。

5.1.5　对自然环境的效益作用

人因自然而生,人与自然是生命共同体。人类只有遵循自然规律才能有效防止在开发利用自然上走弯路,人类对大自然的伤害最终会伤及人类自身,这是无法抗拒的规律。在社会生产力水平稳步提高的情况下,国民经济迅速发展,社会主义市场经济逐步深化,人们的生活水平有所提升。正因如此,广大群众迫切关注环境问题,对于环境质量的要求越来越高,在经济实现可持续发展的背景下,主张对环境实施合理的保护措施,实现经济、社会和环境的和谐发展,努力开创生产发展渠道,更好地坚定生态文明发展之路,充分发挥出环境保护对经济、对社会可持续发展的积极作用。环境就是民生,青山就是美丽,蓝天也是幸福。只有将坚持全民共治、源头防治,以解决人民群众反映强烈的大气、水、土壤污染等突出问题为重点,全面加强污染防治,不断改善环境质量。持续实施大气污染防治行动,坚决打赢蓝天保卫战。着力开展清水行动,加快水污染防治。扎实推进净土行动,强化土壤污染管控和修复。不仅创造出经济效益,更能创造出社会效益。

5.1.6　对自然资源的效益作用

人类社会对自然资源的需求,不仅是指维持人类种群繁衍的物质生活享受,还包括精神文化需求和维护生态环境需求。在原始社会时期,人类从自然环境中取得维持生存的天然资源,基本上依赖于自然界的恩赐就能满足人类有限的需求。但随着人口的增长,对自然资源的需求量增大,到了18世纪中叶,人口剧增,生产力迅速发展,导致人类以掠夺式开发利用自然资源,生态环境质量下降,人地矛盾加剧。尤其是第二次世界大战以来,世界人口急剧增多,社会生产力迅猛发展,人类以牺牲自然资源为代价来换取经济繁荣,造成生态环境加速恶化,自然环境所能提供的资源难以满足人口日益增长的需求,从而严重地影响世界经济与社会发展,甚至威胁着人类的生存。资源,特别是自然资源,在经济中的重要地位,则进一步淹没在"信息社会""知识爆炸的时代"之中。但是,我们应该看到,自然资源是"米",资本、知识、信息、技术等是"巧妇",没有自然资源只能是"巧妇难为无米之炊"。只有合理开发和利用自然资源,才能保证经济的持续发展,才能产生可观的社会效益。

无数的经验和事实告诉了人们,单纯地发展经济,一味追求资源给我们带来的经济效益,却带来了资源损毁、生态破坏和环境恶化等一系列严重后果,最终会使效益的失败;而孤立地保护资源,由于缺乏经济技术实力的支持,社会效益的推动,既阻碍经济的发展,又未能遏止生态环境继续恶化。因此,必须将经济的发展与资源的开发利用协调起来。

5.2　社会效益评价指标

5.2.1　灌区农业生产总值

灌区农业生产总值等于农业生产各项产出的总和,是评价灌区灌溉社会效益好坏的主要指标。

5.2.2　农业收入增长率

农业收入增长率,是衡量旱作物灌溉农业生产方式经济效益的动态指标,也是评价灌区灌溉社会效益的基本标准,通过比较同一地区不同年份农业纯收入的增长情况,来反映旱作物灌溉农业生产方式为农民增收所做的贡献。

5.2.3　符合农业生产管理体制

农业生产管理体制是影响灌区农业技术发挥效益的主要原因,同时也是衡量灌区灌溉能否健康发展的主要指标。

5.2.4　生活质量及其社会保障

农村生活质量的改善及其程度,取决于农作物灌溉效益的发挥。灌区的建设,以及续建配套及节水改造是提高和保障农村旱作物能否收成的基础,是确保农村生活质量提高的保证。

5.2.5　符合农业区域及现代化要求程度

灌区的建设是否符合现代化农业生产发展的要求,也是社会效益评价的指标。目前,全国各地大都编制了农业区域综合开发、水资源利用、农田水利及农业技术发展规划,因此灌区的建设是否符合区域农业调整的发展规划,符合农业区域要求的程度,也就成了灌区灌溉发展及技术制约的因素。

5.2.6　增进社会项目发展潜力

灌区的建设为当地提供丰富灌溉水源的同时,也对当地的环境、交通、卫生、医疗、教育基础设施的建设都具有极大的推动作用,而所有这些都使所在区域的发展潜力得到极大的提高。

5.2.7　促进服务事业的改进

灌区在建设与运行中,会促进当地区域的卫生、文教、社会福利诸多利益的发展,不仅可以促进区域内文化、生活、医疗设施的建设,还会促进区域内各项福利设施的改善。

5.2.8　社会环境

灌区的开发对经济社会与环境的影响是全面而深刻的,如果灌区不进行合理的开发,对生态与环境会造成很大的负面效应,例如过量引水会造成河道水文条件恶化;河道缺水断流会破坏各种生物的生存条件;地下水严重超采会造成地质灾害;污水灌溉会污染土壤和地下水等,使人类可持续发展受到严重的威胁。因此,灌区效益分析如果仅仅过分注重经济效益或社会效益都是不正确的,忽略环境与生态效益也是错误的,这是水利投资项目与一般性项目的区别。在国家大力倡导厉行节约和绿水青山就是金山银山生态保护的背景下,重视灌区工程的环境与生态效益显得尤为重要。加快农业生态环境改善步伐,合理规划和保护水生态资源,正确认识生态系统的整体性,保持灌区生态平衡和协调发展,注重灌区开发过程中的环境保护,合理利用,美化灌区都市村庄、田园环境,打造人居环境,提高灌区环境生活及人口质量,为当地农业现代化和可持续发展提供坚实的水利保障。

5.3　社会效益的特点

5.3.1　宏观性和长远性

项目的社会评估一般要求从社会的宏观角度来考察项目的存在给社会带来的贡献和影响,项目所需实现的社会发展目标一般是根据国家的宏观经济与社会发展需要制定的。因而项目社会评估是对投资项目社会效益的全面分析评估,它不仅包括涉及社会的经济效益,与经济活动有关的宏观社会效益、生态环境效益等,还包括更广泛的属于纯粹社会效果的非经济社会效益。有些社会发展目标所体现的社会效益与影响具有相当的长远性,例如项目对居民健康、寿命的影响,对生态与自然环境的影响,对居民文化生活、人口素质的影响等。

5.3.2　外部效益的多角度和定量分析难度大

项目社会评估所涉及的间接效益和外部效益通常较多,例如产品质量和生活质量的提高,人民物质、文化水平和教育水平的提高,自然环境与生态环境的改善、社会稳定与国防安全等。尤其是农业、水利和交通运输项目等基础设施和公益性项目的社会评估,主要表现在项目外的间接与相关效益上,而且这些效益大多是难以定量描述的无形效益,没有市价可以衡量,例如对文化、社会秩序、人的素质、休闲等的影响,通常只可以进行文字描述,做定性分析,很难实现量化。

5.3.3　多目标性与行业特征明显

项目社会评估要涉及社会生活各个领域的发展目标,因此具有多目标分析的特点。要分析多种社会效益与影响,故一般采用多目标综合评估的方法来考察项目的整体效益,做出项目在社会可行性方面的判断。由于各行业不同性质的投资项目社会效益的多样性,且各行业项目的特点不同,反映社会效益指标的差异也很大。因此,社会评估指标的行业特征较强,一般各行业能通用的指标较少,而专业性的指标较多;定性分析所涉及的范围和指标差别也很大。因此,各行业项目的社会评估指标设置要注意通用与专用相结合,更应突出行业特点。

5.3.4　区域性

区域经济是在一定区域内经济发展的内部因素与外部条件相互作用而产生的生产综合体。每一个区域的经济发展都受到自然条件、社会经济条件和技术经济政策等因素的制约。水分、热量、光照、土地和灾害频率等自然条件都影响着区域经济的发展,有时还起到十分重要的作用;在一定的生产力发展水平条件下,区域经济的发展程度受投入的资金、技术和劳动等因素的制约;技术经济政策对于特定区域经济的发展也有重大影响。不同地域的自然条件、经济发展程度不同、水平不一,各市地都存在不同程度的发展问题。因此,区域的不同带来的社会效益也不同。因此,灌区的发展要结合灌区区域的经济发展实际状况,创新思路,培育特色;扬长避短,立足本地实际,充分发挥自身资源、区位优势,制订适合本区域的灌区发展思路,找准重点,树立"不求其多、但求其特"的新理念;其次不同区域经济发展的不同很大程度上取决于各自环境的不同。环境是吸引力,同时也是竞争力。

5.3.5　间接性

社会效益是指项目实施后为社会所做的贡献,也称外部经济间接经济效益,所以社会效益具有间接性。这种效益由项目引起,由于投入产出关系而产生,对整个国民经济其他部门行业或其他项目是有影响的。例如灌区项目,其直接效益是灌区灌溉水费的收入,而稳定不断的灌溉水源使那些受干旱灾害影响的农田农作物得以正常增收、增产,体现为灌溉的间接效益。

5.3.6　隐蔽性

在灌区建设及实施的效益上,投资和效益在清晰度上有所不同,无论是国家和地方对灌区建设的投资以及产生的经济效益都是一清二楚的,有案可查。但反映的社会效益确有所不同,而产生的社会效益即对社会的贡献,不是那么显而易见,即社会效益有一定的模糊性,这种投资与经济效益的清晰性和社会效益的模糊性之间的矛盾,形成了社会效益的隐蔽性的特点。

5.3.7　缺乏共度性

灌区项目建设社会效益多是难以用货币单位或市场价格计量的,因而难以量化。

5.4　社会效益评价的理论

5.4.1　效益统一理论

社会效益,是指最大限度地利用有限的资源满足社会上人们日益增长的物质文化需求。经济效益,是通过商品和劳动的对外交换所取得的社会劳动节约,即以尽量少的劳动耗费取得尽量多的经营成果,或者以同等的劳动耗费取得更多的经营成果。

作为国家,要建设经济强国,不能只顾经济效益,更要重视社会效益,社会效益是其主要矛盾。坚持把社会效益放在首位就是要求我们坚持重点论,抓住社会效益这个主要矛盾,坚持社会效益和经济效益相统一则是要求我们坚持两点论,统筹兼顾主次矛盾。

对于企业而言,从事生产和服务的根本目的是盈利,经济效益是其主要矛盾,社会效益是次要矛盾,企业要生存和发展,首先考虑的是经济效益。国家可以通过行政、法律等手段规范它们的生产经营行为,使它们在追求经济效益的同时兼顾社会效益。

总的来说,就是要求经济效益与社会效益相结合,既要确定经济效益的不断发展,又要保证社会效益的有力补充。

5.4.2　可持续发展理论

我国是一个农业大国,也是一个灌溉大国,灌区在我国的社会经济发展进程中占有重要的地位。然而,目前我国大部分灌区由于年久失修,老化病损现象严重,功能下降,运行难,远远不能满足日益发展的工农业生产,严重地阻碍了社会经济可持续发展的步伐。因此,灌区续建配套与节水改造项目建设势在必行,改善人民生活和促进区域农业经济可持续发展已迫在眉睫。灌区续建配套与节水改造项目的上马是否可行,前期与后期的评价有着不可缺少的决策依据,因此对灌区的经济效益及社会效益的评价,在其评价内容上应重视灌区的可持续发展及工程建设后的管理与改革等问题。而灌区作为一种人工补水灌溉措施,如何为我国农业、农村经济的可持续发展服好务,首先要解决的是灌区自身的可持续发展问题。实现灌区的可持续发展是实现我国农业和农村经济发展的基础保障;灌区社会效益的评价对灌区的可持续评价有着长远的推动作用。因此,把可持续发展作为灌区事业发展的指导思想和最高要求,利用有限的耕地和水资源,依靠科技进步,以节水增效为目的,生产出量多质优的农产品,满足十多亿人提高生活水平的需要,为当地农业现代化和可持续发展提供坚实的水利保障。

5.5　社会效益评价方法

5.5.1　确定评估的基准线调查法

调查法是通过各种途径,间接了解被试心理活动的一种研究方法。调查法总体上易于进行,但在调查的过程中往往会因为被调查者记忆不够准确等使调查结果的可靠性受到影响。调查的可能方法与途径多种多样,在教育心理学的研究中,最常用的调查方法主要有问卷法、访谈法、个案法与教育经验总结法等。

5.5.2　对比分析法

对比分析法是指对有项目情况和无项目情况的社会影响对比分析。有项目情况减去同一时刻的无项目情况,就是由项目建设引起的社会影响。

5.5.3　逻辑框架分析法

逻辑框架分析法是由美国国际开发署(USAID)在1970年开发并使用的一种设计、计划和评价的方法。目前,有 2/3 的国际组织把它作为援助项目的计划、管理和评价方法。

这种方法从确定待解决的核心问题入手,向上逐级展开,得到其影响及后果,向下逐层推演找出其引起的原因,得到所谓的"问题树"。将"问题树"进行转换,即将问题描述的因果关系转换为相应的手段——目标关系,得到所谓的"目标树"。目标树得到之后,进一步的工作要通过"规划矩阵"来完成。

5.5.4　利益群体分析法

确定影响产生的原因和受影响的群体,以判断在采取相应措施后项目社会效益的变化,同时根据所识别出的影响产生原因和受影响的群体,在项目的进行中可不断采取措施纠正,使项目的社会效益能够保持甚至超过项目实施前的社会效益。

5.5.5　综合分析评估法

分析项目的社会可行性时通常要考虑项目的多个社会因素及目标的实现程度。对这种多个目标的评价决策问题,通常选用多目标决策科学方法,如德尔菲法、矩阵分析法、层次分析法、模糊综合评价法、数据包络分析法等。

社会评价综合分析结论不能单独应用,必须与项目社会适应性分析结合起来考虑。项目与社区的互适性分析,研究如何采取措施使项目与社会相互适应,以取得较好的投资效果。所以,综合分析评价得出项目社会评价的总分后,在方案比较中,除了要看总分高低,还要看各方案措施实施的难易和所需费用的高低以及风险的大小情况,才能得出各方案社会可行性的优劣。有些项目可能因方案社会风险大或受损群众数量较大,又难以减轻而改变方案。对于项目社会评价来说,多目标分析综合评价方法得出的结果,往往只能作为一种分析总结的参考数据,不能据以决策。

5.6　赵口灌区续建配套与节水改造及二期工程社会效益评价分析

5.6.1　赵口灌区是当地区域的民生工程

5.6.1.1　提高周边区域人民生活水平,满足各种福利的要求

赵口灌区作为河南"农业第一大省、粮食生产第一大省"的最重要的粮食生产核心区之一,到 2020 年需增产 40.78 亿 kg,占全省增产 150 亿 kg 粮食的 27.00%,在粮食核心区建设中具有举足轻重的地位,直接影响到河南省能否完成国家确定的增产任务和国家粮食战略工程能否顺利实施。

随着赵口灌区区域人口的增加、城镇化水平的提高、工农业的快速发展对引黄灌区十分短缺的水资源及水环境产生了巨大冲击,需水量的迅速增加以及各部门间竞相开发所导致的不合理利用、水环境日趋恶化,使水资源供需矛盾日益突出。地表水、地下水水质的恶化给灌区的工农业生产和居民生活带来了严重的后果,严重阻碍了河南省粮食生产核心区的建设、灌区经济的稳步发展和人民生活水平的提高。

赵口灌区节水改造工程的实施,对缓解灌区日益突出的水资源供需矛盾,改善区域生产生活条件和生态环境有着非常重要的意义;灌区工程建设已列入国家新增 1 000 亿斤粮食生产能力规划项目,是河南省粮食生产核心区建设规划的重点项目。

赵口灌区引水主要来自黄河水,节水改造工程在当地区域工农业生产及经济发展中发挥了重要作用,归纳起来有五个方面:①引黄是解决当地水资源不足的唯一途径。赵口灌区地域涉及郑州、开封、周口、许昌、商丘 5 市的中牟县,开封市城乡一体化示范区、鼓楼区、祥符区、通许、尉氏、杞县、鄢陵、扶沟、西华、太康、鹿邑、柘城县等 13 个县(区)。这些地区都是资源型缺水的城市,黄河水已成为当地区域经济可持续发展的重要战略资源。②引黄在农业灌溉、补充地下水方面发挥着重要作用。20 世纪 80 年代,当地不少区域因地下水超采,地下水位急剧下降,部分机井抽水困难,不能正常发挥效益,老百姓不得不重新投资更换抽水机具。后来,当地区域大力发展引黄灌溉、补源,远送扩浇,引黄面积迅速扩大,

地下水位也逐步回升,保证了当地数十万眼机井正常发挥效益。③引黄在放淤种稻改土及发展水产、养殖和种植业方面发挥了重要作用。例如,开封市通过放淤种稻改土已使60万亩低洼易涝和沙化荒地变成良田。开展引黄以前,开封市没有种植水稻的历史,现在开封县、兰考县和城区形成了20万多亩水稻种植区。近城区通过引黄河水大力发展养鱼、种藕,增加了农民收入。④引黄在保障工业和城市生活用水、改善环境、防治污染中作用突出。随着经济的发展和人民群众生活水平的提高,引水量呈逐年递增趋势。在现有水资源总量严重不足的情况下,引黄成为保障当地区域工业发展和人民群众生活的生命线。⑤引黄是农民减负增收的重要途径。黄河水含有大量的有机质,水肥,水温高,对农作物生长有利,相对于井灌产量高,而且成本低,按正常提灌计算,仅相当于井灌成本的1/2,每亩每次灌溉可节约资金3~5元,同时也节省了农民大量的农机具投资。引黄灌溉是促进农民增收节支减负的有效途径。

5.6.1.2 增强周边区域城市和地区竞争实力

赵口灌区是豫东区域经济发展的重要支撑。豫东灌区的水源、输配水和灌溉系统构成了区域水资源配置的基本格局,在担负着农田灌溉任务的同时,还兼有向城乡生活和工矿企业供水的功能。随着城镇化水平的不断提高以及社会主义新农村建设的不断推进,赵口灌区在豫东区域、流域水资源配置和城镇、新农村建设中的作用将越来越重要。工程建成后,能够有效贯通豫东平原的渠道和沟河,实现黄淮连通,有效提升输水能力,进一步改善豫东地区水生态环境。可实现年新增引黄水量2.37亿 m³,同时向郑州、开封、周口、商丘4市的8个县(区)供水,极大地提升区域水资源配置能力。可新增灌溉面积220.5万亩,总灌溉面积达到587万亩,将成为河南省第一大灌区,全国第四大灌区,年新增粮食4亿斤以上,切实提高河南省粮食综合生产能力。增强了周边区域城市和地区竞争实力。

5.6.1.3 推动社会主义精神文明建设和满足人们全面发展的需求

社会主义精神文明建设包括思想道德建设和教育科学文化建设。思想道德建设是精神文明建设的灵魂,决定着精神文明建设的性质和方向,对社会的政治经济发展有巨大的能动作用。思想道德建设解决的是精神文明建设的根本问题。国家对赵口灌区的不断投资,对赵口灌区进行续建配套及节水改造,不仅提高了当地区域的灌溉面积,确保了当地区域的灌溉效率,当地农田得到了增收增产,人民生活安定了,生活水平提高了,工农业生产全面得到了发展,当地区域的社会主义精神文明建设也发生了翻天覆地的变化。人民对国家、对政府的信任度提高了,坚持爱国主义、集体主义、社会主义教育得到了大大的加强,社会公德、职业道德、家庭美德建设,树立建设中国特色社会主义的共同理想和正确的世界观、人生观、价值观也得到了明显的提高、有力的保证,并推动了社会精神文明建设,满足人民全面发展的需求。

5.6.1.4 带动周边区域劳动就业率大大提高

赵口灌区续建配套及节水改造工程建成后,将使灌区面积达到587万亩,比原来增加220.5万亩,赵口灌区不仅成为河南省第一大灌区,全国第四大灌区,可年新增粮食4亿斤以上,对于提高河南省粮食综合生产能力、打造全国粮食生产核心区具有重要支撑作用。为周边区域劳动带来更多的就业岗位,大大提高了就业率。

5.6.1.5 优化区域发展环境

赵口灌区十分重视周边生态环境的保护与改造,加强植树造林。在绿化建设中,始终坚持科学规划,高标准种植,在有条件的地方采取机械化施工。并坚持使用良种壮苗造林,确保造林质量,使造林成活率达95%以上。赵口灌区的建设改善了周边县乡的人居环境。灌区周边区域的居民居住较为散乱,公共文化设施落后,与外界联系较少,思想相对保守。灌区续建配套及节水改造工程的建设,加快了交通等基础设计建设步伐,极大地促进了当地物流运输业的发展,也极大地方便了当地居民的出行。更为突出的是,灌区的建设,随着人流的增加,使城乡之间的信息交流更为畅通,这将有利于区域内农民在信仰、价值观、行为规范、生活方式等方面缩小差距,并逐步接受先进的思想和现代的文化观念。然后构建区域内农村社区公共文化服务设施及体系,使区域内的文化水平逐步提高,有利于田园美景与现代生活方式、现代文明的有机结合,有利于农民及其子女得到现代化农村社区文化的熏陶,从而极大地改善其人居环境。

5.6.1.6　为涡河、惠济河、贾鲁河生态补水,推动可持续发展

赵口灌区内河流、沟渠众多,主要骨干河流有涡河、惠济河和贾鲁河等,均沿着地势自西北流向东南。结合河南省实施的四水同治战略部署,为实现豫东地区水系连通,以赵口灌区续建配套与节水改造项目和赵口引黄二期工程为基础,向涡河、惠济河、贾鲁河等骨干河道进行生态补水,形成黄河水与长江水丰涝互补,涡河、贾鲁河、惠济河与灌区互连互通,有效连通豫东平原的渠道和河沟,形成以引黄渠道、河流水系、供水管网为骨架的输水网络,推动可持续发展。

5.6.2　对当地农业发展的效益分析

5.6.2.1　为当地生态农业发展、促进区域农业可持续发展提供了保障

赵口灌区位于河南省中东部,是全国第四大灌区,河南省最大的灌区。豫东地区地势平坦,自西北向东南方向倾斜。这样的地势走向使黄河水成为豫东地区得天独厚的可综合开发利用的水资源。引用的黄河水用于工业生产、农业灌溉、改善生态环境、地下水补源、发展旅游业等。黄河水资源已从单一农业灌溉扩展到公共用水、灌溉、土壤改良以及水旅游、养殖等各个方面,具有同粮食、环境、能源同等重要的地位。

根据河南省水资源开发利用战略,用好过境水,储蓄地表水,留住地下水的指导思想,河南省、黄委会对豫东地区开发利用黄河水资源进行了较大投入,引用黄河水进行工业生产、农业灌溉、改善生态环境、进行地下水补源、开展旅游等效益显著。一是引用黄河水效费比最高,据有关资料显示,农业灌溉井灌方式每亩次费用 20~25 元,引黄灌溉每亩次仅为 6~8 元。南水北调在河南省的平均水价每亩次费用 31 元以上,而对黄河水进行泥沙处理后,用于城市、工业及环境用水,原水综合成本为 0.15~0.3 元/m^3,是效费比最高的一种供水方式。二是黄河水适合农作物生长,富含农作物生长需要的各种有机物,增加粮食产量和改善土壤结构功效独特。三是改善生态环境效果明显,利用黄河水进行地下水补源,逐步恢复沉陷漏斗区域的地下水位,增加地表植被和林草覆盖率,遏制和消除土壤沙化,有效改善地表水质,减轻污染。四是由于成本较低,对促进地方经济发展,提供永久性水资源保障作用突出。

赵口灌区引黄能够实施黄河水资源优化配置,采取多种水源并用,形成引黄经济用水与引黄农业直灌和引黄补源用水相结合,改善生态环境建设,发展旅游产业,促进区域农业经济可持续发展。

5.6.2.2　有利于区域农业生产结构调整、推动农业生产发展进入新阶段

赵口灌区是河南省重要的粮食生产基地,主要农作物有小麦、玉米、棉花、水稻、油料、蔬菜等,主要农作物播种面积占总播种面积的比例分别是:小麦 55.01%、玉米 13.26%、水稻 8.08%、经济作物31.79%。

通过引黄灌溉,灌区内优质农产品率达到 70%,优质农作物种植面积达到 550 万亩。其中,国家级大型优质专用小麦生产基地 340 万亩,优质棉花生产基地 80 万亩,无公害花生生产基地 60 万亩,无公害大蒜生产基地 40 万亩,优质汴梁西瓜基地 50 万亩,新增水稻种植面积 4 万亩。引黄灌溉还促进了农副业的发展,历史上黄河多次决口,在开封市郊留下了许多塘坑洼地,经过开挖改造,用于发展渔业生产,效益非常显著。商丘黄河故道水库 10 万亩水面被授予省级"无公害"水产养殖基地。

开封、商丘作为农业大市,在"十一五"期间加大对农田水利基础设施的投入,进一步明确了农业发展方向,同时也为黄河水资源开发利用提供新的契机,合理利用农业灌溉制度,科学配置黄河水量,周密调配引水时段,最大限度地保障小麦用水,扩大水稻种植面积,稳定经济作物灌溉需求。根据批准取水许可总量,力争三年内将黄河水资源综合利用效率达到 90%。

5.6.2.3　有利于农村工业化的发展,为农业现代化提供原动力

赵口灌区兴建以后,灌区农业现代化建设取得了巨大成绩。综合生产能力迈上新台阶。粮食连年增产,产量年增产 4 亿斤。肉蛋奶、水产品等"菜篮子"产品丰产丰收、供应充足,农产品质量安全水平稳步提升,现代农业标准体系不断完善。物质技术装备达到新水平。农田有效灌溉面积占比、农业科技进步贡献率、主要农作物耕种收综合机械化率分别达到 52%、56% 和 63%,良种覆盖率超过 96%,现代设施装备、先进科学技术支撑农业发展的格局初步形成。适度规模经营呈现新局面。以土地制度、经营

制度、产权制度、支持保护制度为重点的农村改革深入推进,家庭经营、合作经营、集体经营、企业经营共同发展,多种形式的适度规模经营比重明显上升。产业格局呈现新变化。农产品加工业与农业总产值比达到 2.2∶1,电子商务等新型业态蓬勃兴起,发展生态友好型农业逐步成为社会共识。农民收入实现新跨越。农村居民人均可支配收入达到 11 422 元,增幅连续六年高于城镇居民收入和国内生产总值增幅,城乡居民收入差距缩小到 2.73∶1。农业现代化已进入全面推进、重点突破、梯次实现的新时期。

5.6.3　赵口灌区对所在区域工业发展的效益分析

5.6.3.1　有利于工业园的兴起,从而带动区域工业的发展

赵口灌区的兴建,促进工业园的兴起,带动了区域工业的发展。

截至 2017 年底,许昌市高新技术企业数量由"十二五"末的 64 家增加至 100 家。"十三五"以来,新培育国家级科技企业孵化器 1 家,省级科技企业孵化器 5 家;国家级众创空间 2 家,省级众创空间 4 家,市级众创空间 4 家。目前,全市科技企业孵化器、众创空间等创业孵化载体达到 23 个。科技进步对经济增长的贡献率达到 60%;规模以上高新技术产业增加值占规模以上工业增加值比重达 44%,增速达 20.5%,分别居全省第 3 位、第 1 位。依托许昌高新区,打造全市自主创新高地,将中原电气谷核心区与周边的尚集产业集聚区、魏都产业集聚区、长葛产业集聚区和许昌市商务中心区实现有机联动,打造成为面积约 68.3 km² 的创新一体化发展区域和全市自主创新"核心区"。以许港产业带为载体,构筑郑许协同创新的主承载区。产业带以"依托郑州、对接空港、发挥优势、错位发展"为原则,着力打造特色先进制造业基地、现代服务业基地和网络经济试验区。依托"中德高端装备制造产业园"和"长葛市中德再生金属生态城"两大园区,创建国际创新合作的"示范园"。依托许昌市十大产业集聚区,建设承载许昌市产业技术创新的主要基地。中原电气谷核心区:围绕电力装备制造、新能源与环保设备、轨道交通装备等先进制造业的电力装备产业集群。许昌经济技术开发区:围绕电梯、工业机器人及数控机床等产业的智能制造产业集群。许昌尚集产业集聚区:围绕发制品和汽车零部件两大主导产业,打造汽车零部件智能制造示范区和国内最大的发制品品牌建设和出口基地。许昌魏都产业集聚区:建设全国一流的绿色制造产业基地、现代物流示范基地。禹州市产业集聚区:打造全国重要的中医药产业基地。长葛市产业集聚区:重点围绕装备制造、食品加工、冷链物流等产业发展。长葛大周再生金属循环产业集聚区:郑许一体化创新发展的桥头堡、中德创新合作的先行地,围绕再生金属和金属制品产业发展。鄢陵县产业集聚区:重点围绕纺织箱包和装备制造两大主导产业发展。襄城县产业集聚区:重点围绕硅材料、太阳能装备等产业,打造省内重要的太阳能装备制造基地。襄城县循环经济产业集聚区:围绕煤基化工、硅材料领域,推动煤基化工产业技术向高、精、尖领域拓展。

5.6.3.2　有利于区域工业结构的优化升级,有效提高工业档次和水平

推进工业结构的调整和优化升级,是实现经济发展方式转变、增强经济可持续发展能力的重要手段和途径。在工业经济领域实现发展方式转变,就是要走出一条有中国特色的新型工业化道路。因此,"十二五"时期,要从探索有中国特色新型工业化道路的根本目标出发,立足于中国的基本国情和新的发展环境,通过调整实现向资源节约、环境友好型的工业结构转变,有利于充分发挥劳动力比较优势的工业结构,高附加值化、高加工度化、高技术化的工业结构,有利于国际分工地位不断提高的工业结构的转型和优化升级。

赵口灌区对区域工业结构的优化升级,工业档次和水平的提高起到了很大的推进作用,赵口灌区兴建后,一大批优质企业如开封大型工业开封碳素厂、开封火电厂扩建项目,资产重组后的晋煤化工、永煤空分、平煤开伐步入良性运行,汴西新区平原水库正在酝酿中,高校园区初具规模,开封县晋开集团的上马,商丘民权电厂一期 2×600 MW 发电机组并网投产,二期 2×1 000 MW 发电机组完成可性行论证并上报审批,商丘市永城县立足永煤集团的资源优势,正在积极规划新建火力发电厂等。

5.6.3.3　有利于所在区域循环经济的发展,走新型工业化道路

发展循环经济本质上是遵循生态规律和经济规律安排相应的经济活动,其核心是建立一种新的生态化产业模式。从宏观层面讲,就是要依据产业关联技术经济的客观比例关系,来调整不协调的产业结

构,促进国民经济各产业的协调发展。产业结构优化过程就是通过有关产业政策调整影响产业结构变化的供给结构和需求结构,实行资源优化配置与再配置,来推进产业结构的合理化和高度化发展,最终在不同类别的产业之间形成类似于自然生态链的关系,运用反馈式、网络状动态联系,使物质能量流在系统内不同行业之间有序循环。从微观层面讲,企业作为这个大的"生态化"体系的组成单元或者节点,只有主动进行产品结构、产业结构、组织结构等的持续优化乃至大力度调整,方能适应或积极引领行业发展。

赵口灌区是国家 1 000 亿斤粮食增产计划的重点地区之一,在保障国家粮食安全方面发挥着重要作用。灌区通过多年的建设,不仅为灌区农田提供良好的黄河水,还可补充地下水,涵养地下水源,节约用水,提高田间作物用水生产效率,使灌区水资源短缺的矛盾得到缓解;工程建设后,灌排畅通,耕地灌溉面积增加、灌溉条件、河道水质得到改善,生态系统得到恢复,可提高农田抗御自然灾害的能力,对促进灌区农、林、牧、副、渔业全面发展,改善人民生活和实现可持续发展将发挥重要作用。有利于所在区域循环经济的发展,走新型工业化道路。

1. 促进了建设发电厂—石膏厂、建材厂—水泥厂为主的循环产业链

发电厂分为两类,普通发电厂和焚烧垃圾发电厂。在垃圾分类执行之前,大量垃圾处理方式主要是以卫生填埋或焚烧发电,随着众多垃圾填埋场超负荷的运行,垃圾焚烧发电项目日趋增加,例如郑州(东部)环保能源垃圾焚烧发电项目可每日解决 4 500 t 生活垃圾,其产生的炉渣可以作为制造建筑材料用砖的原材料,其产生出的飞灰需要水泥固化处理。然而普通的发电厂仍然采用的烧煤发电,在这个过程中产生大量的粉煤灰。粉煤灰可以作为建筑材料生产的原材料,是加气混凝土砖的主要原材料、普通硅酸盐水泥的添加剂和粉煤灰水泥的主要原材料,而矿区产生的矿渣也可以作为建材和水泥的主要原材料,例如加气混凝土砌块和矿渣硅酸盐水泥。发电厂还可以为石膏厂提供煤炭脱硫产生的碳酸钙,碳酸钙可作为石膏厂生产石膏的原材料。

在整个生态工业园里,发电厂就相当于生态系统中的"生产者",其生产出的固体废弃物如粉煤灰、矿渣、碳酸钙等可以作为下一营养级"消费者"主要原材料的来源。石膏厂和建材行业就相当于"消费者",石膏厂利用碳酸钙生产石膏,建材厂利用粉煤灰、矿渣、石膏作为主要的原料制作建筑材料,而其产生的固体废弃物,例如废弃的建材或者是房屋拆迁所产生的建筑垃圾等可以重新作为原材料进入下一营养级"分解者",而水泥厂就相当于"分解者"这个角色,它可以把废弃的建材或者是建筑垃圾作为原材料的一部分制作成为水泥,而其中又不可缺少石膏,石膏作为缓凝剂是生产水泥材料的重要组成部分,水泥可以用于生活中的修路、房建和隧道建设等。

而在发电厂、建材厂和水泥厂中都有共同的机械就是窑炉,窑炉必不可少地会产生余热,而余热收集系统会把余热收集起来转化成水蒸气,水蒸气带动汽轮机,汽轮机从而又带动发电机进而产生电能,其产生的电能可以直接接入国家电网,供人们日常生活所用。

建设发电厂—石膏厂、建材厂—水泥厂为主的循环产业链可以达到减少资源消耗、环境污染轻和经济效益高的标准,资源多级利用,符合循环经济发展理念。

2. 循环型生态工业体系建设

一是煤电资源综合开发利用产业链形式,形成"煤炭开采—煤炭分选、洗选—精煤—环境修复"产业链、"煤炭—建材—电力"产业链和"煤炭—焦化—化工—建材"产业链。二是新能源项目重点推动光伏发电示范工程、沼气发电示范工程、节能灯示范应用工程和新能源汽车示范项目。三是依托郑州中南杰特超硬材料有限公司等企业,大力发展高级超硬材料,积极开发具有新型功能性能的超硬材料制品。四是依托长城铝业公司等企业和中国铝业研究中心,打造"上街—荥阳—巩义铝加工产业集群"。五是加快推进郑州中牟汽车零部件生态工业园区建设,打造郑州—中牟—开封汽车及零部件产业集群,着力打造郑州—中牟—开封汽车及零部件产业集群,着力打造中牟县中国汽车零部件(郑州)产业基地。

许昌地区新型工业化产业示范基地建设方面取得了显著成效。目前,全市拥有长葛市产业集聚区、襄城县煤焦化循环经济产业园和中原电气谷 3 个省级新型工业化产业示范基地。2013 年,长葛市产业

集聚区内的企业完成工业总产值 650 亿元,同比增长 21.5%,主导产业完成 550 亿元,同比增长 23.6%;实现主营业务收入 800 亿元,同比增长 17%;上缴税金 7 亿元,同比增长 26.8%;完成固定资产投资 170 亿元,同比增长 48.8%。襄城县煤焦化循环经济产业园内的企业实现销售收入 406.5 亿元,其中主导产业营业收入 373.98 亿元,同比增长 9%,占园区全部企业营业收入的 92%。中原电气谷内的企业实现主营业务收入 395 亿元,同比增长 10%;上缴税金 42.5 亿元,同比增长 11.3%;新增规模以上企业 12 家,同比增长 13%,规模以上企业总数达到 137 家。2014 年将积极推荐长葛市产业集聚区申报国家级新型工业化产业示范基地,推荐许昌尚集产业集聚区、魏都产业集聚区申报全省新型工业化产业示范基地。下一步,长葛市将以现有龙头企业为支撑,以推进延链补链为抓手,以打造完整产业链为目标,积极承接产业转移,推动长葛市新型工业化产业示范基地实现跨越式发展。

赵口灌区发展循环型经济,走新型工业化道路,是转变经济增长方式,实现可持续发展的迫切需要。发展循环型生态工业,可以全面提高资源利用效率,减少资源、能源消耗和污染物、废物的产生,推进新型工业化,保障"新型工业化道路"建设,促进经济和社会全面、协调、可持续发展,把赵口灌区建设成为一个景观优美怡人、生活典雅舒适、经济持续繁荣、社会和谐发展、适宜居住的生态灌区。

5.6.4　赵口灌区对所在区域第三产业的效益分析

5.6.4.1　赵口灌区对所在区域交通业发展的影响

赵口灌区的兴建对区域内交通业的发展产生了一定的影响。郑州中牟交通基础设施建设:经区域划分后,"十三五"末,公路总里程达到 2 700 km 以上,较"十二五"末增长 29%,新增里程 600 km 以上。高速公路总里程达到 90 km 以上,普通干线公路总里程达到 230 km 以上,农村公路里程达到 2 400 km 以上,全县路网密度提升至每 300 km/100 km²。

5.6.4.2　赵口灌区对所在区域旅游业发展的影响

旅游产业发展用水增加更为明显,如 20 世纪 80 年以前豫东地区只有古城开封市区的潘家湖、杨家湖、包公湖采用引黄补水,年补水量约 300 万 m³,而现在开封水系工程一期建成使用,二期即将建成,通过新建渠系工程,使包公湖、潘家湖、杨家湖、铁塔湖等连成一体,打造开封北方水城景观,必要条件之一就是要有水源的保证。汴西新区平源水库建设项目已经立项,新水系工程四通八达。郑东新区水系建设更加庞大,河南省规划的郑汴一体化建设区域达 2 900 km²,打造新区的生机之魂就是引黄河水入新区,水资源的需求量将成数倍增加。商丘市区商家运河开发段,睢县城区具有万亩水面的城湖,也是靠引黄补水。目前,商家运河市区开发段年补水量需 500 万~1 000 万 m³。睢县城湖年补水量在 500 万~600 万 m³。随着豫东地区经济、社会、生态环境、旅游开发的迅速发展,黄河水资源的利用将空前高涨。

5.6.4.3　赵口灌区对所在区域商贸业发展的影响

赵口灌区兴建后对区域商贸业的发展产生了一定的影响,一大批优质企业入驻,一批商贸开始向生态化、高新化、高质量化发展。开封市着力发展壮大五大主导产业,推进重点产业转型发展,培育区域竞争新的优势。开封市着力发展壮大的五大主导产业分别为文化旅游、健康养老、现代物流、现代金融、信息服务。其中,在文化旅游产业方面,开封市将推进大运河文化带建设,进一步加快北宋东京城保护展示工程建设;发展数字传媒,在有声读物、数字音乐、在线演出等领域打造一批数字内容精品和品牌;加快发展创意设计产业,制订实施开封市传统工艺振兴计划,支持创建木版年画、汴绣、官瓷等创新创业平台,加快开封宋都古城文化产业园建设;落实创建郑汴洛全域旅游示范区实施意见,打造开封时尚休闲旅游城市;建设研学旅游基地,鼓励旅行社开设研学旅游线路,完善旅游接待服务体系,组织好夏令营、冬令营等多种形式的研学旅游活动,力争将开封市打造成国家级研学旅游目的地等。

积极培育四大新兴产业,发展新兴服务业态,增强服务经济新动能。开封市积极培育的四大新兴产业分别为科技服务、教育培训、居民和家庭服务、商务服务。其中,在居民和家庭服务方面,开封市将实施家政服务提质扩容行动计划,发展家庭服务市场,健全城乡居民家庭服务体系,鼓励京东到家、58 到家等在开封市布局建设社区生活服务平台,推广"互联网+便利店"模式,拓展网订店取、网订店送、社区配送、家政服务、鲜食餐饮等便民服务;推广"互联网+家政服务",加快建设服务信息平台,建立家政服务企业、用户、从业人员电子档案和信用记录,归集到市公共信用信息平台;实施家政服务技能人才提升工程,将家政服务列入农民工职业技能提升计划,创建家政服务职业培训示范基地,加强与58到家等服务平台合作,共建一批家政技能培训基地;提升社区物业管理服务,全面推广物业服务合同备案制度、前期物业招标投标制度等配套制度,研究制定老旧住宅区加装电梯办法和技术规范等。

改造提升商贸流通产业,强化平台载体建设,构建产业升级新体系。开封市将积极引导支持实体零售企业全渠道、多融合、数字化、体验式发展,促进实体消费企业向社交体验消费中心转型。积极引进新零售企业在汴精准布局线下实体店,发展无人货架、无人商店、超市+餐饮、便利店+鲜食等新业态;重点在现代物流、批发零售等领域,建设一批跨行业、跨领域的供应链综合服务和交易示范平台等。据悉,通过积极努力,开封力争实现服务业带动能力进一步增强、结构全面优化升级、质量效益稳步提升。2020年,开封市服务业增加值力争达到950亿元,同比增长超9.5%,对全市经济增长贡献率超50%,服务业占GDP比重超45%。

5.6.4.4　赵口灌区对所在区域房地产业发展的影响

赵口灌区自1972年开灌以来,已累计引水约88亿 m³,灌溉面积7 200多万亩次、补源面积1 300多万亩次。对灌区农、林、牧、副、渔业全面发展起到了显著作用。赵口灌区二期工程,将治理河道263 km、改建渠道31条、扩挖清淤河沟28条,有效提升输水能力,提供年生态用水950万 m³,年压采浅层地下水3 580万 m³,增加排涝面积1 400 km²,还可向涡河、惠济河进行生态补水,切实解决隋唐大运河国家文化公园建设缺水问题,进一步改善豫东地区水生态环境,还老百姓清水绿岸、鱼翔浅底的美丽景象。同时,赵口灌区区域内也成为益居城市,对区域内房地产业发展产生了一定的影响。吸引了大批优质房建企业入驻,如北京中建、中核房地产、中铁建设集团、绿地地产、瑞贝卡、恒达、碧桂园、建业等。

第6章　赵口灌区续建配套与节水改造及二期工程环境与生态效益评价

6.1　环境与生态效益评价

环境生态效益是指人们在生产中依据生态平衡规律,使自然界的生物系统对人类的生产、生活条件和环境条件产生的有益影响和有利效果,它关系到人类生存发展的根本利益和长远利益。生态效益的基础是生态平衡和生态系统的良性、高效循环。

从相关因素关系而言,生态效益指人类各项活动创造的经济价值与消耗的资源及产生的环境影响的比值。生态效益概念隐含着从生态与经济两个维度考虑环境问题,在两者之间做一个最佳的配置;在进行经济和其他活动,创造经济价值时,尽量减少资源的消耗和对生态环境的冲击。

农业生产中讲究生态效益,就是要使农业生态系统各组成部分在物质与能量输出、输入的数量上及结构功能上,经常处于相互适应、相互协调的平衡状态,使农业自然资源得到合理的开发、利用和保护,促进农业和农村经济持续、稳定发展。

在人与自然的物质交换过程中,合理地进行人为的调控,充分发挥自然系统的自我调控作用,从而维护生态与经济的平衡,以求得生态效益与经济效益的统一,是当前世界各国包括社会主义国家经济发展中的迫切任务。

生态效益的好坏,涉及全局和长期的经济效益。在人类的生产、生活中,如果生态效益受到损害,整体的和长远的经济效益也难得到保障。因此,人们在社会生产活动中要维护生态平衡,力求做到既获得较大的经济效益,又获得良好的生态效益。

6.1.1　环境与生态效益评价的内容

6.1.1.1　从生态环境因素分

环境与生态效益评价从生态环境因素分,主要包括:①地质;②水文(包括地表水、水域及地下水);③土壤(土质、水土流失,植被等);④气象;⑤自然资源(动植物、矿产等);⑥人口(人群健康、居民迁移等);⑦自然景观、古迹等;⑧工农业生产(农作物、渔业,牧业、工农业产值等);⑨生活设施。

6.1.1.2　从生态效益的经济来分

(1)环境收益。指由于项目的实施直接使环境质量提高而引发的收益。

(2)环境损失。与环境收益相反,指经济活动所引起的不利的环境变化。

(3)环境费用。指经济活动中为消除不良环境影响所必需的消耗,通常包括环境工程投资,环保工程运行费用及其他环境保护费用。

6.1.1.3　从生态效益作用的对象来分

(1)对野生动植物生存的影响。

(2)对水土保持的影响。

(3)对水环境的影响等。

6.1.2　环境与生态效益评价的原则

生态经济评价应高度重视生态环境与区域经济发展的协调性,注重区域生态环境的长期宏观经济效益、社会效益和生态效益。在评价过程中,应遵循区域经济发展与生态环境协调一致的原则,系统稳定有序原则,系统整体功能最大原则,共生(互利)、多样化原则,生态环境清洁原则。

6.1.3　环境与生态效益评价的方法

环境与生态效益评价工作大体可分为三个阶段:第一阶段为准备阶段,主要工作为研究有关文件,进行初步的工程分析和环境现状调查,筛选重点评价项目,确定各单项环境与生态效益评价的工作等级,编制评价大纲;第二阶段为正式工作阶段,其主要工作为进一步做工程分析和环境现状调查,并进行环境影响预测和评价环境影响;第三阶段为报告书编制阶段,其主要工作为汇总、分析第二阶段工作所得到的各种资料、数据、结论,完成环境影响报告书的编制。

环境与生态效益评价的基本内容主要包括以下几个方面:

(1)确定区域发展目标与环境目标。

(2)确定评价范围,识别区域环境条件,识别评价的环境要素和可供选择的方案。

(3)灌区工程分析,包括对灌区工程选址选线的分析、灌区的规模与布局的分析、工艺流程的分析、清洁生产的分析等。

(4)环境现状调查与评价,包括收集有关的环境保护规划、环境功能区划文本,对拟建项目可能影响区域的自然环境、生态环境、社会环境和环境质量现状进行调查与评价,识别现有的敏感环境问题和环境保护目标。

(5)环境影响识别、评价因子筛选与评价等级,包括根据工程特点和环境特征,识别建设项目可能带来的主要环境影响,筛选主要评价因子,确定环境保护目标、环境影响评价深度和评价范围,以及适用的环境标准。

(6)环境影响分析、预测和评价,包括对环境水文、污染气象等特征分析,不同工程规模和方案的环境影响情景分析,采用适当的分析、预测技术方法对环境影响进行预测和评价。

(7)环境保护措施及其技术、经济论证,包括拟订减缓或消除拟建项目可能带来的不利环境影响措施,以及对其有效性进行技术经济分析论证。

(8)对拟建项目的环境影响进行经济损益分析。

(9)开展公众参与。

(10)拟订环境监测与管理计划,建立持续性的环境监测机制,连续监测政策、规划、计划实施后的环境影响,同时评估规划环境与生态效益评价的有效性。

(11)编制环境与生态效益评价报告书。

常用的环境与生态效益评价方法包括对比法和综合评价法。对比法包括前后对比法与有无对比法。由于灌区工程属于大型社会经济项目,实施后的"无工程项目对生态的影响"难以精确预测和量化,因此简单的有无对比法难以得出真正的项目效果的结论;前后对比法较适用于生态环境影响评价,但在项目实施后(或预测值)的生态环境指标需排除其他影响因素。

6.1.4　生态环境的调查

生态环境现状调查是生态现状评价、影响预测的基础和依据,调查的内容和指标应能反映评价工作范围内的生态背景特征和现存的主要生态问题。在有敏感生态保护目标(包括特殊生态敏感区和重要生态敏感区)或其他特殊保护要求对象时,应做专题调查。

6.1.4.1　调查方法

1.资料收集法

资料收集法即收集现有的能反映生态现状或生态背景的资料,从表现形式上分为文字资料和图形资料;从时间上分为历史资料和现状资料;从收集行业类别上分为农、林、牧、渔和环境保护部门;从资料性质上可分为环境影响报告书,有关污染源调查、生态保护规划、规定、生态功能区划、生态敏感目标的基本情况以及其他生态调查材料等。使用资料收集法时,应保证资料的现时性,引用资料必须建立在现场校验的基础上。

2. 现场勘查法

现场勘查法应遵循整体与重点相结合的原则,在综合考虑主导生态因子结构与功能完整性的同时,突出重点区域和关键时段的调查,并通过对影响区域的实际踏勘,核实收集资料的准确性,以获取实际资料和数据。

3. 专家和公众咨询法

专家和公众咨询法是对现场勘查的有益补充,通过咨询有关专家,收集评价工作范围内的公众、社会团体和相关管理部门对项目影响的意见,发现现场踏勘中遗漏的生态问题。专家和公众咨询应与资料收集和现场勘查同步开展。

4. 生态监测法

当资料收集、现场勘查、专家和公众咨询提供的数据无法满足评价的定量需要,或项目可能产生潜在的或长期累积的效应时,可考虑选用生态监测法。生态监测应根据监测因子的生态学特点和干扰活动的特点确定监测位置和频次,有代表性地布点。生态监测方法与技术要求须符合国家现行的有关生态监测规范和监测标准分析方法;对生态系统生产力的调查,必要时需现场采样、实验室测定。

5. 遥感调查法

当涉及区域范围较大或主导生态因子的空间等级尺度较大,通过人力踏勘较为困难或难以完成评价时,可采用遥感调查法。遥感调查过程中必须辅助必要的现场勘查工作。

6.1.4.2　调查内容

1. 生态背景调查

根据生态影响的空间和时间尺度特点,调查影响区域内涉及的生态系统类型、结构、功能和过程,以及相关的非生物因子特征(如气候、土壤、地形地貌、水文及水文地质等),重点调查受保护的珍稀濒危物种、关键种、土著种、建群种和特有种,天然的重要经济物种等。如涉及国家级和省级保护物种、珍稀濒危物种和地方特有物种,应逐个或逐类说明其类型、分布、保护级别、保护状况等;如涉及特殊生态敏感区和重要生态敏感区,应逐个说明其类型、等级、分布、保护对象、功能区划、保护要求等。

2. 主要生态问题调查

调查影响区域内已经存在的制约本区域可持续发展的主要生态问题,如水土流失、沙漠化、石漠化、盐渍化、自然灾害、生物入侵和污染危害等,指出其类型、成因、空间分布、发生特点等。

6.1.5　生态环境影响因素识别

生态环境影响因素识别是一种定性的、宏观的生态影响分析,其目的是明确主要影响因素、主要受影响的生态系统和生态因子,从而筛选出评价工作的重点内容。影响识别包括影响因素识别、影响对象识别、影响效应识别和重要生境识别。

6.1.5.1　影响因素识别

影响因素识别主要是识别影响作用的主体(开发建设活动),识别要点如下:

(1)内容全面。包括主工程、所有辅助工程(如施工辅道、作业场所、储运设施等)、公用工程和配套设施建设。

(2)全过程识别。从选址和勘探期到设计期、施工期、运营期、直至死亡期(如矿山闭矿、渣场封闭)全过程识别。

(3)识别全部作用方式。如集中作用点与分散作用点,长期作用与短期作用,物理作用或化学作用等。

6.1.5.2　影响对象识别

影响对象识别主要是识别影响受体(生态环境),识别要点如下:

(1)区域敏感环境保护目标。如水源相关目标、景观相关目标、自然与文化纪念物、特别生物保护地、敏感人群目标、法定保护目标、特别生境、脆弱生态系统、灾害发生区及防灾减灾体系与构筑物等。

(2)生态系统及其主导因子。如生态系统主要限制性环境因子、生物群落建群种等,考察这些主导因子受影响的可能性。

（3）主要自然资源。如水资源、耕地（尤其是基本农田保护区）资源、特产地与特色资源、景观资源以及对区域可持续发展有重要作用的资源。

6.1.5.3　影响效应识别

影响效应识别主要是对影响作用产生的生态效应进行识别，识别要点如下：

（1）影响的性质。即正负影响，可逆与不可逆影响，可补偿或不可补偿影响，有替代方案或无替代方案，短期与长期影响，一过性与累积性影响等。

（2）影响的程度。即影响范围的大小、持续时间的长短、作用程度的剧烈与缓和、是否影响敏感的目标或影响生态系统主导因子及主要自然资源。

（3）影响的可能性。判别直接影响和间接影响，发生之可能性大或小。

影响识别常以列表清单法或矩阵表达，并辅之以必要的说明。

6.1.5.4　重要生境识别

重要生境识别有一些生境对生物多样性保护是至关重要的。许多生物从一定的地域内消失，就是因为人类侵占或破坏了它们赖以生存的生境。生态影响识别和生态环境调查中，要认真识别这些重要的生境，并采取有效的措施加以保护。一般来说，下述生境均属于重要生境：天然林，包括原生林和次生林、森林公园等；天然海岸，尤其是沙滩、海湾等；潮间带滩涂；河口和河口湿地，无论大小都重要；湿地与沼泽，包括河湖湿地如岸滩或河心洲、淡水或赶潮沼泽、红树林与珊瑚礁等；无污染的天然溪流、河道；自然性较高的草原、草山、草坡。

6.2　赵口灌区环境概况

6.2.1　自然环境

6.2.1.1　地形地貌、土壤

1. 地形地貌

赵口灌区工程位于黄河南岸，绝大部分地区属黄河冲积平原，少部分属黄河漫滩。区内地势较平坦，西北向东南微倾，西北（中牟县）高程 80~85 m（1956 黄海高程，下同），东南部（柘城）地面高程约 40 m，地面坡降为 1/3 000~1/8 000，形成了大致平行的数条由西北向东南的河流。近代黄河泛滥历史，不仅对本区全新统地层的发育起重要作用，而且直接影响到本区的微地貌形态，使得灌区内总体地形较为平坦，局部地段受河流切割影响，微地形起伏较大，具有明显的坡、平、洼。本区按地貌形态可划分为黄河漫滩区和黄河冲积平原区。

黄河漫滩区：分布在灌区北部黄河大堤以内，地面高程 82~87 m，为黄河近代冲积物。靠近大堤为高漫滩，靠近河流处为低漫滩。

黄河冲积平原区：西北高东南低，大部地形平坦，局部受河流、冲沟切割形成沟谷微地貌。

黄河大堤以南 1~6 km 处，因受历史上洪水冲淤和人工挖土修堤，地表形成洼地和砂丘，微地貌发育。

灌区北部中牟县东部、开封县西部及尉氏县西北部局部地区分布有风成沙丘，这些地区是黄河历次决口泛滥的主流地带，沉积了颗粒细微又无黏结力的中细砂、粉细砂，后经风力分选搬运堆积形成大小不等的呈片状或带状的沙丘沙垄，相对高差 5~8 m，少数达 10 m，经植树造林大部分沙丘处于固定或半固定状态。

2. 土壤

灌区内土壤主要受黄河泛滥冲淤泥沙运动的影响，表层土壤质地分布情况错综复杂。根据 2010 年土壤普查资料，灌区内共有潮土、风沙土、盐土三个土类。潮土类是灌区主要分布的亚类较多的土壤，是由黄河冲积发育而成，面积大、分布广、种类多；风沙土类是受黄河泛滥主流颗粒较粗的沉积物经风力多次搬迁堆积而成的一个类型,灌区各县均有分布;盐土类耕层含盐量在 0.2%~1.0%,以氯化物盐类为主,氯离子占负离子毫克当量总数的 43.3%~30.3%,主要分布在沿黄背河洼地一带,其他县(郊)亦有零星分布。

6.2.1.2　河流水系

赵口灌区二期北侧为黄河干流,是灌区的取水水源。

灌区内的河流均属于淮河流域涡河水系,均为季节性河流,枯水期断流,主要河流有涡河、惠济河、铁底河、涡河故道等。

1. 黄河

黄河干流在灵宝市进入河南省境内,干流孟津以西是一段峡谷,水流湍急,孟津以东进入平原,干流流经兰考县三义寨后,转为东北行,至台前县出境,横贯全省长达 711 km。黄河从灌区边缘经过,为过境河流,本工程从黄河干流赵口闸引水,引水闸附近黄河花园口站多年平均天然径流量 560 亿 m^3,其中汛期 332 亿 m^3,非汛期 228 亿 m^3。

2. 灌区内河流

灌区内河沟众多,均属涡河水系,位于淮河流域上游。主要包括涡河、惠济河、运粮河、涡河故道、铁底河等,全部为季节性河流。

涡河是淮河第二大支流,淮北平原区河道。涡河发源于河南省开封市,东南流经河南省和安徽省,于安徽省怀远县城入淮河,涡河全长 380 km,流域面积 15 905 km^2。河南省境内涡河主要支流有惠济河、大沙河。

惠济河是涡河第一大支流,属淮北平原区河道。惠济河发源于河南省开封市郊,流经河南省东部和安徽省西北部,于安徽省亳州市大刘柴村汇入涡河,交汇口以上惠济河全长 174 km,流域面积 4 135 km^2。惠济河主要支流有马家河、淤泥河等。

运粮河为涡河源头,发源于河南省开封市以西,黄河南堤脚下,东南向流,穿过中牟县与开封市之间的陇海铁路,自杏花营农场的秫米店村西北入开封县境内,穿杏花营、仙人庄、西姜寨、朱仙镇等乡(镇),最后于大李庄乡的四合庄入涡河。运粮河全长 35.6 km,流域面积 214 km^2。

涡河故道,位于河南省东部,原为黄河水入涡的泛道,20 世纪 50 年代治理后改名"涡河故道",其上段称马家沟,发源于开封市西北部黄河大堤南侧,东南流经开封市西南郊后进入开封县,马家沟流经开封县西南部地区,继而在万隆乡东南进入通许县后始称"涡河故道"。涡河故道东南流经通许县中部,杞县官庄乡西部,最后于太康县西北角芝麻洼乡邢楼村西北注入涡河。全长 106.7 km,流域面积 688 km^2。

铁底河,位于河南省东部,是涡河左岸一条支流,发源于开封县陈留镇西南,穿过通许县东北角进入杞县境,东南流经杞县西南部的高阳镇、苏木乡等乡镇,至板木乡北,宗店乡西,折向南,进入太康县,流经太康县东部地区,最后于朱口镇南部小李村西注入涡河。全长 103 km,流域面积 693.1 km^2。

除上述河流外,灌区内还有灌排合一的干沟(河),其中,流域面积大于 100 km^2 的有 10 余条,流域面积在 0~100 km^2 范围内的有 50 余条,干支沟(河)与干支渠(沟)道纵横交错,形成渠沟(河)网络。区内河道因受水土流失及近些年引黄退水的影响,普遍淤积严重,同时因城市排放污水和工业废水,水质受到一定程度的污染。区内排水系统基本形成,多年来部分河沟按 5 年一遇标准治理,但仍有河沟排水标准偏低。

6.2.1.3　水文泥沙

1. 黄河

黄河干流东西横穿河南省中部地区,省辖黄河流域面积约 3.62 万 km^2,占全省面积的 21.9%。黄河花园口水文站是距离赵口灌区二期最近的水文站,花园口水文站以上集水面积为 73 万 km^2,2013 年花园口站实测年径流量为 327.5 亿 m^3,1974~2015 年花园口站 $P=50\%$ 实测径流量为 317.2 亿 m^3。

自小浪底水库蓄水以后,黄河花园口站泥沙含量明显减小。2002~2014 年黄河花园口泥沙含量情况为:汛期多年平均含沙量为 5.12 kg/m^3,非汛期多年平均含沙量为 1.15 kg/m^3,多年平均含沙量为

3.2 kg/m³。

　　调水调沙后,汛期较非汛期略细,泥沙颗粒级配情况大致是:细沙($d<0.025$ mm)约占20%,中沙($d=0.025\sim0.05$ mm)约占55%,粗沙($d>0.05$ mm)约占16%,悬移质多年平均粒径0.032 mm。

　　2. 涡河及其他河流

　　灌区内涡河玄武站,集水面积为4 014 km²,有1983~2013年共31年实测年径流量数据。涡河年径流量是赵口灌区二期当地地表水的主要来源。在充分考虑上游对河道水的开采量和灌区工业生活的排水量后,对实测径流量进行了还原计算。根据1983~2013年涡河玄武站水文测站天然年径流长系列数据,涡河玄武站平水年(50%)天然径流量为2.41亿 m³;多年平均天然年径流量为2.97亿 m³。

　　灌区河流因受引黄水影响,成为平原河流含沙量高值区,河流含沙量因地势和水流速度等的影响而呈自上游向下游逐渐减少的分布规律。

　　灌区内河流含沙量一般在2.0~3.5 kg/m³,其中主干河流涡河上游邸阁站附近年均含沙量为2.21 kg/m³,年均输沙量为57.9万 t,年均输沙模数为458 t/km²。河流含沙量多年变化呈减少趋势,其中代表河流涡河含沙量最为明显,其上游邸阁站含沙量近20年较前20年含沙量减少幅度接近60%。

6.2.1.4 气候与气象

　　赵口灌区范围属季风型大陆性气候,四季交替明显,冬季在蒙古高压控制下,盛行西北风。气候干燥,天气寒冷。夏季西太平洋副热带高压增强,暖湿海洋气团从西南、东南方向侵入,冷暖空气交替频繁,促使降雨量特别集中。

　　1. 降水

　　多年平均降水量:据各县气象站降水量资料,灌区多年平均降水量为700 mm。上游灌区多水年可达1 051 mm(1984~1985年),少水年仅318 mm(1959~1960年);下游灌区多雨年可达1 148 mm(1984年),少水年仅365.9 mm(1978年)。

　　降水年际变化:灌区季风气候的不稳定性和天气系统的多变性,造成灌区年际间降水量差别很大,具有最大降水量与最小降水量悬殊和年际间丰枯变化频繁等特点。多数地区最大降水量与最小降水量的差值在600~1 200 mm,极值降水量比值一般为2~4,比值南部小于北部。降水年内分配:灌区降水量年内分配特点与水汽输送的季节变化有密切关系,其特点表现为汛期集中,季节分配不均匀,最大、最小月降水量悬殊。灌区降水量主要集中在6~9月,这4个月的降水总量占全年降水量的66%,见表6-1。

表6-1　灌区多年平均降水量及年内分配

月份	1月	2月	3月	4月	5月	6月
降水量(mm)	11.7	15.5	30.0	43.8	61.7	84.5
分配(%)	1.61	2.13	4.12	6.01	8.47	11.59
月份	7月	8月	9月	10月	11月	12月
降水量(mm)	186.9	137.5	74.9	43.3	26.7	12.6
分配(%)	25.63	18.85	10.27	5.94	3.67	1.72

　　2. 气温

　　灌区气候温和,冬冷夏炎,四季分明,多年平均气温为14.2 ℃。气温1月最低,多年平均气温为-0.4 ℃;7月最高,多年平均为27.2 ℃。历史极端最低气温-17.2 ℃(1958年1月10日),历时极端最高气温42.9 ℃(1966年7月19日)。

　　3. 蒸发量

　　项目区蒸发量从南至北增加,多年平均蒸发量为1 320 mm,约为多年平均降水量的2倍。干旱持续时间较长,蒸发量年际变化不大,年内变化大,最大月蒸发量多出现在5~6月。

4.无霜期及日照

灌区多年平均无霜期 216 d,最长年份达 261 d,最短年份为 178 d,初霜期一般在 10 月 30 日前后,终霜期在 3 月 30 日前后。灌区光能资源充足,多年平均日照时数 2 391.6 h,日照百分率 54.6%。

5.洪涝灾害

灌区处于副热带季风区,大陆性季风气候明显,冷暖气团交替频繁,降雨时空分布不平衡,因此自然灾害较多。

灌区内干旱、洪涝、风沙、雹霜等自然灾害时有发生,其中尤以旱灾和涝灾最为严重。中华人民共和国成立初期,背河洼地及低洼地带仍有盐碱灾害,随着水利建设的不断发展,目前灌区盐碱灾害基本消除。旱灾,中华人民共和国成立以来共发生旱灾 17 次,尤以 1988 年、1994 年、2009 年灾情面积大,受灾严重,旱灾以初夏出现机会最多,春旱次之,秋旱和伏旱也有出现。往往出现先旱后涝,涝后又旱,旱涝交错局面。涝灾,中华人民共和国成立后共发生 12 次,涝灾来势迅猛且危害严重,但自 1986 年以来,灌区内未发生大面积涝灾。

6.2.1.5　工程水文地质

本区地处黄河冲积平原,全区均为第四系松散沉积地层,地下水赋存于这些厚度巨大且分布广泛的地层孔隙中,其赋存条件与分布规律决定于沉积物孔隙的大小、厚度及埋藏条件,受岩性、构造、地貌、气象和水文等因素的控制,在这些因素中岩性起着主导作用。按照本区松散堆积层不同的地质时代,含水层的埋藏深度、补给条件、水力性质等水文地质特征,将松散岩类孔隙含水层组划分为 40 m 上的浅层水(潜水)和 40~500 m 的中深层水(承压水)两类。

因历史上黄河多次溃决、改道,直接影响和控制该区全新统地层的水文地质条件。第四系全新统的中、细砂层是本区浅层地下水的主要含水层,含水层顶板埋深不等,浅者 7.0 m,深者 20 m 左右。含水层分布厚度不均,由北部的约 30 m 厚,向南逐渐变薄为 10 m 左右(通许一带)。其上覆粉质壤土或砂壤土,局部为粉质黏土,为主要的隔水层或弱透水层。浅层地下水可直接接受大气降水和地表水入渗补给,经蒸发、开采及河流侧渗排泄,属于第四系松散岩土类孔隙潜水,局部地方略具承压性质。

灌区浅层含水层组分布的总体规律是:北部厚度大,粒度粗;南部厚度小,粒度细。在纵向上,自故道带上游至下游(自西北向东南),含水砂层厚度由厚变薄、层数由单层变多层,粒度由粗变细;在横向上,自主流带向两侧至泛流带或泛流边缘带,含水砂层厚度由厚变薄,由单层变多层,粒度由粗变细。

由于黄河在本区多次泛滥,黄河冲积物在主流带、泛流带及泛流边缘带均有较大差异。黄河主流带:主要分布在中牟—尉氏北闸店—通许沙沃集一线以北,呈西北东南向分布。从中牟西北至开封县的范村,为黄河故道上游地段,由于黄河多次流经此处,使故道相连或复叠。黄河主流带砂层厚达 20~25 m,且分布稳定,岩性以中粗砂为主,含砾石。开封以东,为黄河故道下游地段,呈带状分布,可分为四支,分别分布于开封牛庄—曲兴、太平岗— 八里湾、半坡店—杞县田程寨及付集。砂层 1~2 层,厚度 15~20 m,以细、中砂为主。黄河泛流带:主要分布在尉氏东部、通许南部、鄢陵扶沟以北、涡河以西,其次是北部的故道相间地带。如开封以东的陇海铁路沿线附近;陈留—阳堌及高阳—吕屯一带,呈西北、东南向分布,砂层单层厚度较薄,一般有 2~3 层砂,单层薄,总厚 10~20 m,岩性为中细砂,层间夹砂壤土、粉质壤土。黄河泛流边缘带:分布在除上述范围的其他地区,如通许竖岗—陈子岗和杞县裴村店附近。砂层厚小于 10 m,岩性为粉细砂,多层出现,单层薄,连续性差,多呈透镜体。

6.2.2　社会环境

6.2.2.1　人口

根据赵口灌区所在各县市统计年鉴资料,截至 2015 年底,赵口灌区范围内总人口为 204.41 万人,人口密度为 940 人/km²。

6.2.2.2　经济状况

赵口灌区耕地面积 590.1 万亩,是河南省重要的粮食生产核心区的主要构成之一,担负粮食增产任务 9.44 亿斤,占全省粮食增产任务的 6.1%,占其所在区域(豫东平原区)粮食增产任务的 36.8%。

目前有效灌溉面积 460.8 万亩,其中保灌灌溉面积 308.9 万亩。农业主要以生产粮食为主,其次有林果业等其他经济作物,粮经比 57:43。养殖大牲畜 98 万头,小牲畜 536 万头。现状农民人均纯收入 5 400 元。目前,农业灌溉分为充分灌溉和非充分灌溉两种模式,其中非充分灌溉区占了 59.7%。2015 年,赵口灌区范围内总人口为 204.41 万人,全年完成 GDP 总值为 244.3 亿元,第二、三产业总增加值为 211.6 亿元,其中,第二产业经济增加值为 117.5 亿元,第三产业经济增加值为 94.1 亿元。

6.2.3 环境质量现状

6.2.3.1 地表水环境现状

1. 引水河段水质现状

引水河段地表水环境质量调查采用收集常规监测数据方法。

常规水质监测调查断面:引水水质代表断面为黄河干流的花园口断面,花园口断面距离赵口闸断面约 25 km,区间无污染源和支流汇入,主要收集黄河流域水资源保护局 2015 年、2016 年、2017 年发布的《黄河流域省界水体及重点河段水资源质量状况通报》中的水质评价数据,数据为花园口断面逐月的水质评价结果。

依据《黄河流域省界水体及重点河段水资源质量状况通报》,2015 年、2016 年、2017 年花园口断面水质类别见表 6-2。

表 6-2 花园口断面水质类别

月份	2015 年	2016 年	2017 年
1 月	Ⅱ	Ⅱ	Ⅲ
2 月	Ⅱ	Ⅱ	Ⅱ
3 月	Ⅲ	Ⅱ	Ⅲ
4 月	Ⅱ	Ⅱ	Ⅲ
5 月	Ⅱ	Ⅱ	Ⅱ
6 月	Ⅱ	Ⅱ	Ⅱ
7 月	Ⅱ	Ⅱ	Ⅲ
8 月	Ⅱ	Ⅱ	Ⅲ
9 月	Ⅱ	Ⅱ	Ⅱ
10 月	Ⅱ	Ⅱ	Ⅲ
11 月	Ⅱ	Ⅱ	Ⅲ
12 月	Ⅱ	Ⅲ	Ⅲ

根据表 6-3 分析,2015 年、2016 年水质以《地表水环境质量标准》(GB 3838—2002)Ⅱ类水质标准为主,2017 年花园口断面水质以Ⅲ类水为主。综上所述,赵口引黄闸所在河段水质可以满足《地表水环境质量标准》(GB 3838—2002)Ⅲ类水质目标要求,水质良好,可以满足灌溉水质要求。

2. 灌区水质现状调查与评价

通过收集河南省水文水资源局 2015 年、2016 年、2017 年在赵口灌区主要河流水功能区的常规监测数据以及河南省环保厅公布的河南省地表水环境责任目标断面水质周报、河南省环境质量状况公报,对灌区水质进行现状调查。根据资料,项目区涉及的断面为:惠济河司楼公路桥、柘城县砖桥闸、夏楼榆厢公路桥、涡河邸阁、太康县芝麻洼乡公路桥、太康县城北公路桥、魏楼公路桥、玄武闸共计 8 个监测断面,具体见表 6-3。

表 6-3　灌区水系常规监测断面

序号	水体名称	常规监测断面	
		断面名称	水质目标
1#	惠济河	司楼公路桥	V
2#		柘城县砖桥闸	IV
3#		夏楼榆厢公路桥	IV
4#	涡河	邸阁	IV
5#		太康县芝麻洼乡公路桥	IV
6#		太康县城北公路桥	IV
7#		魏楼公路桥	IV
8#		玄武闸下	IV

根据河南省水文水资源局常规监测资料,各断面监测因子共 18 项,2015～2017 年水质为《地表水环境质量标准》(GB 3838—2002)劣 V 或者 V 类水质标准,现状水质较差。

6.2.3.2　地下水环境现状

1. 浅层地下水

1) 含水层特点

灌区浅层含水层组分布的总体规律是:北部厚度大,粒度粗;南部厚度小,粒度细。在纵向上,自故道带上游至下游(自西北向东南),含水砂层厚度由厚变薄、层数由单层变多层,粒度由粗变细;在横向上,自主流带向两侧至泛流带或泛流边缘带,含水砂层厚度由厚变薄,由单层变多层,粒度由粗变细。

2) 浅层地下水补给、径流和排泄条件

浅层地下水的补给分垂直补给和水平补给两种,而以垂直补给为主。垂直补给以大气降水补给为主,其次为河流、沟渠水及灌溉回渗补给。灌区较大的河流有涡河和惠济河,由于近年来引黄灌溉退水泄入河道,致使某些河段淤积加重,河床不断抬高,一些河流下游在干流上为拦蓄洪水修建了一些水闸,人为地抬高了河水位,而近年来区内部分地区地下水位有所下降,造成一年中河水补给地下水的时段变长,补给量有所增加。灌区西部为丘陵岗地,地下水径流对本区有一部分补给。但由于西部条形岗地含水层颗粒细,富水性差,其补给量很小。灌区北部近年来发展引黄灌溉,引黄水量和灌溉面积不断扩大。因灌区大部分地表为粉细砂、砂壤土或轻粉质壤土,具弱—中等透水性,渠道渗漏较严重,灌溉渠道利用系数仅 0.25～0.35。

灌区大部分地区地形平坦,平原区浅层地下水沿黄河故道全新统含水层自西北向东南流动,地下水流向总体与地形倾向一致,水力坡降一般为 1/3 000～1/4 000,靠近上游处约 1/2 500,下游处约 1/5 000。部分地区受地下水超采影响,在局部形成降落漏斗,特别是开封市及部分县城乡镇附近已形成复合降落漏斗,从而改变地下水流向。

地面蒸发:由于地下水埋深变化大,包气带岩性不同,蒸发悬殊,地下水埋深大于 3 m 的地区,蒸发消耗微弱。地下水埋深 1～3 m 的地区,蒸发量较强烈。地下水位埋深在 4 m 以下的蒸发量微小。灌区地下水位一般 6～8 m,蒸发强度明显降低。

人工开采:地下水的开发利用,加剧了地下水位的下降,尤其是工业用水集中地段,开封市郊区附近、中牟县城及通许县城附近,过量开采,已经引起了地下水位大幅度降低,形成了大小不等的下降漏斗。杞县、通许县、太康县、柘城县部分区域地下水开采普遍用于农田灌溉。本灌区井管面积较大,地下水开采量是本区地下水排泄的重要途径。

径流排泄:灌区下游地区地下水水力坡度较上游为小,岩性较上游细,因而地下水流出量较流入量小,由于地下水流速很缓,所以地下水径流排泄量很弱。

河流排泄:本区内涡河及惠济河等主要河道,近年来由于接受引黄退水,有些河段淤积严重,局部建闸蓄水抬高河水位,加之区内地下水位年内变幅较大,因此产生了不同季节、不同河段河水位高于地下水位形成河水与地下水互补的复杂情况。

越流排泄:本区浅层地下水位高于中深层地下水水位,浅层地下水通过透水天窗越流补给中深层地下水。

3)灌区地下水埋深状况

根据赵口灌区地下水水位普查观测资料,灌区内地下水埋深分布情况分述如下:朱仙镇—万隆乡—范村乡以北(开封和中牟境内),地下水位埋深一般为6.0~8.0 m;黄河大堤以北、开封市西部及南郊有大于10 m的漏斗。朱仙镇—万隆乡—范村乡一带,地下水位埋深一般为4.0~6.0 m,局部小于4.0 m。陈留镇—半坡店乡—大李庄乡以南,邸阁乡—官庄乡—圉镇镇—付集镇以北,地下水位埋深一般为8.0~10.0 m,高阳镇东有大于12.0 m的漏斗。官庄乡—付集镇一线东南至四通镇—安平镇一带,地下水位埋深一般为6.0~8.0 m,局部小于6.0 m,如杨庙乡—马头镇之间的区域。

4)浅层地下水化学特征

赵口灌区浅层地下水化学类型分布有着明显的规律性,主要表现在由上游到下游、由黄泛沉积的主流带至泛流带,地下水水化学类型由单一到复杂,矿化度由低至高。

灌区地下水化学类型以低矿化度 HCO_3 型为主,占到全部区域的70%以上,广泛分布于地下水径流通畅的黄河主流带及泛流带,根据阳离子的组合其亚类型有 HCO_3-Mg、$HCO_3-Ca-Mg$、$HCO_3-Ca-Na-Mg$、$HCO_3-Ca-Mg-Na$ 型等,矿化度平均值650 mg/L左右,为淡水;总硬度平均值505 mg/L,为极硬水。

在灌区南部、中部黄河泛流带边缘,分布着不连续条带状和斑块状的化学类型为 HCO_3-SO_4、HCO_3-Cl 和 HCO_3-SO_4-Cl 型的地下水,延伸方向为北西,与径流方向大体一致。其地下水化学类型复杂,有 $HCO_3-Cl-Ca-Na-Mg$、$HCO_3-Cl-Na-Mg$、$HCO_3-SO_4-Ca-Mg$、$HCO_3-SO_4-Ca-Na$、$HCO_3-SO_4-Ca-Na-Mg$、$HCO_3-SO_4-Na-Mg$、$HCO_3-SO_4-Cl-Na-Mg$ 等,矿化度范围值408~1 907 mg/L,部分呈现出微咸水的特征;总硬度平均值600 mg/L,为极硬水。

2.承压水

1)含水层特点

上部含水层,地层时代属(Q_3)广布全区,为埋藏的黄河冲积扇,岩性多以细砂、中细砂为主,夹有粉细砂及粉砂。含水层顶板埋深50~70 m,局部30~40 m。总的规律是冲积扇的上部,含水层埋藏浅,厚度大,冲积扇下部,含水层埋藏略深,厚度较薄。

下部含水层(Q_2+Q_1)遍布于全区,本层上部为埋藏的黄河冲积扇,下部为冰水沉积。岩性多以细砂、中细砂为主,夹有粉细砂及粗砂。总的规律是含水层颗粒自西北至东南,逐渐变细,厚度变薄,埋藏渐深。从沉积环境继承了新第三系以来的古地理的特征,但沉积岩相的变化具有河道带的沉积特点。

2)补给、径流及排泄条件

地下水的补给分为垂直补给与水平补给,一般以水平补给为主,垂直补给的大小与含水层的埋藏条件和地下水位差值有关。

上部含水层组(Q_3)由于埋藏浅,与浅层水(Q_4)之间虽由亚砂土、亚黏土相隔,但隔水层多呈透镜状或薄层状,无良好的隔水层,使二者水力联系密切,大气降水可通过浅层间接补给,开采条件下如果造成水头差值较大,浅层水可通过越流补给。其水平补给主要为接受上游地下径流补给,靠近黄河地带,受黄河侧渗补给的影响也极为明显。

下部含水层组(Q_2+Q_1)与浅层水之间由较厚的黏土、亚黏土相隔,二者水力联系不甚密切,天然条件下主要是接受上游径流的补给。

中深层地下水的径流,受地形及地质构造、岩性、水力坡度等条件控制,地下水流向与其物质来源方向一致,总体流向为自西北流向东南,水力坡度1/4 000~1/6 000。

上部含水层组中的地下水与浅层含水层中的水,水力联系密切,天然条件下通过顶托补给浅层水排泄,在工业用水集中的城市(如开封、中牟及其他县镇),人工开采也是地下水排泄的主要方式。下部含水层中的水主要以径流方式排泄,也有一部分深层水通过顶托补给上层水或通过深井开采排泄。

3) 地下水动态变化

中深层含水层埋藏较深,侧向补给渗流补给途径较远,补给较慢,侧向和垂向补给都较差,因而补给量少,消耗量主要以人工开采和越层排泄为主。

4) 地下水化学特征

中深层地下水化学特征和分布规律基本和浅层水一致。沿地下水流向由西北向东南具有明显的分带性。

上更新统、中更新统含水层组西北部(上游)地下水化学类型为 HCO_3-$Mg \cdot Na(Na \cdot Mg)$,矿化度为 $0.3 \sim 0.7$ g/L 的淡水,硬度大部分为 $4.0° \sim 16.8°$ dH 的软—微硬水,个别处硬度较大。而开封县陈留附近却为 $HCO_3 \cdot SO_4 \cdot Cl$-$Na(Mg \cdot Na)$ 型水,矿化度为 $0.9 \sim 1.0$ g/L,硬度 $10° \sim 14°$ dH。至东部杞县、柘城县,地下水渐变为 $HCO_3 \cdot SO_4$-Na 型和 $HCO_3 \cdot SO_4 \cdot Cl$-$Na$ 型水,矿化度为 $1 \sim 3$ g/L。

6.2.4　生态环境现状

6.2.4.1　陆生植物

本次评价借助以往的研究成果、论文文献等资料进行辅助分析。结果表明,由于长期的人类活动,目前已无自然植被群落,均为人工栽培的植被群落,主要为人工种植的用材绿化与经济树种、农作物种类,及其伴生或自然生长的田间杂草、少量灌木与草本等。

所含种类较多的科主要是杨柳科、藜科、苋科、石竹科、十字花科、蔷薇科、豆科、旋花科、唇形科等,人工种植种类中,有小麦、玉米等粮食作物 3 种,棉花、花生等经济作物 11 种,白菜、萝卜、辣椒等蔬菜 17 种,桃、苹果、李等瓜果类 13 种,月季、海棠、木槿等花卉 8 种,杨树、柳树、泡桐等用材或绿化用植物 54 种。

区域内优势植物明显,主要乔木优势种为杨树(毛白杨、响叶杨、小叶杨、加拿大杨等);主要草本(杂草与田间杂草)优势种为马唐、狗尾草、狗牙根、碱蓬、繁缕、蓼、苍耳、一年蓬、藜、香附子、臭蒿等;主要水生植物或湿生植物优势种为芦苇、香蒲、眼子菜、狐尾藻、金鱼藻、黑藻等;主要农作物与经济作物优势种为小麦、大蒜、玉米、花生、红薯等。

从植物区系成分来看,区域内的植物区系地理成分以温带成分为主,世界种、热带种各类型均有,表现出地理成分的多样性。群落优势种大多以温带区系成分为主,木本植物如杨、柳、榆、泡桐、桑,北美区系的刺槐、紫穗槐已成为本地的归化种;草本植物中常见的温带种如艾蒿、葎草、播娘蒿、萎陵菜、鹅冠草,世界种如马唐、莎草、藜、画眉草、车前草、苍耳、猪毛菜;一些对环境适应能力强的热带种,亦扩展到本区,如狗牙根、稗、牛筋草、马齿苋、白茅等。引种历史悠久的向日葵、落花生、蕃茄、西瓜等热带种,也已在本区成为归化植物。

6.2.4.2　区域主要生态系统

工程区主要有农田、林地、草地、水域、人居和路际 6 种生态系统类型,其中以农田生态系统为主,分布广,是主要的生态系统类型。工程区地处我国暖温带地区,四季分明,雨量充沛,适宜多种植物生长,自然生态环境较好。总体上,生态系统类型比较简单,农田生态系统类型占优势。主要生态系统类型如下:

(1) 农田生态系统,主要种植小麦、玉米、花生、大蒜、红薯等农作物,多数可以一年种植两季农作物或两年三熟。

(2) 林地生态系统,工程区内基本没有天然林,取而代之的是人工林地生态系统,其主要种类均为各种杨树,也偶见有刺槐、泡桐、柳树、臭椿、国槐等种类。根据其起源与功能,可划分为农田防护林、堤岸防护林、村落林、片林。

(3) 草地生态系统,分布范围较广但亦较分散,通常是在上述各类型的边角区域或交错地带,沟渠堤岸、道路两侧等地也常有些类型分布。主要是各种杂草,常见的如狗牙根、狗尾草、葎草、艾蒿、酢浆草、蒲公英、蒺藜。

(4) 水域生态系统,该类型生态系统主要是各种干渠、分干渠、支渠、分水渠以及各种河道等,通许县域及其附近也存在 1~2 处小型水域。

水域的堤岸边缘通常会出现一些湿生植物,主要种类为芦苇、莎草等,主要集中分布于中牟县的雁鸣湖镇,为人工形成的湿地生态系统类型,部分沟渠的弯道处也存在此类型。堤岸上部通常会生长马唐、狗尾草、狗牙根等,形成一定宽度的河岸植被带。但在涡河、惠济河、铁底河等较宽河流,常有河滩形成,面积较大的河滩通常被开垦为农田。

(5)人居生态系统。工程范围内的人居系统分布很广泛,呈斑块状散布于整个评价区域内。主要景观要素是居住建筑物、村中道路与围村林,村落林的主要种类为杨树、榆树、泡桐、臭椿等。

(6)渠、路际生态系统。主要有干渠、分干渠、支渠等渠堤,国道、省道、县道以及乡村道路等。所有沟渠、道路两侧均有人工种植的廊道林带,但缺失现象较为普遍;部分区段为草本群落;部分区段道路与沟渠相邻时,通常共有 1~2 行树木形成的廊道林带;部分区段为砍伐后种植的中、幼龄树木组成的林带;乡村道路的廊道林相对较少。

6.2.4.3 陆生动物

工程区域内野生动物种类很少,多为农作区及人类居住区常见种,主要为人工养殖的家禽家畜等种类。

(1)鸟类:裂形目啄木鸟科的棕腹啄木鸟(*Dendrocopos hyperythrus*)、大斑啄木鸟(*D. major cabanisi* Mal),雀形目燕科的家燕(*Hirundo rustica gutturalis*)、金腰燕(*H. daurica japonica*)、豆燕(*Anser fabalis*)、白腰雨燕(*Apus pacificus*)、百灵科的凤头百灵(*Galerida cristata Leautgensis*),伯劳科的红尾伯劳(*Lanius eristatus laeionensis*)、鸦科的灰喜鹊(*Cyanopica cyana interposita*)、喜鹊(*Pica pica sericea*)、山雀科的大山雀(*Parus major artatus*)、文鸟科的树麻雀(*Passer montanus saturates*)、雀科的金翅雀(*Carduelis sinica sinica*),鹃形目杜鹃科的大杜鹃(*Cuculus canorus canorus* L),鸽形目鸠鸽科的珠颈斑鸠(*Stropropelia chinensis chinensis Scopoli*)等。工程区域内喜鹊、树麻雀很常见。

(2)两栖类:无尾目蟾蜍科的中华大蟾蜍(*Bufo bufo gargariyans Cantor*)、蛙科的泽蛙(*Rana limnocharis Boic*)、青蛙(*Rana limnocharis*)等。

(3)爬行类:有鳞类目游蛇科的白条锦蛇(*Elaphe dione Pallas*)、虎斑游蛇(*Natrix tigrina lateralis Berthold*)、王锦蛇(*Elaphe carinata*)、中华绒螯蟹(*Eriocheir sinensis H. Milne - Edwards*)等。中华绒螯蟹(大闸蟹)为中牟县雁鸣湖一带养殖较多的经济水产种类。

(4)哺乳类:兔形目兔科的草兔(*Lepus capensis* L),食虫目猬科的刺猬(*Erinaceuse europaeus* L),啮齿目仓鼠科的中华鼢鼠(*Myospalax fontaniere Milne - Edwands*)、大仓鼠(*Cricetulus triton Dewinton*)、纹背仓鼠(*Cricetulus barabensis Pallas*),鼠科的褐家鼠(*Rattus novegicus Berkenhout*)、小家鼠(*Mus musculus* L),翼手目蝙蝠科的蝙蝠(*Vespertulio Savii*)等。

(5)家禽家畜:牛、驴、骡、狗、猪、羊、兔、鸡、鸭。

除在雁鸣湖附近偶见有小白鹭、绿头鸭外,未在工程区域内发现珍稀濒危或其他保护级别的野生保护动物种类。

可见,调查区域属于黄淮平原农业区域,区域内农业开发早,人为活动相当频繁,天然动植物种类很少,多以人工种植或养殖为主,种类组成简单,数量较少,反映了该区域较低水平的动物物种多样性。

6.3 赵口灌区工程环境影响分析

赵口灌区工程点多面广,对项目区内动植物、土地利用、农业生产等各方面都存在一定程度的影响。工程建设对生态环境造成的影响包括施工期影响和运行期影响。施工期的生态环境影响主要是建设过程中工程开挖、土地平整等施工清除地表植被、对土壤的扰动及取弃土造成的水土流失影响。运行期的生态影响主要是工程实施后对土地利用方式、生态系统、农业生态的影响,以及工程引水后对黄河下游水生生态及湿地的影响。

6.3.1　评价分析依据

(1)《中华人民共和国环境保护法》(2014 年 4 月);
(2)《中华人民共和国水法》(2016 年 7 月 2 日修订);
(3)《中华人民共和国环境影响评价法》(2016 年 9 月);
(4)《中华人民共和国土地管理法》(2004 年 8 月);
(5)《中华人民共和国水土保持法》(2011 年 3 月);
(6)《中华人民共和国环境噪声污染防治法》(1996 年 10 月);
(7)《中华人民共和国水污染防治法》(2008 年 6 月);
(8)《中华人民共和国大气污染防治法》(2015 年 8 月 29 日修订);
(9)《中华人民共和国固体废物污染环境防治法》(2005 年 4 月);
(10)《中华人民共和国防洪法》(2015 年 4 月 24 日第二次修正);
(11)《中华人民共和国野生动物保护法》(2016 年 7 月);
(12)《基本农田保护条例》(2011 年 1 月);
(13)《建设项目环境保护管理条例》(国务院令第 253 号,1998 年 11 月 29 日);
(14)《建设项目竣工环境保护验收管理办法》(国家环境保护总局令第 13 号,2002 年 2 月);
(15)《地表水环境质量标准》(GB 3838—2002);
(16)《工业"三废"排放试行标准》(GB J4—73);
(17)《污水综合排放标准》(GB 8978—1996);
(18)《地表水和污水监测技术规范》(HJ/T 91—2002);
(19)《土壤环境质量 农用地土壤污染风险管控标准(试行)》(GB 15618—2018);
(20)《环境空气质量标准》(GB 3095—2012);
(21)《汽车大气污染物排放标准》(GB 14761.1~14761.7—93);
(22)《声环境质量标准》(GB 3096—2008);
(23)《河南省大气污染防治条例》(2018 年 3 月 1 日);
(24)《河南省碧水工程行动计划(水污染防治工作方案)》(豫政〔2015〕86 号);
(25)《河南省辖淮河流域水污染防治攻坚战实施方案(2017—2019 年)》(豫政办〔2017〕5 号);
(26)《河南省"十三五"生态环境保护规划》(豫政办〔2017〕77 号);
(27)《河南省 2018 年大气污染防治攻坚战工作方案》(豫政办〔2018〕14 号);
(28)《黄河流域综合规划(2012—2030 年)》。

6.3.2　对陆生生态的影响分析

6.3.2.1　对农业生态系统的影响

工程对土壤环境的影响主要对耕地、林地、园地的占用或破坏,若恢复治理措施不当,有可能形成新的水土流失,并影响农业生产。本工程新建建筑物等永久性占地将对土地利用方式产生长期的不可逆影响;施工营地、施工道路等临时用地暂时改变了土地的利用性质,对农业生产影响有限。

占用基本农田影响分两类:第一类为施工临时用地对农业生产的影响,主要表现为耽误一季农作物生产,二季农作物减产,这种影响是临时的;第二类影响是永久占地将永远改变土地利用性质。

6.3.2.2　对陆生植物的影响

工程建设涉及中牟县、尉氏县、鄢陵县、扶沟县和太康县,施工过程中将不可避免地破坏项目区内原有植被的生长,施工道路、施工场地等临时占地造成地表植被的破坏,其恢复需要一定的时间。施工过程产生的废水、废气、扬尘等也会影响植物的光合作用;石灰、水泥等若被雨水冲刷渗入地下,会导致土壤板结,影响植物根系对水分和矿物质的吸收。工程的永久占地会破坏地表植被,导致生物量损失,使自然生态系统的生产能力受到影响。

　　工程开挖过程在原有耕地、水域的基础上进行,建设区域现状主要植被是人工农业植被,包括农作物和农田林网,天然植被较少,没有珍稀植被,工程建设期会破坏原有的植被,使生物量减少。项目实施后,可在渠道沿线周边种植植物,有利于保持水土、涵养水源,对周边生态环境有一定的改善作用。

6.3.2.3　对陆生动物的影响

　　项目区位于平原地区,人为活动频繁,野生动物较少,无大型兽类存在,因此工程建设不会对其产生影响。工程沿线主要分布有野兔、鼠类等小型哺乳动物,以及鸟类、爬行动物、昆虫等,人工饲养的家禽家畜多为家庭圈养和少量食草动物在田边、村头、河畔小范围放养,对环境适应性强。

　　施工期对陆生动物的影响,主要体现在人为扰动改变了动物的栖息环境,动物因栖息环境改变被迫迁移他处,但项目区附近均为同类生境,因此工程建设期 虽然对该区域的动物产生一定的干扰,对野生动物种群、数量不会有明显影响。

　　施工结束后,施工区可以通过落实土地平整、生态恢复等措施,使施工区基本恢复原貌,因此不会造成动物活动空间及觅食环境的明显变化,对动物影响不大。

6.3.3　对水生生态的影响分析

6.3.3.1　黄河下游生态需水量及满足程度分析

　　2013年国务院批复的《黄河流域综合规划(2012—2030年)》对花园口断面的生态需水提出了明确要求。本次环境评价根据重点河段保护鱼类繁殖期、生长期对径流条件要求及沿黄洪漫湿地水分需求,考虑黄河水资源条件和水资源配置实现的可能性,对花园口断面关键期生态需水情况进行了复核,由于两断面相距较近,花园口断面的生态需水要求即代表了该河段对生态需水的要求,也即赵口闸断面及其下游的生态用水需求。

　　《黄河流域综合规划(2012—2030年)》提出的水生态需水要求见表6-4。从表6-4可以看出,为保证下游河流湿地及鱼类繁殖生长需要,4~6月,花园口断面适宜流量为320 m³/s,最小流量为200 m³/s,7~10月为一定量级洪水。

表6-4　黄河主要断面关键期生态需水　　　　　　　　　　　　（单位:m³/s）

断面	需水等级划分	4月	5月	6月	7~10月	水质要求
花园口	适宜		320*		一定量级洪水	Ⅲ类
	最小		200			

　　注:表中"*"表示淹及岸边水草小洪水或小脉冲洪水,为鱼类产卵期所需要。

　　根据工程的引水调度方式,赵口灌区节水改造工程全年36个旬中,有9个旬引水河段水文情势受工程引水影响,其他27个旬工程不引水。4~6月花园口断面来水流量小于320 m³/s 时及其余月份来水流量小于200 m³/s 时,本工程渠首停止引水。因此,工程引水对该河段生态需水的满足程度基本不产生影响。

6.3.3.2　对黄河下游湿地自然保护区影响

　　1.黄河湿地保护区与黄河的关系

　　黄河进入黄淮平原后,形成了大面积的湿地,由于河水泥沙含量大,淤积、冲刷、决溢、改道不断发生,形成了湿地、灌丛、农田等多样的生态类型。可以说,黄河是湿地及自然保护区形成的主要驱动因子。此外,河流本身也是湿地及自然保护区的重要组成部分。

　　滩地根据不同流量是否过水分为三级:一级滩地为"嫩滩",在正常水位时即过水,主要分布在主河道及其附近;二级滩地(泛洪平原湿地)高出一级滩地1.5 m左右,又称为"二滩",在流量超过1 000 m³/s 时开始过水,主要分布在主河道和防洪堤之间;三级滩地高出二级滩地2.5~4.0 m,称为"老滩",一般不过水。湿地主要通过黄河洪水漫滩、侧渗补给。草本沼泽和灌丛沼泽,散布在二滩、老滩和背河低洼地。

2. 主要保护对象

河南郑州黄河湿地省级自然保护区属于"自然生态系统类"中的"内陆湿地和水域生态系统类型"以及"野生生物类自然保护类"中的"野生动物、植物类型自然保护区类型"。保护对象主要有:黄河中下游湿地生态系统及其生物多样性,国家级和省级重点保护区鸟类及水禽、候鸟的繁殖、停留、迁徙地,经济价值较高的水生动植物资源,如芦苇、黄河鲤鱼、铜鱼等,列入我国政府和其他国家鉴定的候鸟保护协定的候鸟,其他典型自然景观。

河南新乡黄河湿地鸟类国家级自然保护区及开封柳园口省级湿地自然保护区主要保护对象为珍稀濒危鸟类及黄河下游特有的湿地生态系统。主要生态功能为提供珍稀水禽栖息地、维持生物多样性、调节区域气候、调蓄黄河干流洪水、涵养水源等。

3. 工程与湿地自然保护区的关系

本项目的渠首闸赵口闸在郑州黄河湿地省级自然保护区试验区内,黄河大堤以外不在自然保护区范围内,本次工程渠首闸处无工程;赵口闸距离下游开封柳园口省级湿地自然保护区边界约 35 km,距离下游河南新乡黄河湿地鸟类国家级自然保护区边界约 37 km,因此本次工程施工及占地均不涉及三个湿地自然保护区范围工程对湿地自然保护区的影响因素。

工程施工及占地不涉及郑州黄河湿地省级自然保护区,施工期不存在对湿地自然保护区的影响。运行期对湿地自然保护区的影响主要是工程引水后,下游水文情势变化对湿地的间接影响。

4. 工程对下游湿地自然保护区的影响

黄河花园口水文站 1974～2015 年的实测年径流量统计见表 6-5。

表 6-5　黄河花园口水文站 1974～2015 年实测年径流量统计

水文站	统计参数	多年平均	不同频率		
			50%	75%	95%
花园口	年平均流量(m³/s)	847.4	817.87	674.97	511.03
	年平均径流量(亿 m³)	267.2	257.9	212.9	161.2

由表 6-5 可以看出,黄河多年平均径流量为 267.2 亿 m³,50%保证率年径流量 257.9 亿 m³,75%保证率年径流量 212.9 亿 m³。赵口闸引黄工程取水量为 2.35 亿 m³(P＝50%条件下)、1.49 亿 m³(P＝75%条件下),相当于花园口平水年(P＝50%)水量的 0.91%,75%保证率年径流量的 0.70%,其取水量占黄河径流量的比重很小。

黄河下游湿地主要通过黄河洪水漫滩、侧渗补给。根据工程运行调度方案,黄河流量达到 5 000 m³/s 以上时,赵口闸工程不引水;赵口灌区引水 1.9 亿 m³ 后,赵口闸断面多年平均年径流量的减少程度为 0.74%。总体来说,工程引水量占黄河径流量的比例很小,工程引水对赵口闸断面的年径流量、月径流量影响均很小,工程引水不影响黄河下游湿地的补给过程,不会对黄河湿地生态系统产生明显影响。

6.3.3.3　工程对下游鱼类水产种质资源保护区影响

1. 地理位置

黄河郑州段黄河鲤国家级水产种质资源保护区地处郑州市北部,地理坐标北纬 34°46′00″～34°59′54″,东经 112°56′49″～114°04′37″。跨巩义市、荥阳市、惠济区、金水区和中牟县等 5 个县(市)、区,保护区东西长 112.8 km,总面积 246.51 km²,核心区 72.49 km²,试验区 174.02 km²。

2. 鱼类资源、保护区主要保护对象及其生态习性

保护对象是以黄河鲤为代表的鱼类,包括黄河鲤、北方铜鱼、鲶、鳊、鳖等水生生物及其生态环境。

保护对象特征:黄河鲤[Cyprinus (Cyprinus) carpio haematopterus Temminck et Schlegel],属鲤形目(Cypriniformes),鲤科(Cyprinidae),鲤亚科(Cyprininae),鲤属(Cyprinus),鲤亚属(Cyprinus),鲤种(Cyprinus)。

　　黄河鲤其体梭形、侧扁而腹部圆。头背间呈缓缓上升的弧形,背部稍隆起。头较小,口端位,呈马蹄形。背鳍起点位于腹鳍起点之前。背鳍、臀鳍各有一硬刺,硬刺后缘呈锯齿状。体侧鳞片金黄色,背部稍暗,腹部色淡而较白。臀鳍、尾柄、尾鳍下叶呈橙红色,胸鳍、腹鳍橘黄色。

　　保护对象生态习性:黄河鲤为杂食性底层鱼类,体长 3 cm 以下的鱼苗主要摄食轮虫和小型枝角类,3 cm 以上可食枝角类、桡足类、摇蚊幼虫和其他昆虫幼虫,体长 20 cm 以上就以摇蚊幼虫和寡毛类为主要食物,一龄以上则以底栖动物如昆虫螺蚬以及水生维管束植物碎片为食,也可摄食其他藻类。

　　黄河鲤喜居水体下层,最适生长水温 25~32 ℃,高于 32 ℃或低于 15 ℃生长明显减缓,低于 10 ℃停止摄食。适合生长的水体溶解氧量为 4.5 mg/L 以上,溶解氧低于 2 mg/L 摄食减少,1 mg/L 就开始浮头。

　　黄河鲤一般二冬龄可达性成熟,有些个体一龄也可成熟。产卵季节随地区而异,中原地区一般以 4~6 月为产卵盛期,产卵分批进行。在自然水域,产卵场多在浅水湖湾或河湾水草丛生地带,卵的黏性很强,产完后能牢固黏附在水草上。怀卵量因年龄和个体大小而异,一般每千克体重的成熟雌鱼可产卵 10 万~15 万粒不等,卵子产出后,在 15~20 ℃的水温下经过 4~6 d 即可孵化出苗。黄河鲤生态习性及生境需求见表 6-6。

表 6-6　黄河鲤生态习性及生境需求

鱼类	食性	生态习性	产卵时间	产卵及繁殖所需条件	产卵场分布
黄河鲤	杂食性,所食食物有植物碎片、藻类、软体动物、虾类等	喜栖息在流速缓慢、水草丰沛的松软河底水域,有生殖洄游习性	4~6 月	产卵水域要求为净水或缓流型变化水体,繁殖季节产卵场的水流速要求 0.1~0.6 m/s,河宽 50 m 以上,河岸边坡<10°,岸边 5 m,水深小于 0.5 m,水温 20 ℃上下	郑州伊洛河、花园口附近,主要产卵场:邙山游览区、南裹头附近、马渡附近,万滩附近也有分布

　　3. 工程与保护区的位置关系

　　项目的渠首闸赵口闸在郑州黄河鲤国家级水产种质资源保护区实验区内,黄河大堤以外不在种质资源保护区范围内,本次工程渠首闸处无工程,因此本次工程施工及占地不涉及郑州黄河鲤国家级水产种质资源保护区范围。

　　4. 工程对郑州黄河鲤国家级水产种质资源保护区的影响因素

　　工程施工及占地不涉及郑州黄河鲤国家级水产种质资源保护区,施工期不对水产保护区产生影响。运行期对水产保护区产生影响主要是工程引水后,下游水文情势变化对水生生境的影响。

　　5. 工程引水对黄河鲤国家级水产种质资源保护区的影响

　　工程建设后,引水量有限,对黄河的水流速、水体特征、水深、水温等几乎没有影响。黄河鲤等鱼类的产卵期是 4~6 月,根据《黄河流域综合规划(2012—2030 年)》的成果,根据保护鱼类繁殖期、生长期对径流条件要求及沿黄洪漫湿地水分需求,考虑黄河水资源条件和水资源配置实现的可能性,确定花园口断面关键期(4~6 月)最小生态需水量为 200 m³/s,适宜生态需水量 320 m³/s,为淹及岸边水草小洪水或小脉冲洪水,为鱼类产卵期所需要。本工程引水最大流量 62.9 m³/s,每年仅在 3 中旬、5 月中旬、11 月中旬出现几天时间达到最大流量,可以满足鱼类产卵的需求。

　　6. 对浮游生物的影响

　　黄河干流河流中浮游植物主要有各种硅藻和绿藻等藻类,浮游动物主要是枝角类和轮虫和桡足类,工程引水量较黄河径流量较小,项目运行不会对浮游生物造成明显影响。

7. 对底栖生物的影响

处于调查河段的底栖动物数量很少,工程引水量相对黄河水量占比很小,水量的减少不会导致沿岸河床中的底栖生物暴露于空气中,底栖动物的密度和物种丰度不会发生显著变化。

8. 对鱼类"三场"的影响

在运行期,一是工程取水会直接卷载鱼卵和仔鱼,造成损害;二是工程取水会导致水体饵料生物的流失,从而降低了鱼产力;同时,调水可能导致小部分河段水位降低,在繁殖季节减少了鱼卵和仔鱼的生存空间,使部分受精卵暴露在空气中导致死亡;另外,鱼类种群结构主要受到来自引黄工程运行中噪声的影响,在鱼类产卵繁殖期,避免噪声的影响尤为重要。因此,在鱼类产卵繁殖的主要保护期,要尽量减少大规模集中引水。

6.3.3.4　对灌区河流水生生态的影响

根据现场查勘及调查了解,灌区内的总干渠、北干渠、东一干渠等渠道,只在灌溉期有水,其余时段大部分时间无过水,主要河道运粮河、涡河、涡河故道等在大部分时段无过水现象,形成干沟而成为荒草地。有水流的沟渠与河道,虽然其大小、宽度等不同,但在其堤岸边缘通常会出现一些湿生植物,主要种类为芦苇、莎草等,堤岸上部通常会生长一些马唐、狗尾草、狗牙根等,形成一定宽度的河岸植被带。但在像涡河、惠济河、铁底河等较宽河流,常有河滩形成,面积较大的河滩通常被开垦为农田。项目区河流水质普遍较差,水生生物生存条件恶劣,水生生物简单。

赵口灌区工程实施后,通过沉沙池的黄河水体进入灌区渠道以及涡河、惠济河等,与灌区现有的河道、渠道水质相比,水质较好,水体流动性好,因此会改善其水生生态环境,将适宜水生生物生存。

1. 河道疏浚对水生生态的影响

整体而言,河道疏浚施工期间会对水生生物产生不利影响,具体分述如下。

1) 浮游生物

浮游植物是食物链中的初级生产者,对所处的水生生态环境变化敏感,可指征水生环境优劣。浮游动物是鱼类优良的天然饵料,考虑到本项目施工范围滤食性鱼类种群量小,其种群数量主要受浮游植物和水体有机悬浮物的影响。

施工期间,废水、固体废弃物、水土流失等引起局部水域水质浑浊,透明度降低,影响浮游植物光合作用并进一步影响生长繁殖,其丰度和生物量都会降低;施工区生产废水和生活污水若直接排放将对水体造成一定程度的污染,使硅藻等喜洁净水体种类的密度和生物量下降;生活污水排放可增加水体有机营养物质含量,喜肥水的蓝藻和绿藻等种类和数量可能有所增加。浮游植物群落的生物多样性和群落稳定性因工程施工受到的不利影响导致总生物量降低,加之局部水域水质浑浊,水体有机悬浮物增多,导致浮游动物总生物量随之降低。

2) 底栖动物

从项目区地质情况看,此水域分布的底栖无脊椎动物主要栖息环境为底部泥沙或其他水底物。疏浚、挖泥等施工过程直接改变了其生境状况,从而对其种类、数量、分布也产生一定的影响。

施工期间,底栖动物随着挖出的底泥被转移到堤岸上弃土区,原河道内的种群数量将减少;喜浅水底栖动物种类可因疏浚导致河床加深不适应新的环境而死亡或被迫向近岸处浅水区域而存活。

灌区河流分布的底栖动物多为适应性较强的种类,在河道反复干涸、积水过程中存活了下来,意味着施工不会对其产生毁灭性的不可逆影响,而且所产生的影响是很容易消除弥补的。

3) 鱼类

灌区内河流因水较少且水质较差,鱼类资源缺乏,仅在部分河段有少量养殖。施工期间,疏浚机械的扰动,鱼类会被驱赶出施工水域,暂时会对渔业资源产生不利影响;施工期间施工河段水流被阻断或变缓,水质变浊,域内鱼类的种类和数量必将有所减少。调查发现,项目区种类较多的为喜静水或缓流水的鱼类,施工期间形成的小的湾塘可为之提供必要的栖息环境,尤其在一些湾岔浅水富有水草处。综上所述,随着疏浚结束,导流围堰拆除,鱼类随着水流洄游到疏浚河道,疏浚工程对鱼类资源的影响是暂时的。

4）水生植物

灌区河流水域多数水生植物为喜静缓水浅水生长，包括湿生、挺水、沉水、浮叶水生植物等，施工期间，随着挖出的底泥，水生植物从挖泥区被人为地转移到堤岸上弃土区，其栖息生境被直接破坏，必将导致种群数量和生物量减少。

2. 建筑物工程对水生生态的影响

本工程建筑物工程施工区域多在干涸的河道，此类型河道没有对水生生态产生影响。在有水河段，建筑物工程施工将会对局部水生态环境造成不利的影响，局部水域水质进一步浑浊，透明度降低，影响浮游植物光合作用速率，尤其会导致硅藻等喜洁净水体种类的密度和生物量下降；进而影响到浮游动物群落的生物多样性和群落稳定性，浮游动物总生物量随着水体中浮游植物总生物量降低随之降低；同样，由于上述影响，施工区域的底栖动物资源量也将受到影响而降低。

此类施工，土石方开挖、填筑和养护造成的水体悬浮物浓度增加的影响范围较小，水体浑浊主要由泥土进入水体造成，对鱼类局部生存环境造成影响，鱼类游泳能力较强，可以通过逃逸、躲避施工区域来适应环境的变化，并且施工安排在枯水期，影响时间仅发生在各段施工期间，整个工程尤其疏浚工程完毕后，水流速度加快，天然自净能力增强，所受不良影响将很快得以消除。但应注意施工过程中应避免污废水排入引起水质变化对鱼类造成不良影响。

3. 对河流自然系统稳定性的影响

不可恢复的生物量主要为底栖生物，只占生物总量的一小部分，可见河道的疏浚施工造成的生物量损失有限，这些影响在施工后会逐步恢复，因此自然系统能维护其现状并恢复稳定性。

河道整治工程涉及段的施工对底栖生物、河岸挺水植物、浮水植物有较大影响，这些影响在施工后会逐步恢复，因此局部区域物种变化不大，自然系统的阻抗稳定性受影响较小，能维护现状阻抗稳定性。

6.3.4　土壤环境影响分析

6.3.4.1　土壤污染分析

灌区土壤污染主要来自两方面：一是河道清淤的底泥堆放可能对土壤造成的污染；二是田间施用的化肥和农药对土壤的污染。

1. 河道清淤底泥对土壤影响

渠道沟道清淤底泥以泥沙和砾石为主，属自然土，含有机质和植物所需的营养成分，能使土壤形成团粒结构，增加土壤肥力，用于园林绿地，可促进树木花卉生长，提高其观赏品质，并且不易造成食物链污染，底泥也可用于渣场、料场、垃圾填埋场等地方的迹地恢复；作为弃土处理时将占用大量土地，处理不当会造成弃土场附近土壤和地下水污染，也会形成水土流失。

根据现状调查，本次工程治理的河渠沟道中，底泥监测值均低于《土壤环境质量　农用地土壤污染风险管控标准（试行）》（GB 15618—2018）中土壤污染风险筛选值要求，弃土的堆放不会对周围土壤造成不利影响。

2. 灌区化肥使用对土壤影响

灌区使用的化肥主要有氮肥、磷肥、钾肥和复合肥，长期单一施用化肥容易使土壤造成板结，土壤重金属累积，物理性质变差，固、液、气三相比失调，不利于土壤保墒，加大固定、反硝化作用和挥发，壤质土壤使氮肥淋溶损失量加大，不合理施用化肥使土壤溶液浓度增加造成烧根毁苗。由于单一单次施肥，不注重科学追肥，肥料的利用率降低，造成肥料的浪费，同时又增加了生产成本，影响作物品质，因此在合理施用化肥、测土配方施肥情况下，灌区施用化肥对土壤污染影响不大。灌区内使用的农药种类有除草剂、杀虫剂和杀菌剂三种。长年使用农药，土壤理化性质变劣，土壤微生物减少，活化能力减弱，残留的农药对作物也有影响，施用农药时违背操作规程和药剂用量，废弃药液和废弃农药瓶随处乱扔，造成二次污染。田间施用农药大部分能落入土壤中，同时附着在农作物上的部分农药也会因风吹雨淋落入土壤中，这就是造成土壤污染的主要原因。农药对土壤的污染，可用农药在土壤中的残留时间来衡量。目前,灌区使用的农药均属于高效低毒低残留农药,农药施用不会对灌区土壤产生较大的不利影响。

6.3.4.2 土壤次生盐渍化影响分析

土壤次生盐渍化是指土壤本来没有盐渍化现象,由于人类的不合理灌溉或对地表植被的破坏,促使地下水中的盐分沿土壤毛管孔隙上升并在地表积累,通过毛管作用上升到地表或土壤近表层,地下水位长期保持在一定的高度,地下水矿化度又高,土壤水分强烈蒸发,盐分不断累积在表土层,使土壤含盐量增加,当含盐量超过一定极限值时,土壤就发生了次生盐渍化。

1. 发生次生盐渍化的基本条件

灌区土壤产生次生盐渍化的主要原因是灌排不当,地下水位升高。其基本条件是:①地势低洼,排水条件不良,地下水位长期保持在 1 m 左右;②利用高矿化度的水进行漫灌,盐分滞留地表;③地下水矿化度≥1.0 g/L;④大气蒸发量强烈大于降水量;⑤灌溉渠线过长,没有防渗措施,引进的水大量渗漏;⑥土地不平,大水漫灌;⑦水、旱田插花种植;⑧耕作管理粗放,深翻不够,有机肥不足等。凡具备上述条件的,土壤才可能发生次生盐渍化。

2. 本灌区土壤次生盐渍化分析

本灌区采用黄河水作为水源进行灌溉,根据水质评价结果看出,黄河花园口断面 2014 年水质以《地表水环境质量标准》(GB 3838—2002)Ⅲ类水质标准为主,个别月份可以达到Ⅱ类水质标准,2015 年、2016 年水质以《地表水环境质量标准》(GB 3838—2002)Ⅱ类水质标准为主,赵口引黄闸所在河段水质可以满足相应水功能区划水质目标,满足灌溉水质要求。根据区域水文地质普查报告(杞县幅),20 世纪 80 年代初,浅层地下水等水位线及埋深图,本区地下水位埋深一般为 2~4 m,局部 1~2 m、4~6 m;2014 年 10 月中旬的实地观测资料,地下水位埋深一般为 6.0~8.0 m,部分地下水位埋深 8.0~10.0 m,局部大于 12 m,形成了地下水降落漏斗。灌区田间水与区内承压水之间水力联系很微弱或没有水力联系,因此灌区田间水入渗不会污染地下水,且不会引起灌区内及周边发生次生盐渍化现象。

6.3.5 地下水环境影响分析

6.3.5.1 施工期影响分析

考虑到该灌区近年来地下水水位持续下降,部分地区形成了地下水降落漏斗,结合工程特点及灌区水文地质特点,定性分析本次工程对灌区地下水环境的影响。

1. 灌区地下水埋深

灌区地下水类型属第四系松散层孔隙潜水和承压水,潜水主要赋存于上部轻—中粉质壤土中,承压水赋存于下部砂层中。潜水主要接受大气降水、侧向径流和河流补给。项目实施前由于灌区水资源严重缺乏,地表水不能满足区内生产与生活需要,大部分地方靠开采地下水满足用水需求,对区域内生态环境造成了破坏。

根据 2014 年 10 月和 2015 年 10 月两次赵口灌区地下水水位普查观测资料,灌区内地下水埋深分布情况分述如下:朱仙镇—万隆乡—范村乡以北(开封和中牟境内),地下水位埋深一般为 6.0~8.0 m;黄河大堤以北、开封市西部及南郊有大于 10 m 的漏斗。朱仙镇—万隆乡—范村乡一带,地下水位埋深一般为 4.0~6.0 m,局部小于 4.0 m。陈留镇—半坡店乡—大李庄乡以南,邸阁乡—官庄乡—圉镇镇—付集镇以北,地下水位埋深一般为 8.0~10.0 m,高阳镇东有大于 12.0 m 的漏斗。官庄乡—付集镇一线东南至四通镇—安平镇一带,地下水位埋深一般为 6.0~8.0 m,局部小于 6.0 m,如杨庙乡—马头镇之间的区域。

2. 施工期地下水影响预测评价

本工程类型包括渠道工程、沟道工程和建筑物工程等,根据各工程的工程特点、施工方式、所在区域地下水特点,逐一分析不同工程施工期对地下水的影响。

1)渠道工程

赵口灌区节水改造工程改建、新建干支渠基本设计阶段均为已有工程。根据设计方案,干渠、分干渠渠道挖深一般在 2~3 m,支渠挖深一般不超过 1 m,根据可研工程地质勘探成果,除总干渠由于靠近黄河,地下水埋深相对较浅(1.77~5.30 m)外,其余渠道所在区域地下水埋深均大于3 m。由于支渠挖深较浅,均小于当地地下水埋深,施工过程中不涉及地下水。

根据现状调查,总干渠渠道目前已经达到设计规模,本次工程在总干渠布设的工程主要为渠道衬砌,不再进行清淤、挖深等渠道治理工作,因此总干渠工程在施工过程中,基本不对当地的地下水环境产生影响。

2)沟道工程

本次沟道工程的施工活动为土方开挖,工程区主要位于粉砂层或粉质壤土层,一般具弱—中等透水性,施工工程中会存在一定的地下水渗漏问题,导致局部施工区段地下水位有所下降。但由于工程开挖深度较浅,一般不超过2 m,不会出现地下水大量渗漏的现象,加上本工程为线性工程,开挖破坏范围有限,施工时限短,工程施工不会造成大范围地下水位下降的现象,工程对地下水的影响不大。

6.3.5.2 运行期地下水影响分析

根据本工程的工程特点、区域地下水条件,工程运行期对地下水的影响主要有:①渠道工程衬砌对地下水阻隔影响,渠道渗漏对沿线地下水位的影响;②沉沙池渗漏对地下水的影响;③对灌区地下水的影响。

1.渠道工程对沿线地下水影响

一般情况下,渠道引水后,可能会引起渠线一定范围内地下水位的变化,当渠道输水后,渠水位一般高于两侧地下水位,根据水文地质调查结果,该区域土壤一般为弱—中等透水性,渠水会侧渗补给地下水,随着输水时间的延长,地下水位会抬高。

为减少引黄渠道渗漏损失,工程设计对总干渠和部分干渠、分干渠等灌区渠道采用现浇混凝土衬砌,衬砌后的渠道在输水时渗透量将大幅度减少。根据工程调度运行方式,工程一年的引黄时段共58 d,其余时段渠道均不通水,因此运行期渠道渗漏对当地地下水的影响很小。

根据工程总干渠、干渠、分干渠与当地地下水水位关系的调查,工程的总干渠、干渠、分干渠渠底高程基本上均高于当地地下水水位高程,因此渠道工程衬砌不会对当地地下水造成阻隔影响。

2.灌溉对灌区地下水影响分析

1)灌区地下水补排条件

灌区大部分地区地形平坦,平原区浅层地下水沿黄河故道全新统含水层自西北向东南流动,地下水流向总体与地形倾向一致,水力坡降一般为1/3 000~1/4 000,靠近上游处约1/2 500,下游1/5 000。部分地区受地下水超采影响,在局部形成降落漏斗,特别是开封市及部分乡镇附近已形成复合降落漏斗,从而改变地下水流向。

区域浅层地下水的补给以大气降水补给为主,其次为河流、沟渠水及灌溉回渗补给。

区域地下水的排泄方式主要有以下几种:①人工开采,是本区地下水排泄的重要途径,杞县、通许县、太康县、柘城县部分区域地下水开采普遍用于农田灌溉,区域地下水存在过量开采,引起了地下水位大幅度降低,形成了大小不等的下降漏斗。②地面蒸发,通过包气带岩土水分蒸发和植物的蒸腾作用来完成,地下水埋深1~3 m的地区,蒸发量较强烈,地下水埋深大于3 m的地区,蒸发消耗微弱。③河流排泄,不同季节,涡河、惠济河等不同河段河水与地下水互补。④越流排泄,本区浅层地下水位高于中深层地下水水位,浅层地下水通过透水天窗越流补给中深层地下水。

2)主要影响

本项目运行期灌溉用水入渗有可能影响地下水水位和水量。本工程新增灌片耕地以旱地为主,一年内的灌溉天数不大于58 d,并采取节水灌溉、小水勤灌的方式,由于旱田灌溉时间短、排水快、潜水排泄量大,因此田间入渗水量较灌区建成前增加不大。项目实施后,不会破坏区域地下水的补径排关系,区域地下水仍为降雨入渗补给为主,工程运行期对区域地下水水位和水量的影响较小。

近年来,由于水资源供需矛盾突出,灌区地下水超采,灌区地下水位持续下降。根据区域水文地质普查报告(杞县幅),20世纪80年代初,浅层地下水等水位线及埋深图,本区地下水位埋深一般为2~4 m,局部1~2 m、4~6 m;2014年10中旬的实地观测资料,地下水位埋深一般为6.0~8.0 m,部分地下水位埋深 8.0~10.0 m,局部大于 12 m,形成了地下水降落漏斗。项目实施后,由于引用黄河水,减少了对灌区地下水的开采,不再增加中深层地下水开采,对区域地下水水位抬升有积极作用,促进灌区地下水资源的可持续利用,减轻和避免由于地下水超采而出现的环境地质问题和生态恶化问题。

6.3.6 环境空气影响分析

工程施工期环境空气污染源主要来源于土方开挖作业粉尘、混凝土拌和系统产生粉尘、道路扬尘、施工机械和车辆等燃油机械运行产生的废气等。主要污染物有 TSP、SO_2、NO_2 等。

6.3.6.1 源强分析

本工程施工期粉尘主要来自明渠开挖、混凝土拌和、料场开采等,主要污染物为 TSP。

1. 土方开挖粉尘

工程土方开挖量大面广,其产生的主要污染物为粉尘,其产生量与作业强度、作业环境及气候条件有密切关系。在静风情况下污染源产生量会比起风时小,主要对现场的施工人员产生不利影响。类比同类工程,在不洒水的情况下,土方开挖对距施工点 50 m 范围内的环境空气有影响;在施工现场内经常保持湿润的情况下,土石方开挖对距施工点 40 m 范围内的环境空气有影响,其 TSP 浓度能够达到《环境空气质量标准》(GB 3095—2012)二级标准。总体来讲,土方开挖对周围大气环境影响较小。

2. 混凝土拌和

本工程混凝土拌和系统选用移动式拌和系统,移动式拌和系统布置在施工现场,作为现浇混凝土的加工设备。施工期混凝土拌和系统产生的粉尘主要对现场施工人员产生不利影响。通过配备除尘器、对材料堆场进行覆盖保护、场内地面及时清扫、洒水防尘、场内绿化、设置围挡等措施,可以有效控制混凝土拌和对现场施工人员的影响。

3. 机械及车辆燃油产生的废气

根据工程施工特点,施工期一般多使用小型施工机械,并辅助人力施工。类比水电工程施工有关资料,施工期产生污染物主要为 NO_2。

施工过程中,燃油废气产生量与耗油量及机械设备状况有关。由于本工程单位长度范围内机械数量有限,且排放高度不高,影响范围仅限于施工现场及其邻近区域,具有污染范围小、影响比较分散、影响时间短的特点。因此,燃油废气对工程涉及区域空气环境质量总体影响不大。

4. 道路扬尘

施工运输中产生的扬尘主要来自两个方面:一方面是汽车行驶产生的路面二次扬尘;另一方面是装载和运输物料数量较大的土料、水泥等产尘物料时,汽车在行进中如防护不当,易导致物料失落和飘散,使公路两侧空气中的含尘量增加。道路扬尘的起尘量与运输车辆的车速、载重量、轮胎与地面的接触面积、路面质量和风速、相对湿度等天气条件有关。

根据调查,工程区域植物已比较适应干旱扬尘天气,物料运输产生的扬尘不会对施工区及运输路线两侧的植物生长带来显著影响,但为了降低运输扬尘对运输路线两侧的居民及植物的影响,各施工单位应以主要物料运输路线为主要降尘区域,采取定期洒水、密封运输或加盖篷布、限制车速、及时维护、加强管理等措施,降低施工扬尘对周围环境的影响。

6.3.6.2 环境空气影响预测分析

1. 渠道工程

渠道是本次工程的主要建筑物类型之一。由于施工产生的扬尘大部分将在附近沉降,少量的废气和扬尘会对敏感点产生影响。整体上,渠道工程产生的扬尘对环境空气影响较小。

2. 沟道工程

在施工过程中,挖掘机、装载机会较长时间的运行,将会产生一定量的废气和扬尘。自卸汽车的运输量较大,也将产生一定量的汽车尾气和扬尘。施工机械尾气、机动车尾气及施工扬尘会对距离施工区较近的村庄局部区域环境空气质量造成一定影响。

施工区域多位于农村区域,环境背景较好,施工场地为线状分布,在施工规划中,同一施工区域中不同工程内容施工时间不同,排放源密度不大,通过采取以上措施后,本次工程施工期废气排放不会对区域环境空气质量产生较大影响。

6.3.7　声环境影响分析

施工期声环境影响随着施工开始而产生,施工结束而消失,具有短暂性、局部性的特点。本次工程是一项主要由农业供水渠道、沟道、沉砂池、田间工程等组成的供水工程,分项工程大部分规模较小,施工时间短,在施工过程中,土石方开挖、施工生产和交通运输产生的噪声将对声环境产生一定的影响。

6.3.7.1　评价标准及范围

本工程主要位于农村地区,声环境质量执行《声环境质量标准》(GB 3096—2008)中 1 类标准,即夜间 45 dB(A),昼间 55 dB(A)。高速公路、一级公路、二级公路、城市快速路、城市主干路、城市次干路两侧声环境执行《声环境质量标准》(GB 3096—2008)4a 类标准,即夜间 70 dB(A),昼间 55 dB(A)。

根据工程建筑物特点的不同,施工期噪声影响评价范围可分为两类:一类是施工机械噪声声环境评价范围为施工区周围 200 m 范围;另一类是交通运输噪声声环境评价范围为交通运输沿线 200 m 范围。

6.3.7.2　源强及预测模式

1. 源强分析

本工程施工区噪声污染源主要来自两个方面:施工机械设备运行产生的噪声和机动车辆行驶产生的噪声。根据建筑物的不同,其施工特点也不同,施工期的噪声源和影响范围及特点也不同,详见表 6-7。

表 6-7　工程施工期声环境影响特点

序号	主要噪声种类	声环境影响特点
1	机械噪声、交通噪声	交通运输噪声源强呈线状,主要表现在对交通运输沿线 200 m 范围内敏感点声环境的影响
2	机械噪声	施工机械种类简单,以人工施工为主,对声环境影响较小

1) 施工机械噪声

工程施工中大量使用施工机械,施工机械主要位于施工区,主要施工机械噪声源强见表 6-8。

表 6-8　施工期施工机械噪声源及源强

序号	机械类型	型号规格	最大声级 L_{max}(dB)	声源特点
1	挖掘机	1 m^3	84	不稳态流动源
2	装载机	2 m^3	85	不稳态流动源
3	推土机	74 kW	84	不稳态流动源
4	汽车起重机	5 t	78	不稳态流动源
5	蛙式打夯机	2.8 kW	80	不稳态流动源
6	履带起重机	10 t	85	不稳态流动源
7	混凝土拌和站	0.8 m^3	80	稳态固定源
8	振捣器	插入式	76	不稳态流动源
9	混凝土振捣器	手提式	85	不稳态流动源
10	冲击式钻机	CZ-22 型	85	不稳态流动源

续表6-8

序号	机械类型	型号规格	最大声级 $L_{\max}$(dB)	声源特点
11	泥浆泵	HB80/10型	85	不稳态流动源
12	离心水泵	14 kW	85	不稳态流动源
13	空压机	9 m³	75	稳态固定源
		20 m³	85	
14	柴油发电机	200 kW	85	不稳态流动源
		75 kW	77	

2)交通噪声源强分析

工程的交通运输重点在施工物料和渣料的运输。交通运输噪声主要来自于自卸汽车、机动翻斗车等运输车辆,发生在施工区、施工营地、渣场和料场之间的施工道路和永久道路上。施工期交通运输噪声源及源强见表6-9。

表6-9　施工期交通运输噪声源及源强

序号	机械类型	型号规格	最大声级 $L_{\max}$(dB)	声源特点
1	自卸汽车	5~8 t	82	线型流动不稳定噪声源
2	载重汽车	5~8 t	84	线型流动不稳定噪声源

2.预测模式

1)施工机械噪声

施工机械噪声具有分散性、间断性的特点,不同机械噪声源强相互叠加影响并不明显;所以施工机械噪声预测均采用点源衰减模式。

噪声点源衰减模式计算公式为:

$$L_r = L_0 - 20\lg(r/r_0)$$

式中　L_r——距噪声源距离为 r 处声级值,dB(A);

　　　　L_0——距噪声源距离为 r_0 处声级值,dB(A);

　　　　r——关心点距噪声源距离,m;

　　　　r_0——距噪声源距离,r_0 取 1 m。

2)交通噪声预测模式

对于施工道路边界噪声级,采用单车种、单边道交通噪声模型进行预测:

$$L_{eq} = L_A + 10\lg N - 10\lg 2rv + 25.4 + \Delta L$$

式中　L_A——机动车辆噪声标准,测点距行车中心线 7.5 m,取 72 dB(A);

　　　　v——机动车行车速度,取 40 km/h;

　　　　ΔL——鸣笛噪声,取 2 dB(A);

　　　　r——施工道路宽度的 1/2,取 4 m;

　　　　N——车流量,取 20 辆/h。

6.3.7.3　声环境影响预测

1.施工机械噪声影响预测

本工程使用机械种类较多,根据点源衰减模式计算施工机械对声环境的影响进行预测,其中同类型设备预测时按照其噪声级最大者进行。具体结果见表6-10。

表 6-10　施工机械噪声源在不同距离处的预测值　　　　　　　　　［单位:dB(A)］

机械类型	最大声级 (dB)	预测距离(m)							
		10	20	40	60	80	100	150	200
挖掘机	84	64.0	58.0	52.0	48.4	45.9	44.0	40.5	38.0
装载机	85	65.0	59.0	53.0	49.4	46.9	45.0	41.5	39.0
推土机	84	64.0	58.0	52.0	48.4	45.9	44.0	40.5	38.0
汽车起重机	78	58.0	52.0	46.0	42.4	39.9	38.0	34.5	32.0
蛙式打夯机	80	60.0	54.0	48.0	44.4	41.9	40.0	36.5	34.0
履带式起重机	85	65.0	59.0	53.0	49.4	46.9	45.0	41.5	39.0
混凝土拌和站	80	60.0	54.0	48.0	44.4	41.9	40.0	36.5	34.0
振捣器	76	56.0	50.0	44.0	40.4	37.9	36.0	32.5	30.0
混凝土振捣器	85	65.0	59.0	53.0	49.4	46.9	45.0	41.5	39.0
冲击式风钻	85	65.0	59.0	53.0	49.4	46.9	45.0	41.5	39.0
泥浆泵	85	65.0	59.0	53.0	49.4	46.9	45.0	41.5	39.0
离心水泵	85	65.0	59.0	53.0	49.4	46.9	45.0	41.5	39.0
空压机	85	65.0	59.0	53.0	49.4	46.9	45.0	41.5	39.0
柴油发电机	85	65.0	59.0	53.0	49.4	46.9	45.0	41.5	39.0

对于距施工场地 50 m 范围内的敏感点,预测影响明显,建议施工单位施工时在临近的敏感点一侧布置临时隔声屏障[降噪效果 20 dB(A),倒 L 形,高 3 m]。设置隔音屏障后,施工机械噪声对附近敏感点的影响降低,均可以满足《声环境质量标准》(GB 3096—2008)。

2. 施工营地噪声影响预测与评价

施工营地噪声比较大的机械包括空压机、水泵、电动铰车、混凝土拌和系统、运输车辆等,其中最大噪声值为 85 dB(A)。施工营地噪声预测见表 6-11。

表 6-11　施工营地噪声预测　　　　　　　　　　　　　　　［单位:dB(A)］

最大声级	预测距离(m)								
	1 m	10 m	20 m	40 m	60 m	80 m	100 m	150 m	200 m
设置隔声屏障前	85	65.00	58.98	52.96	49.44	46.94	45.00	41.48	38.98
设置隔声屏障后	65	45.00	38.98	32.96	29.44	26.94	25.00	21.48	18.98
叠加背景值后	65.24	45.24	39.22	33.20	29.68	27.18	25.24	21.72	19.22

根据预测分析,昼间距离施工场界 43.8 m 处的敏感点施工机械噪声值能够满足《声环境质量标准》(GB 3096—2008)1 类标准要求值[昼间 55 dB(A)]。

对于距施工场地 43.80 m 范围内的敏感点,施工单位施工时在临近敏感点一侧布置临时声屏障[降噪效果 20 dB(A)]。通过设置临时声屏障,施工场地边界外的敏感点均能够满足《声环境质量标准》(GB 3096—2008)1 类标准要求值[昼间 55 dB(A)]。

3. 施工道路交通噪声影响预测

工程的交通运输重点在施工物料和渣料的运输。交通运输噪声主要来自于自卸汽车、机动翻斗车等运输车辆,发生在施工区、施工营地、渣场和料场之间的施工道路和永久道路上。

经计算,施工道路边界噪声级为 87.4 dB(A),交通噪声传播至 75 m 外时即衰减为 67.4 dB(A)。因此,施工区内昼间噪声在施工场地 200 m 外即可达到控制标准限值。工程影响的环境敏感点主要以散落的村庄为主,施工运行车辆应注意经过附近敏感点及施工生活区附近时禁止鸣喇叭,减速慢行,在此情况下,不会对敏感点及施工生活营地产生显著影响。为控制和降低施工噪声,要求采用符合国家有关规定标准的施工机械和运输车辆;加强交通管理,车辆限速行驶,临近村庄时严禁鸣笛等。

6.3.8　社会环境影响分析

6.3.8.1　对社会经济的影响分析

赵口灌区节水改造工程项目所在区域(豫东平原区)是河南省主要粮食生产核心区,现状农业灌溉保证率低,灌区内大量耕地为非保灌灌面(含未灌溉灌面),这制约着灌区农业生产水平的提高,不利于提高灌区人民群众的生活水平。

此区域现状粮食产量低而不稳,其中未灌溉区域农业灌溉完全依赖于降雨,缺水严重,多年平均粮食产量仅 255 kg。本工程将在赵口引黄灌区内建设渠道、沟道、建筑物及田间工程,工程建成后,起到完善灌区灌溉设施、提高灌溉保证率的作用。赵口灌区节水改造工程的实施,对缓解灌区日益突出的水资源供需矛盾,改善区域生产、生活条件和生态环境有着非常重要的意义。

6.3.8.2　对人群健康的影响分析

根据工程特点和项目区环境特征,工程建设对人群健康的影响主要出现在施工期,其影响对象为施工人员。工程比较简单,自身不产生污染物,工程建设基本不会对施工人员身体健康产生影响。但由于工程施工期较长,高峰施工人员数量可达千人,施工人员较为集中,由此造成项目区局部人口密度增大,考虑施工营地生活条件较差,卫生防疫水平较低,有可能造成传染性疾病在施工人员中传播,影响施工人员身体健康。为此,需要加强施工期卫生防疫和施工人员管理,通过施工人员抽检、加强施工营地消毒、注重施工人员饮食卫生等措施保障施工人员身体健康。

6.3.8.3　移民安置影响分析

1. 移民安置规划

按照《水利水电工程建设征地移民安置规划设计规范》,移民安置应以人为本,保障移民的合法权益,以现状为基础,与资源综合开发利用、生态环境保护相协调;使移民拥有可靠的生产生活条件、稳定的经济收入及良好的生活环境,并为移民安置区经济可持续发展创造条件。在执行各项政策方面,中央有规定的执行中央规定,中央未规定的按省、地(市)、县(区)的顺序参考执行地方规定。

2. 规划原则

根据《大中型水利水电工程建设征地补偿和移民安置条例》,工程建设用地补偿和农村居民搬迁安置应遵循以下原则:以人为本,保障居民的合法权益,满足居民生存与发展的需求;顾全大局,服从国家整体安排,兼顾国家、集体、个人利益;节约利用土地,合理规划工程占地,控制农村居民拆迁规模;可持续发展,与资源综合开发利用、生态保护相协调;因地制宜,统筹规划。

3. 移民安置影响分析

本工程建设搬迁人口均采取本村后靠分散安置方式。搬迁安置后,本村内人口较安置前未发生变化,所产生的污染物量也基本未改变,在落实搬迁安置规划后,本村水环境、声环境、环境空气等影响未发生明显改变。仅安置用地对局部生态环境产生一定影响。

移民安置主要造成本村内局部植被的破坏,造成局部生物量降低,并带来一定水土流失问题。根据调查,安置用地占压植被均为当地常见物种,以人工栽培植被为主,安置用地不会造成生物多样性破坏,对项目区生态完整性基本不会产生影响。

6.4　赵口灌区工程环境保护措施

6.4.1　环境保护措施的制定

6.4.1.1　环保措施设计原则

预防为主,防治相结合原则:遵循国家有关环境保护、水土保持的法律、法规要求,工程布局及选线坚持"预防为主、全面规划、综合防治、因地制宜、加强管理、注重效益"的原则,合理布局,减少破坏。

整体协调原则:环境保护措施制定与区域水污染防治规划、区域相关政策及行业发展规划协调一致,紧密结合;同时与当地的生态建设、生态保护要求紧密协调、互为裨益,做到短期效益与长期效益的结合。

科学性、针对性原则:结合工程施工、运行的环境影响及产物特点,以及区域的水环境功能、声环境功能、大气环境功能等,有针对性地采取各项环境保护措施。

工程措施与管理措施相结合的原则:针对施工生产、生活污水、噪声等采取处理和防护措施,同时加强施工区环境管理,减少工程施工对人群健康的影响。

"三同时"原则:各项环保措施与主体工程同时设计、同时施工、同时投产使用,充分发挥作用和效益。

经济性与有效性相结合的原则:遵循环境保护措施具有投资省、效益优、可操作性强的原则。

6.4.1.2　区域水资源利用和管理措施

1."三先三后"原则

在工程建设运行中贯彻"先节水后调水,先治污后通水,先环保后用水"的"三先三后"原则,持续推进灌区的节水改造工作,为赵口灌区节水改造工程引水水量保障奠定基础;切实落实河南省、开封市、周口市、商丘市、郑州市等有关水污染防治的措施,对灌区沿线渠道等采取有针对性的水污染防治措施,确保输水水质满足相关要求,引水过程中不产生二次污染;针对赵口灌区二期工程建设和运行采取全方位的环境保护措施,并推进全灌区的环境保护工作,确保工程正常运行,发挥应有的社会效益和环境效益。

2.节水措施

赵口灌区节水改造区域是河南省粮食生产核心区,涉及了开封县、中牟、尉氏、通太康、扶沟、鄢陵等产粮大县。作为一个在缺水地区的灌区项目,争取高产必须大力开源节流,积极开展高效节水灌溉工程。

1)渠道节水

灌区渠系设计时应采取工程措施对总干渠、干渠、分干渠、支渠采用混凝土衬砌工程,尽量减少渠道渗漏,增加灌溉水利用系数。

2)灌溉节水

灌溉节水从两方面进行考虑:一方面是优化耕作制度、调整中式结构,采取间种、套种、立体种植等先进的农耕农艺措施;另一方面是推广先进的灌溉技术,吸取其他类似灌区先进的灌水经验,广泛推广喷灌、低压管灌、滴灌等技术。

3)农耕农艺节水措施

采用合理的农业技术,先进的引种、改制等种植方法,减少水分蒸发,增加土壤水分贮存,可有效地控制灌区农业用水总量;合理密植、深耕;引进优良耐旱品种;采用秸秆还田,地膜栽培等均可增加地表覆盖,起到蓄水保墒的作用,从而提高水的利用效率。

3.用水管理

科学管理是控制灌区农业用水总量的根本措施,加强工程管理,减少渠道、沟道、闸漏水;加强田间管理,杜绝串灌、串排,减少灌水过程中的水量损失;推行计划用水、科学用水、合理进行水量调配。实行按方收费,超用加价等管理措施,也是控制灌区农业用水量的有效措施。建立灌区管理信息系统和灌区管理自动化系统是灌区实现科学的水利现代化管理的根本性措施,是灌区控制灌溉用水总量的必要手段。

4.水资源保护和引水有关要求

控制用水总量,严格按照区域水资源"三条红线"进行水量配置,灌区所在开封市、郑州市、周口市、商丘市的用水总量符合《河南省实行最严格水资源管理制度考核办法的要求》等相关文件的有关要求。

灌区引水服从黄河引水"丰增枯减"的原则。$P=50\%$ 来水条件下,赵口灌区节水改造工程引水量1.9亿 m^3,当黄河来水条件发生变化时,应实时调整引水规模,严禁超指标用水,避免工程引水对黄河下游水量及用水户造成较大影响。

灌区用水服从黄河水量统一调度要求。4~6月花园口断面来水流量小于 320 m^3/s 时及其余月份来水流量小于 200 m^3/s 时,本工程渠首停止引水。

6.4.2 水环境保护措施

6.4.2.1 地表水污染防治措施

1.输水水质保障措施

鉴于灌区目前地表水水污染严重,在工程引水和输水过程中,必须实行严格的水污染控制措施,通过对灌区及上游城镇污水处理厂提标改造、优化调整工业结构、加大工业废水处理力度等措施,确保惠济河、涡河沿线干支流污染源达标排放,改善灌区地表水水环境,保障工程输水水质安全。

切实落实河南省有关惠济河、涡河的水污染防治要求,加强生活、工业等点源污染治理。涡河、惠济河输水水质的保障是本工程输水水质保障的关键,应尽快切实落实《河南省碧水工程行动计划(水污染防治工作方案)》(豫政〔2015〕86号)、《河南省辖淮河流域水污染防治攻坚战实施方案(2017—2019年)》(豫政办〔2017〕5号)、《河南省"十三五"生态环境保护规划》(豫政办〔2017〕77号)的有关要求。

2.施工期水环境保护措施

1)混凝土拌和系统冲洗废水

本工程共设 0.8 m^3 小型拌和站多套,按每个施工营地一台拌和站考虑,每个营地每班混凝土拌和系统冲洗废水产生量为 0.5 m^3,虽然施工营地冲洗废水量较小,但 pH 较高。为防治混凝土拌和系统冲洗废水污染,每个施工营地应设置一处沉淀处理池,将混凝土拌和冲洗废水全部收集后,投入中和剂静置沉淀后,回用于混凝土拌和或道路洒水,不外排。

2)施工机械冲洗废水

本次工程主要施工机械设备较多,均设置了施工机械停车场,会产生少量的施工机械、车辆冲洗废水,废水主要污染物为石油类和悬浮物,其中石油类污染物浓度约 50 mg/L,SS 浓度约为 2 000 mg/L。

从本工程含油废水水质特点看,石油类含量较低,并且废水量较小,采用沉淀池—隔油池处理方案,能够满足循环利用要求。

3)生活污水

本工程布置多处施工营地,布置比较分散,每个营地平均日排放量 1.5 m^3/d。生活污水水质参数浓度按乡镇生活污水取值,COD 为 350 mg/L 左右,SS 为 200 mg/L,NH_3-N 为 15 mg/L 左右。

为防止生活污水对水体造成污染,施工人员生活营地远离水体布置,施工现场设置旱厕,每个施工营地设置一座化粪池,对施工营地生活集中收集处理,并回用处理后的生活污水。

项目区属于温带大陆性季风气候,春季干燥少雨风沙多,且本工程土石方运输量大,特别是在干旱有风时段,施工产生的扬尘对大气环境影响较大,需要通过洒水措施降低对大气环境的影响。生活污水经处理后回用于施工营地、施工场区、道路等区域洒水降尘,可以节约水资源,降低施工成本。

4)基坑排水

根据工程设计,拦河闸、倒虹吸等部分建筑物等工程在施工时需设置上下游围堰,并产生基坑排水。

为减轻基坑排水对局部地表水环境的不利影响,施工时于施工现场附近设置临时基坑废水收集池,基坑废水经沉淀处理后优先回用于洒水降尘,剩余的排入附近沟道。

3.运行期水污染防治措施

本工程设管理局 1 个,各县共设管理处 6 个,管理所 20 个。管理人员按用水量 100 L/(人·d)、排水系数 0.8 计算,管理站(所)管理人员生活废污水产生量为 20 m^3/d。该废污水中主要污染物为 COD、SS、NH_3-N。

河南省赵口灌区管理局 1 个,设在开封市,生活污水可以纳入开封市污水处理管网。管理处 6 个,分别设置在各县县城,生活污水纳入各县污水处理管网。管理所近 20 个,办公及生活均设在工程沿线各乡镇,各管理所人数较少,各管理段所设置化粪池及小型的污水处理设备,对生活污水进行处理,污水水质达到《污水综合排放标准》(GB 8978-1996)二类标准要求后进行回用,作为周边绿化用水,污泥作为农用肥料外运。

6.4.2.2　地下水环境保护措施

1.施工期地下水环境防护措施

在施工期,应加强地下水保护。对于施工产生的生产废水、生活污水应进行集中处理,达到《污水综合排放标准》(GB 18466—2005)、《河南省惠济河流域水污染物排放标准》相应标准后回用,以防止污染地下水。

项目施工用水除生活饮用水质要求较高外,其他用水水质要求相对较低。为节约宝贵水资源,保护项目区生态环境,在施工过程中产生的地下水排水,不得直接排放,应采用施工降水回收再利用技术,将地下水排水直接用于项目施工用水。不仅可以节约水资源,保护生态环境,同时可降低施工单位的施工成本。

2.运行期地下水环境防护措施

为了较准确地监测受水区地下水动态变化,及时采取必要的处理措施。在工程运行期间,应建立地下水动态监测网,进行地下水水位、水质监测工作。特别是要在管道沿线近距离的灌区附近布设地下水观测点,对地下水水位、水质进行监测,对地下水动态变化进行及时分析。

为了保证供水工程安全,防止或减少输水工程渗漏,减少输水损失,对渠道进行全断面衬砌,并加强供水工程管网的日常维护工作。

灌区工程建成以后,严格落实灌区地表水和面源污染治理各项措施,从灌区源头预防和控制地下水污染。如推广测土配方施肥技术,控制化肥用量,改善土壤团粒结构;推广生物、物理防治和科学施药技术,提高生物农药使用比例,减少化学农药施用量;进一步调整畜禽养殖产业结构,减少散养,发展规模化养殖。

灌区管理单位制定灌区地下水水质和水位监测计划,为掌握灌区地下水水质状况及制定环保政策,采取针对性保护措施提供技术依据。

6.4.3　生态环境保护措施

6.4.3.1　施工期生态保护措施

工程施工期间对生态环境会造成一定影响,特别是植被破坏和造成水土流失,对所在区域的生态环境和工程施工造成一定影响。为保护所在区域的生态环境,在工程施工期间施工单位应采取措施,保护生态环境。

1.植被及植物保护措施

1)生态环境保护宣传教育

由于本项目工程量大,线路长,涉及施工人员较多,因此在施工前应对施工人员进行环境保护教育培训,让施工人员认识到在施工过程中保护好环境的重要性。教育在施工过程中不能猎杀野生动物,不乱丢工程材料、废弃物、弃土方等,要注意严格保护好施工用地范围以外的林木植被,禁止乱砍滥伐、肆意践踏林木草地及耕地。

2)耕作区渠道施工生态环境保护措施

(1)在施工过程中,挖土应严格按照设计方案进行,采取耕作土和底泥分别堆放,杜绝任意堆放。

(2)在施工区边缘设立农田的防护措施,防止对周边农田的影响。

(3)施工过程中,在农田的一侧建挡土墙,以拦截泥沙,减少泥沙对农田的影响,必要时可用防雨物覆盖土堆。

3)弃渣场、土料场生态环境保护措施

工程施工要保持土方平衡,依据地形地貌,施工的挖方及填方按就近调配的原则进行切坡、回填,减少土方远距离、二次运输,减少可能的土壤流失量。

保留表土,挖填方前将表土先挖出集中保存,留作工程植被恢复用土。

回填土方应按照施工规程进行,分层填压,确保填土密实度达到规范标准。

工程弃方及填方后要及时绿化、道路硬化,避免长期土壤裸露造成水土流失污染环境。尽快完成规划绿地和各种裸露地面的绿化工作,一些备用的工程建设用地,应进行临时性的绿化覆盖,减少水土流失量。

取土、弃渣结束后,按照水土保持设计方案进行生态恢复,待土壤肥力提高后,可依据条件和需要进行农作。

4)临时占地生态环境保护措施

尽量保留临时占地区植物群落和物种,由于工程的施工将会导致施工地及其周围一定范围内的植被消失,临时占地区部分植被和动植物种类的多样性将会降低。为尽可能在最大程度上保护其生物多样性,在项目施工前应进行详细的野外调查,以便采取适当的措施,尽可能在最大程度上避免潜在的、不利的生态影响。

在临时道路上修建土质排水沟排除路面积水,工程完工后拆除泥结石路面,深翻复垦,尽量回复原用地类型。

工程施工避开雨季,本区域降雨量主要集中在 4~9 月,大雨时造成水土流失的重要原因,因此大开挖施工尽量避开雨季,可以大大减少土壤的流失量。

施工临时用地,将原有的耕作层熟土推在一旁存好,待施工完毕再将其推平,恢复土地的耕作层。

合理安排施工进度,尽量减少过多的施工区域,缩短临时占地使用时间,施工完毕,立即复垦。

2.施工期陆生动物保护措施

工程施工将对周边的野生动物造成一定的影响,因此施工期应采取措施尽量减少施工噪声和空气中的扬尘,最大程度地减少对野生动物的干扰。

施工结束后,尽快恢复和完善灌区工程的绿化工作,采取一些人工辅助措施,使被破坏的植被尽快恢复,给野生动物创造一个好的生存环境。

加强宣传教育,严禁捕猎野生动物,提高施工人员、移民和管理人员环境保护意识,严禁施工人员猎捕野生动物。

6.4.3.2　运行期生态保护措施

结合灌区农业生态环境建设,建立病虫害防治和报告制度,发现问题及时解决。广泛采用各种农业防治和生物防治措施,进一步贯彻预防为主,综合防治和植保工作方针,控制灌区农药、化肥的施用量,提倡科学用药及适时用药,减少农药使用量,加强农药使用的有效管理,防止各类污染事故发生,使灌区农业生态环境得到保护和改善。

6.4.4　土壤环境保护措施

6.4.4.1　施工期保护措施

(1)耕作层土壤是自然界风化并凝结人类劳动,是土地的精华和不可再生的农业生产资源。本工程占用农田的耕作层土壤,应进行剥离,用作复垦项目的复耕用地、土地整理、开发项目的土层增厚和土壤改良等用途。

（2）严格按照施工组织设计控制施工范围，最大限度地减少对土壤的破坏，将临时占地控制在最低限度。

（3）机械维修保养站应铺设沙子以防止含油废水污染土壤，污染的沙子也要统一进行收集处理，工地上滴漏的油渍应及时进行清理。

（4）各种施工机械及车辆应定期进行检查维护，尽量减少跑、冒、滴、漏现象。

6.4.4.2　运行期保护措施

（1）控制面源污染。

积极发展生态农业，推广施用高效、低毒、低残留农药，禁止使用剧毒农药，试点采取频振式杀虫灯等生态杀虫方式。要尽量施用有机肥、农家肥，严格控制化肥和农药的施用量。依据测土施肥技术示范工程的技术成果，确定灌区各类土壤化肥施用量。另外，结合精确施肥示范村工程，精确控制化肥施用量，从而减少农业面源对土壤的污染。

（2）采取合适灌溉方式，预防土壤盐渍化。

针对灌区农田土壤化学成分实际情况采取合适的灌溉方式、灌溉技术和种植方式，加强灌溉用水管理和排泄通道的维护，确保排泄通畅等，以降低灌区土地发生次生盐碱化问题。另外，工程实施后加强对灌区土壤的监测，为制订土壤环境保护措施提供依据。

6.4.5　大气环境污染防治措施

6.4.5.1　保护目标

环境空气质量按照《环境空气质量标准》（GB 3095—2012）中 2 级标准执行。

6.4.5.2　河南省有关扬尘污染防治的有关规定

2018 年 3 月 1 日起，《河南省大气污染防治条例》正式施行，其中关于扬尘污染防治做如下规定：

第四十八条　建设单位应当将防治扬尘污染的费用列入工程造价，作为不可竞争费用纳入工程建设成本，并在施工承包合同中明确施工单位扬尘污染防治责任。施工单位应当制定具体的施工扬尘污染防治实施方案。

从事……水利工程施工……施工单位应当向所在地县级人民政府住房城乡建设、城市管理、水利、交通运输或者房屋征收等负责监督管理扬尘污染防治的主管部门备案。……

第五十条　工程监理单位应当将扬尘污染防治纳入工程监理细则，对发现的扬尘污染行为，应当要求施工单位立即改正；对不立即整改的，及时报告建设单位及有关主管部门。

另外，根据《河南省 2018 年大气污染防治攻坚战工作方案》（豫政办〔2018〕14 号）中相关规定，建设单位应严格执行以下扬尘防治措施："四、主要任务（五）强化扬尘污染综合整治……强化各类工地扬尘污染防治。按照《河南省环境污染防治攻坚战领导小组办公室关于进一步加强扬尘污染专项治理的意见》（豫环攻坚〔2017〕191 号）要求，严格落实新建和在建……水利等各类工地周边围挡、物料堆放覆盖、土方开挖湿法作业、路面硬化、出入车辆清洗、渣土车辆密闭运输'六个百分之百'，严格落实城市规划区内建筑工地禁止现场搅拌混凝土、禁止现场配制砂浆'两个禁止'，严格执行开复工验收、'三员'管理、扬尘防治预算管理等制度。5 000 m² 规模以上土石方建筑工地全部安装在线监测和视频监控，并与当地主管部门联网。各类长距离的……水利等线性工程，全面实行分段施工。……建筑垃圾清运车辆全部实现自动化密闭运输，统一安装卫星定位装置，并与主管部门联网。"

6.4.5.3　其他大气环境保护措施

施工期大气污染源主要来自工程开挖过程中的施工扬尘、施工机械、道路扬尘以及车辆等燃油机械产生的废气等。为降低工程对距离较近的居民点、村庄大气环境的影响，采取以下环境空气污染防治措施。

　1.防尘措施

土方开挖施工尽量避开干燥多风天气，并视情况采取必要的洒水防尘措施，洒水次数根据天气情况而定。一般晴朗天气每天早、中、晚各洒水一次，当遇特别干燥的天气，且风速大于 3 级时应每隔 2 h 洒水一次。

混凝土拌和站应设置袋式除尘器,对其产生的粉尘浓度应控制在《工业"三废"排放试行标准》(GB J4—73)规定的标准以内。当拌和站处于工作状态时,除尘设施要同时运转,平时应加强除尘器的维护保养,使其始终处于良好工作状态。

2. 多尘物料运输过程中的除尘

土料和水泥运输过程中应注意防止空气污染。在晴朗多风天气,装载土料时,应适当加湿或用帆布覆盖;运送散装水泥车辆的储罐应保持良好的密封状态,运用袋装水泥必须覆盖封闭。加强运输道路的管理和维护,根据敏感点的情况酌情进行砂化,经常洒水降尘,保证道路的良好运行状态。施工区控制车速,环境空气敏感点附近降低车速行驶。

3. 施工场地防尘措施

地面硬化:施工现场内除作业面场地外均应当进行硬化或绿化处理。作业场地应坚实平整,保证无浮土。

物料堆积时的防尘:土料堆积过程中,堆积边坡的角度不宜过大,弃土场应及时夯实;散装水泥应尽可能避免露天堆放。晴朗多风天气应对露天堆放的临时堆放的土料适当加湿,防止被风吹散。

洒水设施:每个施工区配备洒水车,根据气候和施工场地、道路状况对施工场地和临时营地进行定期洒水降尘,每天至少两次,上午、下午各一次,保证地面湿润,不起尘。

4. 燃油废气控制措施

施工机械及运输车辆需定期检修与保养,及时清洗、维修,确保施工机械及运输车辆始终处于良好的工作状态,减少有害气体排放量,确保施工机械废气排放符合环保要求。加强大型施工机械和车辆的管理,执行定期检查维护制度(I/M 制度)。

承包商所有燃油机械和车辆尾气排放应执行《汽车大气污染物排放标准》(GB 14761.1～14761.7—93),若其尾气不能达标排放,必须配置消烟除尘设备。严格执行《在用汽车报废标准》,推行强制更新报废制度,特别是对发动机耗油多、效率低、排放尾气严重超标的老旧车辆,应予以及时更新。

6.4.5.4　敏感点保护措施

临近敏感点作业应缩短施工时间,减少开挖面积,及时采取有效的围挡、遮盖措施,降低对居民生活的影响。运输车辆途经人口密集居民区时,车速不得超过 15 km/h;施工区应配备洒水车,在干燥季节每日对施工运输车辆经过的环境敏感地段洒水 4～6 次,同时道路应及时清扫,避免工程材料运输扬尘对道路两侧居民影响。

通过采取上述提出的大气环境保护措施,可以有效地减轻施工废气和施工扬尘给邻近居民点环境空气带来的不利影响。

6.4.6　声环境污染防治措施

本工程施工期噪声源包括两个方面:一方面是稳定声源,来自施工机械设备运行;另一方面是流动声源:主要是机动车辆行驶。

根据声音的传播特征,从噪声源控制、噪声传播途径控制、受影响者的个体保护这三个途径进行噪声的污染防治。环境噪声按照《声环境质量标准》(GB 3096—2008)中 1 类标准执行。

6.4.6.1　噪声源控制

工程施工应改进施工技术,选用低噪声的设备和工艺;拌和站的设置应尽可能考虑布置在远离居住区;机动车辆的喇叭选用指向性强的低噪声喇叭;加强机械设备的维修和保养,减少运行噪声。

施工运输车辆在通过居民点时,应减缓车速,控制车流量,禁止鸣放高音喇叭,并设置限速牌,以减轻交通噪声的干扰。限速牌主要设置在各居民点入出口处,内容和制作方式按照《道路交通标志和标线》(GB 5768—1999)设计。

6.4.6.2 噪声传播途径控制

1. 居民点噪声防护

为降低噪声对临近施工区的集中居民点影响,设置可移动 L 形隔音屏障,高度大于 2.5 m,长度应超出敏感点范围 10 m 以上。应优化施工组织设计和加强施工管理,涉及居民点的渠线施工时在居民点一侧设置移动式隔声屏障,减轻噪声对环境敏感点的影响,同时,施工单位应加强宣传,充分做好与当地居民的沟通工作,减少对敏感点居民的影响。

施工营地、料场、拌和站、施工便道均设置在远离噪声敏感点的地方,由于渠线工程较长,沿线敏感点较多,故在周围 200 m 范围内有敏感点的渠线段夜间禁止施工。

采用合理施工方式、科学施工、合理安排施工时间及施工内容,避免高噪声施工机械在同一区域内同时使用。如运输安排尽量避开噪声敏感点,对具有突发、无规则、不连续、高强度等特点的筑路机械施工噪声,应采取变动施工方法等措施加以缓解,噪声源强大的作业放在昼间(06:00~22:00)进行。

2. 个体保护

改善施工人员的作业条件,加强劳动保护,混凝土搅拌机等高噪声机械现场作业人员,配备必要的噪声防护物品,严格限制高噪声设备操作人员的连续工作时间。

6.4.7 固体废弃物污染防治措施

6.4.7.1 施工期固废污染防治措施

1. 工程弃土

工程沿渠道两侧分散弃渣,弃渣完成后恢复为以耕地为主的原地貌,复耕并采取边坡植草防护等水保措施。该措施可有效地避免工程弃土对周围环境的不利影响。

2. 建筑垃圾

要求施工单位委托相关有资质的单位对建筑垃圾进行综合处置,回收利用其中的废金属、木材、塑料等,其余无法直接回收利用的部分可经破碎后作为建筑材料综合利用。

3. 生活垃圾

施工期固废主要是施工期施工人员的生活垃圾。对施工人员固体生活垃圾按处理方式进行分类处理,并在临时生活区设置垃圾桶,进行生活垃圾分类收集,定期清运;在施工区周围,远离施工线路区域设置旱厕,定期进行消毒,杀灭蚊蝇等疾病传播媒介,并由当地群众定期清运,进行堆肥处理。

6.4.7.2 运行期固废污染防治措施

工程建成后,赵口灌区管理局(所)的新增人员会产生固体生活垃圾,该部分生活垃圾可由城市生活垃圾清运部门定期集中收集并安全处置,不会对周围环境造成明显不利影响。

6.4.8 社会环境保护措施

6.4.8.1 移民安置环境保护措施

结合项目区环境特点,移民安置主要是对生活安置区提出环境保护措施,以减少生活安置过程中对环境的不利影响。

从保护安置区生态环境、减少生活安置对环境的不利影响角度出发,合理划定安置。

合理选择安置时间,确定有利于植被移栽保护的安置时间。

结合新农村建设,对新建移民安置区设置生活垃圾收集箱,每户配套建设旱厕、集中式供水设施等,并指定专门人员定期清运生活垃圾。

安置区因地制宜栽种树木、花草,减少因移民安置造成的植被破坏。

6.4.8.2 人群健康保护措施

为保障施工人员的身体健康,避免或减少疾病爆发流行,施工期需采取一定的人群健康保护措施。

(1)在施工前,对施工区进行彻底消毒。在施工区开展灭蚊、灭蝇和灭鼠活动,有效地控制自然疫源性疾病的传染源,切断其传播途径,以控制和减少疾病的发生。

（2）对准备进入施工区的施工人员进行卫生检疫，及时发现携带病毒病菌的施工人员，在确保不对其他施工人员产生危害时可以参与工程建设。在施工区设置医务室，储备常用药品，及时救治施工人员。对施工人员进行健康卫生教育，认识各种疾病的特点和危害，养成良好的卫生习惯，从个人意识和行为角度预防疾病的传播。

（3）加强对施工区食品卫生的管理和监督。建立健全"卫生许可证"制度，对食堂工作人员进行健康检查，实行"健康证制度"，对蔬菜、肉类等原料以及食盐的进货渠道进行严格检查与控制，对施工区各类饮食业进行经常性的食品卫生检查和监督，发现食物中毒应立即采取有效控制和保护措施，防止污染源的扩大。

（4）饮用水应经过净化和消毒处理，并定期检测，达到国家规定的卫生标准后方可使用。施工人员应养成良好的卫生习惯，切勿饮用生水，以免感染疾病。

（5）对施工人员产生的生活污水、粪便、垃圾进行集中处理，防止传染病的发生和传播；对洼地进行平整，消灭蚊蝇孳生地，注意保持生活区清洁、卫生。

（6）传播媒介灭杀。

①充分了解施工区的环境状况。每年定期在春秋两季对生活区进行统一消杀工作。在适当地方使用灭鼠毒饵盒，设立灭鼠防护带，以控制外来鼠的侵入。

②每 2 个月进行一次常规施药，重点控制生活区和食堂的蚊子和苍蝇的密度。对食堂周边的苍蝇孳生环境进行药物处理；对食堂内部环境进行药物喷洒；综合使用灭蝇带、毒饵、诱蝇杀等灭蝇方法。

（7）卫生宣传与管理。承包商及建设管理单位应实行专人负责，采用不同形式宣传痢疾、伤寒等传染病防治知识和计划免疫预防接种知识，提高施工区人群卫生知识水平和健康保护意识。

各施工单位和工程管理部门应明确卫生防疫责任人，建立疫情报告网络，每季度进行一次卫生检查工作，定期对施工区食品卫生进行监督检查，取得卫生许可证的人员方可从事餐饮工作。加强施工区饮用水消毒、监测工作。

6.5　赵口灌区工程环境管理

6.5.1　环境管理

环境管理是工程管理的重要组成部分，是工程环境保护工作有效实施的重要环节。为充分发挥赵口灌区节水改造工程的社会效益、经济效益和生态环境效益，发挥工程的有利影响，最大限度地减免不利影响，保证各项环境保护措施的落实，必须加强工程施工期及运行期的环境管理工作。

6.5.1.1　环境管理原则及目标

1. 环境管理原则

1）预防原则

在施工和运行过程中，环境管理要预先采取防范措施，防止环境污染和生态破坏行为发生，并把预防作为环境管理的重要原则。

2）分级管理原则

工程建设和运行应接受各级环境保护行政主管部门的监督，而在内部则实行分级管理制度，层层负责，责任明确。

3）相对独立性原则

环境管理是工程管理的一部分，需要满足整个工程管理的要求。但是同时环境管理又具有一定的独立性，必须依据我国的环境保护法律法规体系，从环境保护的角度对工程进行监督管理，协调工程建设与环境保护的关系。

4）针对性原则

工程建设的不同时期和不同区域可能会出现不同的环境问题，应建立合理的环境管理结构和管理制度,有针对性地解决出现的问题。

2.管理目标

管理目标是保证各项环境保护措施按照环境影响报告书及其批复、环境保护设计的要求实施,使各项环境保护设施正常、有效运行。

预防污染事故的发生,保证各类污染物合理回用或达标排放,使工程区及其附近的水环境、环境空气和声环境质量达到相应的环境功能要求。

水土流失和生态环境的破坏得到有效控制,并采取措施恢复原有的水土保持功能和生态环境质量。

做好施工区卫生防疫工作,完善疫情管理体系,控制施工人群传染病发病率,避免传染病暴发和蔓延。

6.5.1.2　环境管理制度

1.环境保护责任制

在环境保护管理体系中,建立环境保护责任制,明确各环境管理机构的环保责任。

2.分级管理制度

在施工招标文件、承包合同中,明确污染防治措施与费用条款,由各施工承包单位负责组织实施。工程环保管理部门负责定期检查,并将检查结果上报。环境监理单位受建设单位委托,在授权范围内实施环境管理,监督施工承包单位的各项环境保护工作。

3."三同时"验收制度

根据《建设项目环境保护"三同时"管理办法》,工程建设过程中的污染防治措施必须与建设项目主体工程同时设计、同时施工、同时投入运行。有关"三同时"项目必须按合同规定经有关部门验收合格,防治污染的设施不得擅自拆除或闲置。

4.书面制度

日常环境管理中所有要求、通报、整改通知及评议等,均采取书面文件或函件形式。

5.报告制度

施工承包商定期向建设单位和环境监理部提交环境月报、季报、半年报及年报,主要反映环境保护措施实施执行情况、存在的问题、整改方案和处理结果,阶段性总结等内容。

环境监理部定期向建设单位报告施工区环境保护状况和监理工作进展,提交监理月报、季报、半年报及年报。

环境监测单位定期向建设单位提交环境监测报告,环保水保中心应委托有资质的相关技术单位对工程施工期进行环境监测,提出监测季报和年报。

6.污染事故预防和处理措施

工程施工期间,如发生污染事故或其他突发性事件,造成污染事故的单位除立即采取补救措施外,要及时通报可能受到污染的地区和居民,并报告建设单位环保管理机构与当地环境保护行政主管部门接受调查处理。建设单位接到事故通报后,会同地方环保部门采取应急措施,及时组织对污染事故进行处理,并调查事故原因、责任单位和责任人,对有关单位和个人给予处罚。

6.5.1.3　环境管理机构与职责

1.机构设置

工程建设的环境管理按建设项目的管理体系进行,由河南省水利厅负责工程建设期与运行期的环境管理工作,环境行政主管部门和水行政主管部门负责监督。

根据工程对环境影响的范围及影响因素,为了有效地控制工程施工对环境的污染和生态破坏,工程组建环境管理机构。工程环境管理机构由领导、组织、实施、协助、咨询等五部分机构组成。环境管理机构体系见图6-1。各机构间应紧密联系、分工明确、相互独立、互相协调。

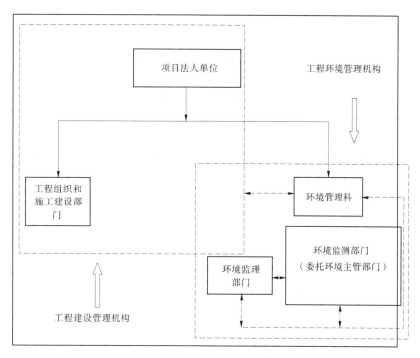

图 6-1　管理机构组织

2. 人员设置

根据工程环境管理需要,建议管理局设立下属环境管理机构,专门负责工程环境工作。设立环境管理科室,该环境管理机构对项目法人单位负责,并定期向环境主管部门进行工作汇报,接受指导与监督。

3. 机构职能

环境管理科室主要负责各项环境管理方面的规章制度、环境保护计划等,并协调和监督各部门的环境管理工作,其主要职责见表 6-12。

表 6-12　环境管理机构的主要职责

时段	职责
施工期	贯彻执行和宣传国家及地方各级环保部门的环保政策法规,结合本次工程特点及环境特征,执行各省(区)相关环境管理的方针、政策; 制订施工期环保计划,全面监督、管理施工期环保工作; 负责施工期生态环保措施的实施、监督与管理工作,确保各项保护措施落实,并负责调查施工期植被调查工作; 负责检查和监督施工期水土保持方案落实情况,及时发现并处理问题; 负责检查和监督施工期弃土堆放情况,对不合理堆放现象及时处理,加强耕地内施工的指导工作,尽量减少对农田的不利影响; 负责制订施工期废水、废气、噪声、固废污染防治措施,并监督各项污染防治措施的落实情况; 负责组织检查施工人员生活区防疫工作,定期负责施工人员体检工作; 负责施工期检查文物遗迹保护措施的落实工作; 与相关自然保护区管理人员协调,做好施工期保护区生态保护管理,并落实保护区生态保护措施

续表 6-12

时段	职责
运行期	负责制订运行期引水水质安全保护监测计划及措施,定期进行水质监测并向环境主管部门进行汇报,确保引水水质; 负责与保护区管理部门协调,落实运行期保护区施工沿线生态恢复措施; 负责运行期生态恢复措施的制订及监督各项生态保护措施的落实情况,定期检查植被恢复情况,发现问题,并及时做出处理; 负责制订运行期水土流失防治计划和措施,并监督各项水土流失防治措施的落实情况

6.5.1.4　环境管理任务

1.筹建期

确保环境影响报告书中提出的各项环保措施纳入工程最终设计文件。

确保招标投标文件及合同文件中纳入环境保护条款。

筹建环境管理机构,并对环境管理人员进行培训。

2.施工期

制订工程建设环保工作实施计划,编制年度环境质量报告,并呈报上级主管部门。

加强工程环境监测管理,审定监测计划,委托具有相应监测资质的专业部门实施环境监测计划。

加强工程建设的环境监理,委托具有相应监理资质的单位进行施工期的环境监理。

组织实施工程环保规划,并监督、检查环保措施的执行情况和环保经费的使用情况,保证各项工程施工活动能按环保"三同时"的原则执行。

协调处理工程引起的环境污染事故和环境纠纷。

加强环保的宣传教育和技术培训,提高施工人员的环保意识和参与意识,提高工程环境管理人员的技术水平。

配合开展工程环保竣工验收,负责项目环境监理延续期的环保工作。

3.运行期

运行期环境管理的任务主要是贯彻执行国家及地方环保法律、法规和方针政策,执行国家、地方和行业环保部门的环保要求;定期监测供水水质状况;负责供水管线的巡查;落实生态环境恢复;杜绝水质污染;及时发现和处理污染事故,编制应急计划,确保供水水质水量安全可靠。

6.5.1.5　环境培训与宣传教育

本项目环境管理培训对象包括建设单位、施工承包商、环境监理等机构的主管人员及技术人员。邀请环保专家进行讲学、培训,并结合项目环保工作特点和需要,组织考察学习,以提高其业务水平。培训内容包括:

国家、河南省对建设项目管理中有关环保、水土保持等方面的法规、文件及有关要求;

本工程在设计中提出的环保措施及施工期和运行期的环保要求。

本工程施工期和运行期的环保指南等。

现场考察学习相关工程的环境保护经验和技术,组织参与学术交流。

针对项目施工人员开展环保宣传教育活动,通过印发宣传手册、张贴宣传画报及播放环境宣传教育录像片等形式对施工人员开展环保宣传教育活动。

6.1.5.6　竣工环保验收

为切实落实环境保护"三同时"要求,减缓项目建设及运行带来的环境影响,应做好环境保护竣工验收。

在工程全部完工并运行后,应以工程设计资料和本项目环评文件为基础,开展竣工环保验收工作,重点关注以下内容及要求:

(1)核查实际工程内容及方案设计变更情况;

(2)环境敏感目标基本情况及变更;

(3)实际工程内容及方案设计变更造成的环境影响变化情况;

(4)环境影响评价制度及其他环保规章制度执行情况;

(5)核实环境影响报告书提出的主要环境影响,收集工程施工期和运行期实际存在的以及公众反映强烈的环境问题;

(6)环境质量及主要环境污染因子达标情况,验证环境影响评价文件对污染因子达标情况的预测结果;

(7)环保设计文件、环境影响评价文件及环境影响评价审批文件中提出的环保措施落实情况及其效果;

(8)环境风险防范与应急措施落实情况及有效性;

(9)工程环保投资落实与执行情况;

(10)检查是否委托有资质的单位开展环境监理工作,是否编制了《环境监理工作大纲》,制定了《环境监测与环境监理工作细则》。

6.5.2 环境监测

6.5.2.1 监测目的及原则

1. 监测目的

通过对工程建设和运行过程中、移民迁建活动中可能产生的环境问题的监测,随时掌握工程影响范围内和移民安置区各环境因子的变化情况,及时发现环境问题并提出对策措施;对环境影响报告书提出的环保措施实施后,工程影响区内的环境变化情况进行监测,以检查所采取环保措施的实施效果,并根据监测结果调整环保措施,为工程环境影响回顾评价、验证和复核环境影响评价结果,同时为输水及受水区的环境建设、监督管理及工程竣工验收提供依据;为保障输水水质安全,提供监督管理的科学依据。使工程影响区生态环境呈良性循环。

2. 监测原则

(1)与工程建设紧密结合的原则。

监测的范围、对象和重点应紧密结合工程施工与运行特点以及周围环境敏感对象的分布情况,及时反映工程施工与运行对周围环境的影响,以及环境变化对工程施工与运行的影响。

(2)针对性和代表性原则。

根据环境现状、环境影响预测评价结果及环保措施的需要,选择对区域环境影响显著、具有控制性和代表性的主要因子进行监测,合理布设监测点位,力求做到监测方案有针对性和代表性。

(3)可操作性与经济性原则。

按照相关专业技术规范,监测项目、频次、时段和方法以满足本监测系统主要任务为前提,尽量利用附近现有监测机构、新建断面设置可操作性强,力求以较少的投入获得较完整的环境监测数据。

(4)统一规划、分步实施的原则。

监测系统从整体考虑,统一规划,根据工程不同阶段的重点和要求,分期分步建立,逐步实施和完善。

6.5.2.2 环境监测总体布局

工程生态与环境监测由施工区和灌区组成,包括8个专业监测子系统:水环境监测、环境空气监测、声环境监测、人群健康监测、陆生生态监测、水生生态监测、水土保持监测、土壤环境监测。环境监测项目组成见图6-2。

6.5.2.3 施工期环境监测

根据工程施工区环境及工程自身特点,本工程施工期监测主要包括水环境监测、环境空气监测、声环境监测、生态环境监测以及土壤环境监测。

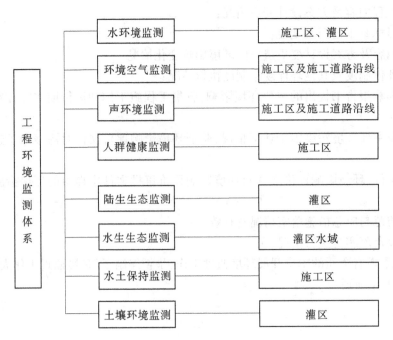

图 6-2　赵口灌区节水改造工程环境监测项目组成

1. 水环境监测

1）生产废水

监测断面布设：混凝土拌和站，施工工区机械修配厂及车辆维修保养场车辆冲洗点污水排放口。

监测因子：混凝土冲洗废水、机械冲洗废水、基坑排水的回用水，选取 pH、SS 及流量为监测项目；含油废水，选取 SS、石油类为监测项目。

监测时间及频次：施工期每年监测 3 次，每次 1 d。

2）生活污水

施工人员生活区生活污水处理后回用水，共选取具有代表性的 12 个监测点位。

监测因子：COD、BOD_5、粪大肠菌群、氨氮等 4 项。

监测时间及频次：施工期每月监测 1 次，每次 1 d。

3）施工期地表水环境监测

监测范围及点位：惠济河、涡河、工程穿越河流及沟道。

监测项目：pH、水温、悬浮物、溶解氧、五日生化需氧量、高锰酸盐指数、氨氮、硝酸盐、总氮、总磷、铅、铬（六价）、氰化物、镉、石油类、挥发酚、砷、汞、粪大肠菌群共 19 项。

监测频次：施工进展前背景监测 1 次，施工期监测 1 次；或施工期河流上游选取断面背景监测 1 次，上表布设的点位监测 1 次。

监测方法：按照《地表水环境质量标准》（GB 3838—2002）和《地表水和污水监测技术规范》（HJ/T 91—2002）方法执行。

4）施工期渠道两侧地下水监测

选取地下水环境现状调查时监测的地下水井进行监测。

监测频率：施工进展前背景监测一次，施工期监测 1 次。

监测因子：主要为全盐量、矿化度和水位。

2. 环境空气监测

由于工程段漫长且分布零散，选取工程量较大或附近村庄分布较多的工程段作为代表，进行布点。监测项目为 TSP、PM_{10}。每年施工高峰期监测 1 期，共 3 年，监测频次可根据各监测点位施工期长短自行调整。

监测项目：TSP、PM_{10} 的日均值。

SO_2、NO_2：日均值和小时平均值监测频率为连续监测 7 d,其中,TSP、PM_{10} 的日均值每日连续采样不少于 12 h。

SO_2、NO_2 的日均值每日连续采样少于 18 h,小时平均值每日采样 4 次,分别为 07:00、14:00、19:00、02:00,每次不少于 45 min。

其他:采样及分析按照相关技术规范的有关要求进行,采取全过程质量控制措施。

3. 声环境监测

对施工期工程沿线的声环境质量进行监测,了解施工机械噪声的影响范围,改进作业方式,减少环境影响。监测点布设与环境空气质量相同,主要考虑工程量较大或附近村庄分布较多的工程段作为代表,进行布点。施工期监测可与大气监测同步。

监测项目:等效连续声级。

监测频率:每年连续监测 2 d,每天昼夜各 2 次,每次不少于 10 min,监测点位应在排除人为噪声干扰的情况下进行监测,所得数值均为背景值。

4. 生态环境监测

生态监测是指由于项目的实施所造成的生态影响进行长期的监测,以便对一些不利的影响及时采取措施进行拯救。工程范围内中牟县、开封县、尉氏县、鄢陵县、扶沟县、太康县、西华县和鹿邑县等 8 个县及开封市郊区每县区设置 1 处监测点,共 9 处。

1)监测区域

整个灌区特别是总干渠、干渠和分干渠两侧 300 m 的区域。

2)调查内容

(1)陆生生物生境、多样性及变化情况。

(2)区域野生动物区系组成、生态类群、分布以及变化情况;珍稀保护动植物种类、数量、分布及生长情况。

(3)农业生态系统结构变化,水土流失变化趋势。

(4)区域景观生态体系质量及其变化情况。

3)调查时间与频次

工程施工期监测 1~2 次。

4)监测方法

植物在各点位根据陆生生物组成设置固定样线 2~3 条,根据各样线群落面积确定设置的样地数量,着重调查植物的分布和物种。此外,监测过程中应密切关注外来入侵种的种类、数量、入侵速度。

动物同样在各点位根据陆生生物组成设置固定样线 2~3 条,根据各样线群落面积确定设置的样地数量,统计兽类、鸟类、两栖类、爬行类的物种出现率,还可根据民间访问和市场调查来了解野生动物的情况。同时,要监测国家级和省级重点保护动物的数量和分布。

5. 土壤环境监测

工程范围内中牟县、开封县、尉氏县、鄢陵县、扶沟县、太康县、西华县和鹿邑县等 8 个县及开封市郊区每区设置 1 处监测点,共 9 处。工程开工前监测 1 次背景值,运行期后前两年每年 1 次。

6.5.2.4　运营期环境监测

本工程运行期重点考虑引水水质的安全。运行期环境监测主要包括地表水环境监测、地下水环境监测、土壤环境监测、声环境监测、生态环境监测。

1. 地表水环境监测

1)监测范围及点位

(1)惠济河、涡河、涡河故道、运粮河等输水河道。

(2)总干渠枢纽处、支干渠枢纽处。

2)监测频次

运营期监测 3 年,引水期每旬监测 1 次,共监测 10 次,即每年的 3 月中旬、3 月下旬、4 月中旬、4 月下旬、5 月中旬、5 月下旬、7 月中旬、7 月下旬、11 月中旬、11 月下旬进行监测。

3）监测方法

按照《地表水环境质量标准》(GB 3838—2002)和《地表水和污水监测技术规范》(HJ/T 91—2002)方法执行。

2. 地下水环境监测

1）监测范围及点位

运营期重点监测各县灌区,每县、区各布设一个监测点,共计 8 个。

2）监测项目

pH、水位、COD、BOD_5、氟化物、总磷(以 P 计)、全盐量。

3）监测频次

灌区分夏秋灌和冬灌 2 次分别进行监测,每期 2 次,非灌区每期 1 次,共监测 3 年。

3. 生态环境监测

1）农田监测

在工程可能发生盐渍化的地区布设监测点,调查在相同农业生产技术条件下,同一农作物的产量。工程前调查 1 次背景值,运行期每年调查样地农作物产量,期限为 5 年。

2）植物监测

选择地势平坦的地段,沿远离渠线的方向选择一条样带,监测植物群落的状况。工程前调查 1 次背景值,运行期每年调查 1 次,期限为 5 年。

4. 土壤环境监测

监测布点:由于本次工程输水线路较长、涉及疏浚扩挖河道较多、工程量较大,输水渠道水污染严重,因此工程施工期间应加强河道底泥重金属监测工作,一旦发现异常(超土壤环境质量二级标准),应及时采取有效措施,对污染土进行隔离处置,重新选择弃土场并进行防渗处理,避免对周边土壤及地下水产生影响。具体监测计划如下:

(1)监测点。河段疏浚开挖处选择典型点位设置监测点。

(2)监测指标。汞、铬、镉、铅、铜、砷、镍、锌等土壤重金属指标。

(3)监测频次。工程施工期,每年调查 1 次。

(4)监测方法。按《土壤环境监测技术规范》要求执行。

6.6　赵口灌区工程环境生态效益分析结论

赵口灌区位于河南省中东部黄河南岸平原,地域涉及郑州、开封、周口、许昌、商丘等 5 个市,包括中牟、开封、尉氏、通许、杞县、太康、扶沟、西华、鹿邑、鄢陵、柘城等 11 个县及开封市郊区,范围北临黄河,南抵西华周口市界,西起尉氏西三分干以西庄头、门楼任、朱曲等一带及鄢陵许昌县界,东至鹿邑县涡河干流以南及清水河之间。全灌区总土地面积 6 399 km²,现有耕地面积约 590 万亩。

灌区始建于 1970 年,建设之初,以放淤改土为主,范围仅包括开封市郊及开封县的部分耕地,先后建成了渠首闸、总干渠、北干渠、东一干渠、东二干渠等部分渠道。20 世纪 80 年代以后,转为以灌溉、补源为主,灌区范围逐步扩展至尉氏、通许等县。1989 年 12 月,赵口西灌区(西干渠系统)被列入世界银行贷款河南省沿黄地区综合开发水利工程项目之一,1991 年开始兴建,至 1997 年底骨干工程基本建成,少部分配套到田间,设计灌溉面积 108 万亩。此后,灌区中下游各县利用贾鲁河、涡河水系以及赵口灌区上游的退水,依托现有排水沟道,不同程度地开发了一些小规模的灌区,经过多年的发展,形成赵口灌区总体轮廓。

按照赵口灌区目前的管理情况,一期工程和二期工程以赵口总干渠—运粮河—涡河为界,涡河以西区域为一期工程,也称续建配套项目区(不含涡河柘城以西部分)。

按照管理现状,一期工程灌溉面积 366.5 万亩,主要包括中牟县、尉氏县、鄢陵县、扶沟县、太康县等区域,主要工程包括赵口总干渠、西干渠、双辛运河、贾西干渠等干、支渠及其配套附属建筑物。

根据现场调查,灌区发展多年,提高了区域农业灌溉条件,取得了较好的生态环境效益,工程施工过程中开挖、临时占地等产生的影响均采取了相应的措施,渠道、堤顶道路周边植被都得到了较好的恢复,据现场走访调查,施工期间也未对周围村庄产生明显的不利影响,灌区也未发现盐渍化现象。

赵口灌区节水改造工程符合国家相关法律法规及产业政策,符合国家和地方有关生态环境保护规划、区划的有关要求。工程实施后,可以缓解灌区水资源缺乏的现状,改善灌区的农业灌溉条件,扩大灌溉面积,提高灌区农业生产能力,促进河南省粮食生产核心区建设和国家粮食安全战略的实现。

工程施工方式简单,在采取有效的环保措施后,工程施工期对环境的影响不大。工程运行对黄河下游年径流量及径流过程的影响有限,引水河段及下游断面生态流量能够得到保障。

第7章　结论与展望

7.1　结　论

在国家大力倡导厉行节约和黄河流域生态保护和高质量发展的背景下,河南省最大的引黄灌区——赵口灌区,贯彻新发展理念,要把黄河流域生态保护和高质量发展作为事关中华民族伟大复兴的千秋大计,遵循自然规律和客观规律,统筹推进山水林田湖草沙综合治理、系统治理、源头治理,改善黄河流域生态环境,优化水资源配置,促进全流域高质量发展,改善人民群众生活,保护传承弘扬黄河文化,让黄河成为造福人民的幸福河。同时大力推进黄河水资源集约节约利用,把水资源作为最大的刚性约束,以节约用水扩大发展空间。加强对赵口灌区节水改造工程等沿黄水利基础设施的经济效益、社会效益、环境与生态效益等综合效益的分析与研究,着眼长远减少黄河水旱灾害,加强科学研究,完善防灾减灾体系,提高应对各类水灾害能力,显得尤为重要。

我国的水资源总量居世界第6位,人均占有量仅为世界平均水平的1/4。加之水资源在时间上和空间上分布极为不均,许多地区面临着区域性缺水,缺水一直是困扰当地经济发展的一个大难题。随着社会的进步、科技的发展,开始大规模兴建供水工程,使得区域性缺水问题得到改善。而在许多时候,我们注意到的仅仅是工程兴建中的技术问题,而其他问题例如经济、管理、运行等方面就要相对弱一些。

我国水利建设的历史悠久,有许多水利工程在世界上也很著名,这些工程对当时社会和经济的发展有着重要的作用。早在2 000多年前,位于我国四川的都江堰水利灌溉工程就进行了粗略的工程经济计算,在计算中考虑了工程的所费(稻米若干石)和所得(灌溉农田若干亩)。在近代,冀朝鼎编著的《中国历史上的基本经济区与水利事业的发展》于20世纪30年代问世,这也是中国分析论证水利经济的第一部著作。在20世纪50年代编制的《扬子江三峡计划初步报告》中,设计者对工程的投资进行了分摊偿还的计算,还按当时欧美的方法计算了工程的各项效益,如供水、灌溉、航运、防洪、发电等。中华人民共和国成立后,我国开始大规模建设水利工程,在进行工程规划、设计施工以及后续运营管理中,遇到了若干工程经济问题。由于不重视经济分析、不计算经济效果,造成了这一时期修建的水利工程"建设成绩很大,浪费也很大"。党的十一届三中全会召开以后,建设项目经济评价和水利项目综合经济评价的理论与实践都得到了重视。

在国家大力倡导厉行节约和绿水青山就是金山银山生态保护的背景下,重视工程的经济效益、社会效益、环境与生态效益等综合效益,合理利用工程投资,显得尤为重要。赵口灌区是全国第四大灌区,是河南省最大的引黄灌区,担负着国家粮食生产基地豫东平原的农业灌溉任务。赵口灌区节水改造工程作为豫东平原的一项民生工程,在防洪、抗旱、治涝、灌溉、供水、水土保持等促进黄河流域高质量发展方面都有着特别重要的影响,对缓解当地缺水问题,以及带动当地经济发展有着重要意义,对我国的区域经济发展以及人们的安居乐业具有积极的作用。

结论一:水利产业作为基础性产业,它对国民经济的意义是巨大的。水利的基础地位、发展需要及根据水利自身的特点来发展水利经济的要求决定水利需要相应的投资,而水利投资效益往往是社会效益与经济效益并举的,环境与生态效益应放在首要突出的位置。赵口灌区效益过分注重经济效益或社会效益都是不正确的,忽略环境与生态效益也是错误的,这是水利投资项目与一般性项目的区别,因而建立灌区效益评价理论、选择合适的灌区效益评价方法并应用于灌区效益评价实践是十分重要的。

结论二:更新观念,树立灌区效益评价可持续的全新价值观。实现从工程水利向资源水利、从传统水利向水利现代化与水利可持续发展的转变,关键在于更新灌区效益评价的价值观。可持续发展是21世纪人类社会发展的先导,这同样是新时期水利投资效益评价的核心,灌区效益评价将指导进一步的灌区投资,为实现水利投资、投资项目的可持续发展服务。

结论三:将灌区效益评价的哲学定位为一种较之认知更接近于实践(改造世界)活动的认识活动。灌区效益评价是以认知客观世界规律为基础的,将认知包含于评价自身的、更高一级的认识活动。实践既基于对客观规律本身的认识,又基于对满足人的需要的价值关系的认识。灌区效益作为人类认识世界规律的实践活动,有着两个基本尺度:其一称为合规律,其二称为合目的。灌区效益评价活动已不能仅停留在先前灾害防御效果评价上,应更多地从把握社会效益和经济效益并举,实现水利可持续角度出发,以更好地掌握客观人类世界的本质。

结论四:在进行灌区效益评价的全过程中,引进了一般评价论的观点,通过确定评价目的与参照系统,在对价值主体、价值客体以及参照客体信息的获取后,从方法论的角度出发,构建了评价合理性模型,指出评价的合理性就是在一定的约束条件下做出的评价合事实、合逻辑、合规范、合目的,必须满足"真""善""美"三个层次的条件。

结论五:通过对赵口灌区效益评价指标的设置依据、建立原则、目标集合的探讨和评价指标体系的构成分析,构建灌区水利工程的指标评价体系;建立大型灌区工程综合评价的最佳评价指标体系与评估方法,并将其评价理论及评价方法应用于灌区效益评价实践中,进一步完善和发展大型灌区工程效益分析与综合评价理论。

结论六:在对赵口灌区的经济评价中,采用内部收益率、净现值等指标,以及体现宏观意图的影子价格等参数,充分论证了赵口灌区工程的可行性,得出的评价结论可以最大限度地减少和避免由于依据不充分、采用的方法不恰当、盲目的决策而对工程造成的失误和不必要的损失,使工程建成后的运营获得最好的效益,以确保工程的良性循环或良性运行。

结论七:本书结合灌区投资的实际情况及特点,进行了灌区综合效益的评价与研究,后期还要根据灌区项目的发展情况做进一步的完善和调整。其他单项指标也需要根据灌区发展的需要不断补充和完善,特别要对社会效益和生态效益的方法与指标做进一步的研究与设计。

7.2　赵口灌区工程经验与启示

7.2.1　建设经验

加强组织领导,采取有效措施,确保灌区节水续建配套项目顺利实施。为保证灌区的节水改造工程高质量、高标准地按计划完成,赵口灌区建管局在组织管理、质量控制、资金筹措与管理、改造新技术等方面进行严格管理:一是加强组织领导,提高认识,抓住国家大力实施灌区配套改造的良好机遇,以灌区节水改造为重点抓好节水灌溉工作。二是规范管理,强化监督,确保质量。全面实行建设项目法人责任制,严格履行法人责任制赋予的职责、权利和义务。勘测设计、施工、监理等单位的法人也按各自的职责对工程质量负责。三是全面推行以项目法人责任制、招标投标制、工程监理制和合同管理制为中心内容的"四制"管理方式。大型灌区的节水续建配套项目全部实行了工程招标投标制,所有的招标项目均实行了工程监理制,由监理单位与项目建设单位签订施工监理合同,并由专业技术人员负责工程质量的监督和检测工作。同时充分发挥纪检、监督部门的作用,依据有关的政策,对工程的建设程序、资金使用和工程质量等方面进行监督与检查。

7.2.2　建设启示

(1)进行了管理改革。近几年,赵口灌区按照"两改一提高"的改革方针,逐步完善灌区管理体制,理顺经营机制,促进灌区的良性运行。一是在灌区内部管理体制上,建立行之有效的目标管理责任制。二是深化改革,完善基层的民主管理,提高服务意识和服务质量。三是稳步进行水价改革,全面落实水费政策,加强水费的征收管理。

(2)提升了能力建设。围绕中心分类培养统筹推进人才队伍建设,要统筹推进各类人才队伍建设,实施重大人才工程,加大创新创业人才培养支持力度,重视实用人才培养,针对不同类型的人才,因材施教,分类培养,加大人才资源开发投入力度,努力建设一支数量充足、结构合理、素质优良的人才队伍,为灌区建设又好又快发展增添新动力。

　　(3)大型灌区的节水续建配套工程效益显著,灌区的发展注入了活力,为灌区的发展创造了条件。在改善大型灌区的工程条件和农业生产条件,促进科学用水、计划用水和节约用水,保证输水安全,提高灌溉效率,巩固和发展灌区的用水市场等方面发挥了重要作用。一是稳定和扩大了灌区的灌溉面积,有效地增加了粮食产量。二是提高了灌区的安全输水能力,防洪抗灾能力明显增加。三是节约水资源,为农业、城市工业、生活及环境用水提高了保证。四是减少了灌区管理费用,降低了农民浇地成本。

7.3　展望与建议

7.3.1　准确定位,全面认识灌区事业发展的重要性

　　20世纪80年代末,人类重新审视自己的经济社会行为,全面回顾人类发展历程提出了可持续发展战略,这是一个全新的发展思想和发展战略。对于这样一个发展中国家,水利硬件设施和管理基础都相对薄弱,而灌区作为一种人工补水灌溉措施,如何为我国农业、农村经济的可持续发展服好务,首先要解决的是灌区自身的可持续发展问题。实现灌区的可持续发展是实现我国农业和农村经济发展的基础保障。因此,应把可持续发展作为灌区事业发展的指导思想和最高要求,利用有限的耕地和水资源,依靠科技进步,以节水增效为目的,生产出量多质优的农产品,满足十多亿人提高生活水平的需要。

　　发展灌溉事业,是保障我国经济社会持续、协调发展的唯一途径。第一,灌区改善了农业不利自然禀赋条件,推广应用先进的农业技术,调整农业结构,为增加农民收入、促进农业优质高产高效提供了基本保障。第二,灌区是实现水资源合理配置、开发利用和节约保护的主要手段之一。第三,灌区承担防洪除涝、抗旱减灾等纯公益性职责,不断改善农业生产的不利条件,增强农业抗灾能力。全面认识灌区在经济社会发展中的作用和职责,是灌区准确定位的前提,也是合理划分灌区事业发展中各方责权利,制定正确的法规政策实现灌区可持续发展的前提。

　　高举习近平新时代中国特色社会主义思想伟大旗帜,坚持稳中求进工作总基调,努力践行新发展理念,把灌区发展方向引领到以党的建设高质量推动灌区发展高质量上来,全面落实"节水优先、空间均衡、系统治理、两手发力"的新时期治水思路,厉行节约用水,优化配置和高效利用水资源,突出保障民生用水,统筹生活、生产、生态用水,充分发挥灌区的经济效益、社会效益和生态效益。对标乡村振兴要求,深化改革创新,增强发展动力,解决突出问题,补齐发展短板,服务乡村振兴。以现代化灌区为引领,不断提高灌区建设水平、管理水平、服务水平和发展水平,建设安全灌区、节水灌区、智慧灌区、美丽灌区和建设务实、文明、平安、美丽新赵口灌区,努力做强做优做大灌区事业。树立"高标一流,全国领先"工作理念,以建设全国一流现代化灌区为总目标,统筹推进管党治党、深化创新、绿色发展、乡村振兴、脱贫攻坚等工作中,使灌区建设迈出新步伐。坚持把灌区高质量发展作为主基调,坚持把改革创新作为活力之源,坚持把生态文明建设作为战略抉择,坚持把加强灌区治理体系和治理能力建设作为重要保障,坚持把服务保障灌区民生作为根本,坚持把宣传思想文化建设作为塑魂之举,坚持把抓好党建作为最大政绩,为赵口灌区在全国灌区更加出彩中出重彩、更精彩提供坚强保障。

7.3.2　合理规划灌区基础设施改造

　　深入调查灌区所在地区水资源、流域、水利工程管理和建设以及当地农业、农村经济发展情况等,对灌区水土资源重新进行评价与平衡分析,研究整理灌区的规划设计、运行管理和重大技术改造资料,充分了解和掌握灌区及灌区相关数据后,分析并预测灌区未来发展趋势,找出症结,明确各有关方对灌区的需求和要求,进而提出灌区改造可行性方案。

　　灌区改造要统筹兼顾,要有全局观念。考虑灌区自身发展利益和要求的同时,还要兼顾全局的利益

与要求。在局部服从整体的前提下,协调好各用水地区之间、上下游左右岸之间,以及生产、生活和生态用水之间的矛盾。结合节水改造措施,满足灌排水位、流量等灌区运行和管理方面要求及群众生产、生活、交通方面的需要,同时能够保证沟渠安全顺畅地输水、灌排,对现有灌区工程进行认真分析,本着节约原则,充分利用现有工程,根据需要对渠系水闸工程、桥梁工程、渠道护砌工程等进行改扩建、配套和技术改造,理顺灌排工程关系。对损坏严重、工程不配套、严重阻水工程,应优先安排,进行重建;对无法通车已损坏且严重影响当地群众交通出行的桥梁,进行重建;对冲刷、淤积加之人为破坏致损坏严重的涵洞,需进行护砌处理;对运行时间长、管理不善致损坏严重水闸,进行重建,等等。通过基础设施改造,使灌区功能设置合理化,工程效益、社会效益和环境效益显著,做到旱时能灌、涝时能排,保证旱涝保丰收。

7.3.3　提高水资源承载能力,统筹解决各种水问题

要提高水资源承载能力,统筹解决各种水问题需要实行水资源统一管理。水资源统一管理的实质是在保障水资源可持续利用的基础上,实现水资源综合开发,优化配置高效利用和有效保护的科学组合和最佳的经济效益、社会效益和生态效益,统筹安排好生活、生产、生态三者的用水,保障人口、资源、环境和经济的协调发展,为国民经济和社会发展的各项目标和任务提供支撑和保障。

水资源在降水—径流—蒸发这个自然水文循环中,人类可利用的径流是有很大限制的,一旦利用量超过限度,就会导致循环破坏。只有将水资源系统作为一个整体来进行管理,充分考虑生态用水、环境用水,注意节约用水、计划用水、科学用水,才能提高水资源和水环境的承载能力。

水资源统一管理需要水资源产权管理。目的是赋予水资源经济属性,界定和规范水资源的所有权以及与其相关的占有权、开发权、经营使用权,从而形成有效和完善的水市场。虽然《中华人民共和国水法》明确规定,水资源属于国家所有,水资源的所有权由国务院行使,但在实际操作中往往将水资源的占有权、开发权、经营使用权等下放到相应的流域机构或区域。水资源产权的确定,有利于该地区水资源的合理配置,从而提高整个地区的水资源承载能力。

水资源统一管理需要水资源的合理配置。水资源合理配置贯穿水资源统一管理的始终,也是分析和计算水资源承载能力的重点和难点。水利部原部长汪恕诚指出,水资源承载能力是从用水的角度来的,在研究水资源承载能力的时候,应采用以供定需的方法。首先要分析水资源承载能力,确定可供使用的水资源量,再分析所需要的水资源量,在保证生态用水—环境用水后,再去分配农业用水、工业用水、生活用水、社会用水及其他用水。水资源的合理配置还应注意流域间水资源量的时空差异,采用跨流域调水或季节间调蓄水量,从而提高水资源的承载能力。

水资源统一管理还需要节水管理。我国正处于经济快速增长阶段,这就出现一方面工业迅速发展,工业用水量迅猛增加;另一方面,农业技术相对落后,农业用水不仅量大,而且水资源浪费严重。这就必然要求实行节水管理。节水管理的主要任务是在不同水平年与需水和开源相配合,协调生产、生活和生态用水,共同建立安全可靠的水资源供给与节水型经济社会发展保障体系,达到区域水资源供需基本平衡。这样经济社会发展的每一步就能落实到水资源承载能力之内,可持续发展才能真正得到保障。

最后需要对水资源进行保护。水污染是我国目前水资源管理中最为棘手的问题之一。水污染将减少区域可利用水资源量,降低区域水资源承载能力。水资源保护的主体是开展污染防治、控制污染总量和划分水功能区。水资源管理机构应按照有关规定和城市总体规划的有关要求,组织编制水污染防治规划,积极推行清洁生产,加快工业污染防治从以末端治理为主向生产全过程控制的转变。使工业企业由主要污染物达标排放转向全面达标排放。保护好生活饮用水水源地,完善江河湖库水体和地下水水质监测网,对城市和企业污水处理设施运行进行监督。水资源保护虽然不能直接提高水资源承载能力,但它可有效防止人为因素造成的水资源承载能力的降低。

7.3.4　改革水管理体制,建立科学有效、经营规范的高效管理机构

7.3.4.1　目前管理体制存在问题

赵口灌区从开建至今,历经 50 年历史,随着灌区的发展、范围的扩大,在灌区管理上逐步暴露出许

多问题,这些问题导致灌区效益不能有效发挥。

1. 管理体制不顺

管理体制不顺,矛盾频发。随着灌区各市县用水需求增大,当前赵口灌区这种管理体制、管理模式已无法适应现代化灌区发展的要求,各自为政、本位主义意识已成为灌区发展的桎梏。灌区管理单位中间环节多,上游大水漫灌、下游无水可用,上下游用水矛盾频发,赵口分局因体制原因无力协调。特别是周口、许昌两市引黄供水更是难上加难,甚至在出现旱情时由于协调不畅上游开封市沟满河平后,才能向下游放水,致使下游地区粮食生产只能使用井灌,导致地下水超采,形成地下水开采"漏斗区",产生次生环境灾害,严重影响了灌区正常效益的发挥和粮食生产安全。

2. 供水收费机制不顺

由于灌区分散管理,灌区下游县区用水必须向与其搭界的上游县区要水并缴纳水费,层层缴纳水费又不能足额上缴,用水难以保证,形成恶性循环,恶化了灌区内部管理环境和灌区效益的发挥。

3. 维养经费落实不到位

维养经费落实不到位,灌区渠道运行不畅。由于市级以下水利工程维养经费落实不到位,渠道无法正常维护,造成渠道淤积严重,引水流量小,无法满足上下游同时用水需求,黄河水输送至下游困难。

4. 灌区效益得不到充分发挥

工程投资巨大,灌区效益得不到充分发挥。赵口灌区续建配套与节水改造工程合计投资 9 亿元,赵口二期工程总投资 38.88 亿元,投资巨大。灌区设计灌溉面积 587 万亩,因现有管理模式水资源配置不合理,导致灌区有效灌溉面积仅为 283.25 万亩(2019 年度统计数字),不足设计灌溉面积的 1/2,灌区工程投资无法充分发挥应有效益,将造成国家投资浪费。

7.3.4.2　改革灌区管理体制

1. 灌区管理体制改革的思路

灌区管理要求集中统一高效,实际管理状态分散、松散、高耗。虽然各管理单位对本区域内的灌区情况十分熟悉,但狭窄的工作范围决定了他们的眼界多局限在自己的"二亩地上",容易囿于短浅的目光各打自己的算盘,这样的眼界很多时候是做不好工作的。为了解决这一矛盾,建议成立赵口灌区管理局,管理跨市级行政区划向下游输水的骨干渠道及控制性建筑物,通过管理机构整合,统一管理队伍,集中管理权利。赵口灌区管理机构整合既有其必要性也有其紧迫性。像赵口灌区这样涉及多个市、县的大型灌区十分需要一个集中、统一、高效的管理机构,赵口灌区已经出现的种种问题让我们不得不采取整合的措施,变多个小"山头"的分散、松散、高耗的管理机构为一个大"山头"的集中、统一、高效的管理机构。赵口灌区走到今天,不是没有管理机构,而是管理机构太多太弱太分散,无法形成合力,虽然它们在一段时期一定范围内起到了各自的作用,但是今天已经成为严重制约生产力发展的障碍,很难代表先进文化的发展方向,已经对农民增收造成不良影响。

针对管理体制存在的问题,建议理顺灌区管理体制。灌区管理体制改革应紧紧围绕水资源的可持续利用,为灌区水资源的开发、利用和治理提供一个科学、合理的管理模式,从而建立水资源和水利工程统一管理、适应现代化灌区发展要求的灌区管理体制。赵口灌区作为河南省的最大灌区,辐射范围广、受益地区多,对豫东地区粮食的稳产增产具有重要作用。为确保灌区整体效益的发挥,应统一解决郑州、开封、许昌、周口、商丘五市跨地区调(引)水问题,对灌区实行统一管理。随着经济体制的建立,应成立"河南省赵口灌区管理局",负责灌区的宏观经营管理,打破传统地域限制,根据渠系布置及种类建筑物状况成立引黄分局、管理处、管理所、农民用水者协会等相应机构和组织,业务归口赵口灌区管理局。赵口灌区管理局视具体情况划定管理范围,确定管理职责,签订责任目标,按照现代企业制度模式管理灌区。

赵口灌区一期工程续建配套节水改造工程 2020 年基本完成,赵口灌区二期工程正在开工建设,主体工程 2021 年底完工。根据灌区实际情况,特制订两个管理体制改革(统管)方案。

2. 保证灌区设计灌溉面积全覆盖管理体制改革统管方案

保证灌区设计灌溉面积全覆盖管理体制改革统管方案(以下简称"全覆盖方案"),统一解决郑州、开封、许昌、周口、商丘五市跨地区调(引)水问题,对灌区实行统一管理,跨市级行政区向下游输水的关键输水线路及建筑物由赵口分局统一管理,其他由各市县负责其辖区内工程。

赵口灌区管理机构为河南省豫东水利工程管理局赵口分局,为公益性事业单位。主要负责对灌区关键输水线路及建筑物进行直接管理,主要管理内容包括:总干渠、西干渠、西三干、西三分干、东二干渠及建筑物等。内设办公室、财务资产管理科、工程灌溉科、工程运行科、工程质检科、水政监察大队、总干渠管理处、西干渠管理处、东二干渠管理处。

总干渠管理处负责管理总干渠、朱固枢纽、安墩寺枢纽及沿线配套建筑物,担负向西干渠、东二干渠以及通过涡河向通许、扶沟、太康、柘城以及鹿邑输水的任务。

西干渠管理处负责管理西干渠、西三干渠、西三分干、郭厂枢纽、南岗枢纽、前曹枢纽、陈家闸及沿线配套建筑物,担负向西三干渠、西三分干通过康沟河向鄢陵输水的任务。以及通过贾鲁河向扶沟、西华输水的任务(其中通过西干渠郭厂退水闸退水至贾鲁河,经贾鲁河 55 km,至扶沟县境内高集闸向扶沟、西华供水)。

东二干渠管理处负责管理东二干渠、老饭店枢纽、刘元砦枢纽、小城倒虹枢纽及沿线建筑物,通过涡河故道及涡河向太康、柘城、鹿邑输水的任务。

综上所述,豫东局赵口分局拟对灌区关键输水线路及建筑物进行直接管理,主要管理内容包括:总干渠、西干渠、西三分干、东二干渠及沿线配套建筑物等,新增管理渠道总长 92.63 km,新增管理建筑物 24 座,新增 2 个正科级科室(工程质检科、东二干渠管理处),新增副科级管理所 6 个(朱固枢纽管理所、安墩寺枢纽管理所、老饭店枢纽管理所、小城倒虹枢纽管理所、南岗枢纽管理所、西三分干管理所)。

3.构建豫东地区"水系网络"管理体制改革统管方案

构建豫东地区"水系网络"管理体制改革统管方案(简称"水系网络方案"),结合河南省实施的四水同治战略部署,实现豫东地区水系连通。以赵口、三义寨引黄供水工程为基础,涡河、惠济河、贾鲁河等骨干河道为纽带,引江济淮工程为补充,完善豫东地区水资源宏观调配格局,提高水资源空间调控能力,构建南北互济、东西相通、丰枯调剂、多源互补、调控自如的多功能现代水网,实现水资源的综合利用,为豫东地区经济社会发展提供强有力的水利支撑。

在"全覆盖方案"的基础上,增加赵口分局对陈留分干 26.34 km 管理、豫东水利工程管理局对惠济河 83 km 管理,保证向商丘市睢县、柘城供水。通过赵口灌区总干渠 32.22 km,东二干至刘元砦陈留分干进水闸 15.11 km,经陈留分干 26.34 km 退水至惠济河,经惠济河至李滩闸 83 km,向商丘市睢县、柘城供水。

增加对涡河故道 41 km、涡河 69 km 的管理,保证向太康、柘城、鹿邑供水,同时实现黄河水与长江水历史性的在鹿邑县境内相会。具体输水路线为:通过赵口灌区总干渠长度 32.22 km、东二干至小城倒虹 33.25 km,然后经 41 km 涡河故道,再入涡河至鹿邑县境内玄武闸长度 69 km;利用涡河玄武闸节制水位,由玄武闸上游双堂闸分水经双辛运 9.5 km 至清水河,最终经清水河 10 km 向引江济淮工程(河南段)的试量调蓄水库供水,通过鹿辛运河可在引至后陈楼水库。

另增加贾鲁河 55 km 的管理,保证向扶沟、西华供水。具体输水路线为:通过赵口灌区总干渠 15.3 km,经西干渠 22 km 至郭厂退水闸,退水入贾鲁河至扶沟县境内高集闸长度 55 km,通过贾鲁河可向扶沟、西华供水。

由于河道涉及防汛任务以及与各地市协调工作,增设引江济淮(河南段)管理处、涡河小城管理处、贾鲁河郭厂管理处、惠济河屯庄管理处,由河南省豫东水利工程管理局(以下简称豫东局)直管。豫东局级别设置为副厅级,赵口分局、三义寨分局设置为正处级。豫东局增设 4 个副处级管理单位,分别是引江济淮(河南段)管理处、涡河小城管理处、贾鲁河郭厂管理处、惠济河屯庄管理处。

赵口灌区管理机构为豫东局赵口分局(正处级),赵口分局机构设置及人员在方案一的基础上,增加对陈留分干 26.34 km 及沿线建筑物管理,增设 1 个正科级管理处(陈留分干管理处)。

引江济淮管理处主要负责引江济淮工程建设期、运行期监管及工程移交接收后运行管理工作。内设 4 个正科级科室:综合科、财务资产管理科、工程运行科、工程质量监督科。

　　涡河小城管理处负责涡河故道 41 km 和涡河 69 km 防汛、除涝、抗旱工作,做好堤防工程、涵闸、拦河闸的运行和监测管理,做好工程维修养护,确保堤防完整和水闸安全运行及负责管理涡河故道、涡河沿线塔湾闸、闫台闸、前石寨闸、芝麻洼闸、吴庄闸、魏湾闸、玄武闸等建筑物,通过鹿邑县境内双辛运河、清水河担负向试量水库、后陈楼水库送水。设 11 个正科级科室(所),分别是办公室、财务资产管理科、工程科、水政监察大队、塔湾闸管所、闫台闸管所、前石寨闸管所、芝麻洼闸管所、吴庄闸管所、魏湾闸管所、玄武闸管所。

　　贾鲁河郭厂管理处主要负责贾鲁河 55 km 防汛、除涝、抗旱工作,做好堤防工程、涵闸、拦河闸的运行和监测管理,做好工程维修养护,确保堤防完整和水闸安全运行及负责管理贾鲁河沿线后曹闸、高集闸等建筑物,通过西干渠郭厂退水闸退水至贾鲁河后,经贾鲁河 55 km 向周口市扶沟、西华供水。设 6 个正科级科室(所),分别是办公室、财务资产管理科、工程科、水政监察大队、后曹闸管所、高集闸管所。

　　惠济河屯庄管理处主要负责惠济河 83 km 防汛、除涝、抗旱工作,做好堤防工程、涵闸、拦河闸的运行和监测管理,做好工程维修养护,确保堤防完整和水闸安全运行及负责管理惠济河沿线罗寨闸、李岗闸、板桥闸、夏楼闸、李滩闸等建筑物,通过赵口灌区总干渠 32.22 km,东二干至刘元砦陈留分干进水闸 15.11 km,经陈留分干 26.34 km 退水至惠济河,经惠济河至李滩闸 83 km,向商丘市睢县、柘城供水,可增加灌溉面积 50 万亩。设 9 个正科级科室(所),分别是办公室、财务资产管理科、工程科、水政监察大队、罗寨闸管所、李岗闸管所、板桥闸管所、夏楼闸管所、李滩闸管所。

　　综上所述,豫东局拟对引江济淮(河南段)管理处、涡河小城管理处、贾鲁河郭厂管理处、惠济河屯庄管理处进行直接管理。主要管理内容包括:引江济淮(河南段)195 km 工程及控制性建筑物监管,涡河故道(41 km)、涡河(69 km)、贾鲁河(55 km)、惠济河(83 km)及沿线建筑物;豫东局赵口分局拟对灌区关键输水线路及建筑物进行直接管理,主要管理内容包括:总干渠、西干渠、西三分干、东二干渠、陈留分干及沿线建筑物等,新增管理渠道总长 118.97 km,新增管理关键性建筑物 30 座。

　　4. 管理体制改革方案的比较与选择

　　以上两套方案都能在一定程度上解决在灌区管理上暴露的诸多问题,理顺管理体制,统一用水机制,建立科学、合理的管理体制,实现灌区效益的发挥。但从整个豫东地区来说,"水系网络方案"的实施能更大范围地实现水资源合理配置,形成区域水网,改善区域水生态水环境,提高粮食综合生产能力,为豫东地区经济社会发展提供强有力的水利支撑。

　　"水系网络方案"实施后,豫东局在做好赵口灌区续建配套工程建设基础上,同时把握"十四五"规划发展机遇,借助赵口二期和引江济淮工程实施可综合提升豫东地区水资源的优化配置。水资源调配范围扩大至郑州、开封、周口、许昌、商丘 5 市的中牟县、兰考县、开封市城乡一体化示范区、鼓楼区、祥符区、通许、尉氏、杞县、鹿邑、扶沟、西华、郸城、淮阳、太康、鄢陵、梁园区、睢阳区、民权、宁陵、睢县、夏邑、永城、虞城、柘城等 24 个县(区),灌溉面积约 960 万亩。在引黄指标控制越来越紧的背景下,通过引江济淮跨流域调水,保障豫东地区用水安全;通过赵口、三义寨灌区引黄工程,可提升引江济淮工程在汛期停引时的供水保障能力。通过贾鲁河、涡河、惠济河三条河道,形成黄河水与长江水丰涝互补,涡河、贾鲁河、惠济河与灌区互连互通,有效连通豫东平原的渠道和河沟,形成以引黄渠道、河流水系、供水管网为骨架的输水网络,确保灌区可持续发展,为豫东地区经济社会发展提供强有力的水资源支撑。

7.3.4.3　改革工程管理体制

　　灌区工程管理分骨干工程管理和田间工程管理两个层次。骨干工程指支渠以上(不含支渠)的渠道工程及其附属设施,田间工程指支渠及其以下斗、农渠等渠道工程及其附属设施。工程管理体制改革实行"抓大放小"原则,管好骨干放开田间,骨干工程管理全面推行定渠道、定人员、定任务、定标准的责任承包管理。田间工程管理按照"明晰所有权、拍卖使用权、放开建设权、搞活经营权"的方针,实行拍卖、承包、租赁、股份合作、管理机构延伸管理等方式,以支渠为单位成立农民用水者协会,鼓励农民参与灌区管理,减少供水成本,灌区管理单位对协会进行技术指导与监督。

　　针对灌区目前工程管理现状,建议实行工程管理体制改革。支渠以上骨干工程全面推行责任承包管理,实行"五定"(定渠段、定人员、定任务、定标准、定奖惩办法)。田间工程重点推行农民用水者协会管理模式。

7.3.4.4　改革用水制度

用水制度改革围绕灌区和黄河水资源严重短缺的特点,从制度上做好供水服务与节水的文章。由现行的通过政府要水逐步过渡到合同供水、供需双方直接见面,从根本上革除单纯行政指令性供水、供需脱节、供不应时的弊端。供水合同由灌区管理局与用水单位签订,明确各方责、权、利关系,合理利用三水(黄河水、地下水、地表水)。

7.3.4.5　建立专管机构

为解决跨地区引水难、收费难的问题,必须建立一支统一的专管机构,对灌区实行统一管理、统一调度、统一收费。

《灌区管理办法》提出"灌区实行专业管理与群众管理(用水户组织)相结合的管理体制。灌区专管机构是准公益性水利工程管理单位。灌区要积极推行民主管理,鼓励受益单位和个人依法参与灌区管理。""全面提升灌区建设和管理水平,不断创新灌区建设和管理理念,努力实现灌区投入多元化、建设规范化、管养系统化、面貌园林化、用水科学化、效益最大化。提高农业综合生产能力,保障粮食安全,促进农业和农村经济持续稳定发展。"

按照国家有关政策文件要求,为解决跨地区引水困难现状,赵口灌区应在灌溉流域内成立专业管理机构,对灌区日常运行管理及养护进行宏观管理。根据灌区区域内建筑物和渠系布置,打破传统地域限制,建立处、所及农民用水者协会等相应的分支机构,由灌区专管机构统一调度。赵口灌区专管机构应按照现代企业管理模式,结合具体情况,划定管理范围,明确职责权限,签订目标责任,保证灌区的安全运行和工程效益的有效发挥。

灌区管理工作要在思想意识上从过去单纯地为农业灌溉用水服务到为农业、农村经济的发展全面服务这样一个根本的转变。政府或者是水行政部门组建由受益地区地方政府、用水户代表、水行政主管部门、灌区专管机构法人代表等组成的灌区管理委员会,协调、指导并监督灌区专管机构工作。

灌区专管机构与传统事业单位的概念有着根本的区别,不同于政府组织,以提供准公共产品为己任;也不同于企业,企业是以营利性为目的的生产经营组织,灌区则是把社会效益放在第一位的同时也注重经济效益的非营利组织。

7.3.5　建立健全责权明晰的灌区工程分级管理体制

灌区工程管理主要有两个层次:一是骨干工程,即支渠以上(不含支渠)的渠道工程及附属设施。二是田间工程,即支渠及其以下斗、农渠等渠道工程及附属设施。

针对赵口灌区的运行及管理现状,争取各级地方政府支持,改善现行体制制约灌区工程效益发挥问题。在灌区发展中清晰界定行政主管部门、灌区专管机构、用水户等责任、权利和义务,根据具体情况,结合管理需要,划定灌区工程管理和保护范围,进行确权划界。具体来说,跨市级行政区向下游输水的骨干渠道及控制性建筑物由专管机构统一进行管理,根据渠系布置建立相应分支机构。骨干工程由专管机构管理,支渠及面上工程由农民用水者协会参与管理。具体来说,灌区工程管理要"抓大放小",管好骨干工程,放开田间工程。骨干工程的管理推行定渠段、定人员、定任务、定标准的目标责任管理。

公益性和经营性兼而有之的特点,决定了灌区工程设施建设资金来源是多元化的。田间工程的管理要按照"明晰所有权、拍卖使用权、放开建设权、搞活经营权"的方针,通过资源置换机制,实行管理机构延伸管理、承包、租赁、股份合作等方式,吸引社会资金起到工程投资来源补充作用。靠近农民田间地头的末级固定渠道和田间工程设施建设与管理的主体是农民,以支渠为单位成立农民用水者协会,鼓励农民参与管理,降低供水成本,灌区专管机构对用水者协会负起技术指导和监督职责。

7.3.6　规范水费收缴与使用、制定合理的水费计价及计征办法

针对灌区目前水费征管现状,建议归还水管单位水费征管的自主权,真正使水费取之于水、用之于水,使水管单位及灌区管理步入良性运行状态。

　　针对水价不合理的问题,应根据国家农业用水价格的有关政策,结合当前农民的经济收入水平,制订合理的水费价格。水费到位率低说到底是水费管理使用的自主权问题,国务院虽三令五申水费管理和使用的权力在供水管理单位,任何单位和部门不得截留或挪用水费,但这项权力从未被水管单位真真切切地握在手中,其原因是分散的管理单位力量单薄,对于解决各县挪用水费的问题软弱无力。解决这个问题的对策即是通过整合产生集中统一高效管理机构,形成合力和冲击力以法治费,明确征收水费的主体和用途,并加强对实施过程的监督和审计,保证收缴水费的专款专用,不允许任何单位和部门截流和挪用。

　　改革水价制度,建立灌区价格收费体系。以物价部门核准的水价为基础,由现行水价,逐步过渡到按方计量,成本收费。水价标准在国家政策指导下,采用小步快跑即小幅度、勤调整的办法逐步调整到成本水价 0.145 元/m³。灌区清淤费、清淤补偿费等由现行的用水单位负担过渡到按计费水量收取,集中组织清淤,水价以总干渠进行水闸为基本计量点,按渠道级别逐级定价。严格用水签票制度,加强财务监督。

　　水费计收与计量手段、工程设施配套程度、灌区管理体制等有很大关系。改进水费计收方式,严格供水成本核算,提高水费征收率,是避免水费收取中截留挪用,改善灌区经营状况,改进灌区财务管理,提高灌区投资收益和经济效益的重要内容。《水利工程供水价格管理办法》指出,"水利工程供水价格采取统一政策、分级管理方式,区分不同情况实行政府指导价或政府定价。政府鼓励发展的民办民营水利工程供水价格,实行政府指导价;其他水利工程供水价格实行政府定价。""水利工程供水价格按照补偿成本、合理收益、优质优价、公平负担的原则制定,并根据供水成本、费用及市场供求的变化情况适时调整。"

　　目前,赵口灌区供水水价仅相当于成本水价的 24.4%(据测算,现行农水标准为 0.04 元/m³,农水供水成本为 0.16 元/m³)。由现行水价,以国家政策为指导,以物价部门核准的水价为基础,小幅度、勤调整,逐步调整到成本水价。通过建立农民用水者协会,改进水费收取办法,减少收费环节,提高缴费率。水价以渠首进水闸为基本计量点,按渠道级别逐级定价。原由灌区负担的渠道清淤及清淤补偿费,逐步过渡,按计费水量收取,集中组织清淤。

　　健全供水价格形成机制,规范灌区供水价格管理。改革用水制度,推行按合同计划供水,供需双方直接见面,先购水票后供水,明确责、权、利关系,计量供水、供水到户、按方收取,基本水费与计量水费相结合,按季节浮动、定额用水与超定额用水累进加价等灵活多样方式收取水费。改善水资源短缺,从根本上改变供需脱节、供不应时的现状。

7.3.7　建立市场化及专业化的灌区工程管养体系

　　在灌区经营管理中,加强工程管理,节约增效,对灌区工农业生产及灌区事业发展至关重要。灌区工程管理涉及三个方面:一是工程设施管理体制,工程管理人员素质;二是工程设施的管养机制;三是管养人员的专业技术水平。

　　首先,健全管养制度,促管理规范化。完善灌区工程管养相关规定,确保管养工作有章可循,将工程管养工作细化、量化、责任到人。

　　其次,实施管养分离,促管养专业化。科学核定灌区管理人员编制,将灌区工程运行管理和维修养护分离开来,挑选业务好、懂专业人员成立专业养护队伍;通过调研,征求沿渠各村委意见,选择整体素质好、家庭劳动力富余、身体健康且在群众中有威信的人组成灌区工程群管队伍,由专人负责,对其进行培训,并与其签订合同。

　　最后,引入竞争机制,促管养市场化。参照水利工程维修养护企业的资质标准的相关规定,通过招标方式择优确定管养企业,以此提高管养水平,降低运行成本。

7.3.8　建立规范严谨的灌区管理监督机构

　　在赋予灌区必要的经营管理自主权的同时,建立健全管理监督机制,一方面取决于灌区的自我约束,另一方面是依赖外部力量的监督作用。一是完善目标责任考核制度,引入激励与约束机制,根据政府和用水户要求,明确目标任务责任,建立严格的目标责任考核制度,引入目标责任奖励机制,促使其管理规范高效。二是开展灌区评估,运用科学方法和指标,对灌区效益发挥、目标任务完成情况的现状与过去对比,以及与其他灌区之间比较,找出问题与差距,明确今后努力方向和目标。三是加强灌区财务审计制度,严格收支管理。做好清产核资,界定灌区资产的具体组成,明确经营方与监管方责任。严格执行国家有关制度,管好用好政府下拨的抗旱补助、水毁工程修复、节水改造等专项经费的使用。

7.3.9　加快灌区现代化信息建设与管理

全面落实创新驱动发展战略,大力推进云计算、物联网、大数据、人工智能等新技术与水利业务的深度融合,加快水利业务创新和流程优化,推进网信跨越发展。《全国水利信息化规划》中指出:水利信息化建设要在国家信息化建设方针指导下,适应水利为全面建设小康社会服务的新形势,以提高水利管理与服务水平为目标,以推进水利行政管理和服务电子化、开发利用水利信息资源为中心内容,立足应用,着眼发展,务实创新,服务社会,保障水利事业的可持续发展。

随着信息技术的快速发展,如何抓住数字化、网络化和信息化建设带来的发展机遇,加快大型灌区信息化建设,加强大型灌区及行业管理能力建设,提高管理水平,向管理要效益已经成为当前和今后灌区管理的一项十分重要和紧迫的任务。水利信息化作为水利现代化的重要内容,灌区信息化是水利信息化的重要标志,是实现灌区水资源科学管理和高效利用的基础和前提。灌区信息化就是充分利用现代信息技术,深入开发和广泛利用灌区管理的信息资源(信息的采集、传输、存储和处理等),大大提高信息传输的时效性和采集加工的准确性,做出及时、准确的反馈和预测,为灌区管理部门提供科学的决策依据,提升灌区管理效能,促进灌区管理工作的良性运行。

赵口灌区目前面临的问题是管理能力的建设与提高相对滞后。建立赵口灌区管理信息系统,用数字化、大数据、人工智能手段处理赵口灌区水资源利用管理问题,实现信息共享和科学决策,为灌区灌溉管理各项工作提供信息服务和分析计算手段等功能。在该系统支持下,为尽快实现合理、优化配置灌区水资源,缓解供需矛盾提供技术支持,使有限的引黄水资源发挥更大的综合效益。

7.3.9.1　建设灌区信息采集传输系统

信息建设传输系统是赵口灌区管理系统建设的关键。利用现代科技成果,以信息自动采集传输为基础,改造和建设信息采集传输基础设施设备,引进、配置新仪器及新设备,提高信息处理自动化水平,为灌区管理提供更好、更准确的信息服务。赵口灌区管理所需信息有基本信息和动态信息两类。基本信息即灌区管理的基础,包括灌区信息、工程信息、档案信息等;动态信息即灌区水量分配决策的重要依据,包括水情、水质、墒情和气象信息等。

在赵口灌区所辖范围内朱固闸和北干采集点采集水位、流量等水情信息。建设朱固闸、西干渠进水闸等关键引水信息采集装置及远程控制盒图像采集。自动接收处理水文监测点的遥测数据和水情数据信息,对信息进行整理后,自动导入综合数据库中。因灌区引用水为黄河水,虽然经过沉降,但含沙量还是高,故水位测量采用电子水尺,流量信息采用铅鱼缆道或吊箱缆道采集。

改造灌区总干渠、西干渠的水文测报设施设备,配备必要的水质监测仪器设备。水质采集采用现场检测与实验室分析相结合方式,实现灌区的水质监管。建设图像视频采集传输系统。将渠道引水、测验设施设备工作等情况传输到系统中心,实现主渠道断面和引水口图像信息的实时远程监视。

在赵口灌区所辖范围设置土壤墒情、气象信息采集点。对土壤水分消退过程进行监视,对灌溉作物需水量和有关参数进行分析计算,拟订作物灌溉计划,或修改、补充灌溉计划。气象信息包括日照、湿度、风速、雨量、蒸发量等。

7.3.9.2　建设灌区计算机网络系统

计算机网络系统的建设是实现灌区实况综合监视预警、供水信息服务、水调三维可视化及水量调度会商等业务功能的基础保障,是实现水调业务管理数字化、网络化、智能化的平台。

目前,赵口灌区专管机构没有进行局域网的建设,计算机网络系统基础建设较差。根据赵口灌区的实际需要,利用公共信息网和高速宽带网络技术,实现以赵口灌区专管机构为网络中心站,以开封引黄处及其他相关水行政主管部门为网络终端的网络互联,并实现赵口灌区与相关省(区)各级水量调度业务管理部门之间的业务数据传输、信息资源共享、办公系统的文件流转等,提高灌区业务效率和相关信息获取的时效性。

赵口灌区专管机构是灌区业务管理调度的中心,是进行数据存储、业务系统应用、会商决策与调度指挥的支撑平台。在进行网络系统建设时,应遵循组网技术的先进性和实用性、高度的网络可靠性、良好的可管理性和扩展能力以及高度的网络安全性和经济性等原则。

7.3.9.3　灌区管理中心环境建设

赵口灌区管理中心即灌区专管机构,负责整个赵口灌区的工程管理及综合决策制订供水方案,是赵口灌区供水灌溉业务的总控制中心;也是整个赵口灌区决策支持系统软件的硬件支撑平台;还是整个赵口灌区管理信息系统的重要功能体现。

赵口灌区管理中心要实现"先进、实用、可靠、高效",应做到设备先进、安全可靠、功能分区和环境舒适美观,能以声、光、电等多种表现形式服务于灌区管理业务。中心建设包括:中心布局、硬件设备建设、运行环境建设等。根据灌区业务需求,结合当地实际,灌区中心需具备指挥调度室、网络管理室、设备间三个功能区域。

7.3.9.4　灌区管理信息系统建设

赵口灌区管理信息系统是一个以硬件、系统软件、组织机构以及基础采集数据为基础,利用地理信息系统、数据库、多媒体技术、水文预报技术、水资源分配模型等先进技术手段,采集所需信息,实现对重要引水口和控制节点的监测,为水量分配决策提供多种形式的信息服务。

赵口灌区管理信息系统主要内容有:实时处理和存储各类基础采集信息,满足灌区业务工作需求;建设灌区决策支持综合数据库,存储收集到的各类灌区信息,供水各环节产生的业务数据;在综合数据库和地理信息系统的支撑下,以简洁、明了的图表方式显示灌区各类信息和计算成果;以图、文、声、像等形式面向不同层次需求,提供实时气象信息、引退水信息、工程信息、水质信息及相关历史和背景资料;根据信息采集和综合信息服务,以及重要引水口、重要工程节点安装的监测设备,当不满足水调要求时,系统自动报警,提示相关人员。动态显示河道、引水口的水量、水流、水质等信息;利用中间件技术,开发集各种模型于一体的水调业务中间件,实现供水业务应用;运用计算机及网络技术建造一套方便、实用的公文处理、统计计算、文件管理和发送的工具,提高灌区管理人员业务处理效率和质量。专门针对中心的核心政务工作开发的办公自动化软件,利用群件技术和 Web 技术开发,快速建立弹性、灵活、高效的自动化办公环境。提供一个对外展示灌区形象,公布水务信息,宣传灌溉节水知识的窗口,让更多的人了解灌区。

通过灌区管理信息系统的建设,实现的功能模块有监测信息管理系统、灌区 GIS 系统、灌区水务公开管理系统、水费征收管理系统、用水管理决策支持系统。其中,水费征收管理系统,是针对北方灌区水资源短缺、水费征收率低等问题,根据灌区用水收费管理的具体业务特点,对灌区水费结算和统计的整个业务流程进行信息化管理。以此便于科学管理使用水费,提高水费收支的透明度,促进灌区工作方式、服务方式、工作作风转变的重要手段;灌区水务公开管理系统,用于灌区管理,是为方便灌区用水户查询灌季用水量和各种水费而建立的;为农户提供缴费、用水张榜公布功能,提高灌区用水、缴费的透明度和公信力,同时加强了监督机制。

7.3.9.5　建立健全信息化建设运行管理体制

灌区信息化建设是大型灌区续建配套与节水改造项目建设的重要组成部分,灌区信息化建设的方案设计、施工与运行管理要依据现行国家基本建设有关规定、施工规范和质量标准、资金使用要求,制定各项规章制度,采取有效的质量管理和控制措施,确保系统可靠、先进、实用性强,并具有良好的兼容性和开放性。

系统建设涉及的内容较多,分布的地域也很大,系统按照统一管理与分级管理相结合,分级管理服从统一管理的原则,实行分级负责制,确保系统正常运行。

7.3.10　完善引水管理机制

老引水管理机制中存在的主要问题：

(1)传统观念和管理方式的问题,随着市场经济体制的形成,市场经济的合理配置资源、优胜劣汰、价值规律、市场竞争机制已经深入人心。但在水利系统中,特别是处于基层的水利工程管理单位,却在很大程度上停滞在原有的思维观念中,习惯于商品生产和工程建设严重依赖上级的行政命令,粗放的管理方式使工作效率低、经济效率不高,水土资源的综合经济收益非常低。水利系统职工的思想观念陈旧,缺乏适应形势发展的新思想、新观念、新作风,缺乏发展水利工程的新的管理模式。

(2)管理体制的问题,随着我国改革开放的逐渐深入,各种新的理念、新的情况不断涌现,尤其是社会主义经济体制改革的不断深入,传统的水利工程管理体制和运行机制受到了严峻的挑战,暴露出与现代管理工作不适应的地方。例如,没有竞争机制,多干少干一样,工资薪酬依然论资排辈等。由于管理体制的不顺,造成行政文体和业务文体之间的责、权、利不清,工作互相推诿扯皮,体制不顺带来的影响是长期的,危害也是致命的,而理顺管理体制的难度也是最大的。因此,这是引水工程管理体制改革的重点。

(3)运行管理机制的问题,我国的大中型引水工程建设由于当时技术、资金条件的限制,普遍存在设计要求低、建设标准低、施工质量不高、渠道防渗不配套等问题。经过几十年的运行,工程老化、跨塌水毁严重、水的利用率低、水资源损失浪费严重,并且存在重大的水利工程安全隐患,这是由于水利工程管理和养护维修机制不顺所造成的后果,由于水利工程管理运行机制中的问题涉及面广、内容多、情况复杂,因此水利工程的管理和养护机制,是水利工程管理体制改革的难点。

完善引水管理机制,应做到以下几点：

(1)要转变观念,转变思维方式,适应形势的发展。水利工程管理体制改革的首要前提是改革不适应市场经济形势发展的陈腐观念,将原有的计划经济、商品经济的完全依赖计划,依赖行政命令改变过来,按照社会主义市场经济规律、价值规律优化配置资源。通过改革的手段,彻底改革不适应市场经济的观点、方法,树立长期发展的战略思想,制定切合实际的中长期发展规划,一切以经济为中心,一切以经济效益为出发点,合理配置和优化利用水土资源、人力资源,不断提高工作效率。

(2)要认真处理好改革和发展的几个关系。一是要处理好稳定、改革和发展的关系。体制改革不是要全部废除原有政策、制度、规程,而是在破心立新,改革不适应生产力发展的生产关系,理顺管理体制,建立符合社会发展要求的新生产关系,创造出更大的经济效益,改革不是目的而是手段,稳定、增效、发展才是我们改革的目的。二是要处理好行政管理和水管单位的关系,各级水行政主管部门和水管单位应按照各自的职能明确责、权、利,水行政主管单位只能依照法律所赋予的权力依法行政。而水管单位在水利工程管理中,在符合法律法规的前提下,充分发挥自身的水土资源优势,面向市场,同时加强对公益资产的管理,确保水利工程设施的安全和完整,做好防洪、排涝、减灾、水土保持等工作,确保公益性国有资产的保值增值。三是要处理好内部和外部的关系,理顺水管单位管理体制,主要在于外部管理体制的理顺和水管单位内部管理体制理顺两个方面。四是要精简机构和引进人才的关系,一方面要坚决压缩非生产人员和超编人员,精减人员队伍,配套相应的社会保障措施,使精简人员得到妥善安置;另一方面按照定编、定员、定责、定岗、定薪的要求,吸收文化水平高,具有专业知识的优秀人才到适当的岗位发挥他们的知识才干,做到人员能进能出、工资能高能低、职务能上能下,逐步调整人员结构。

(3)要准确定位水管单位性质,建立符合实际的补偿机制。理顺水利工程管理单位体制的重点在于对水管单位的准确定性,经过科学地划分后,明确各级财政补贴的份额和自收自支的范围、用途、人员标准,同时建立健全水管单位的养老保险、失业保险、医疗保险、住房公积金等制度,使职工的生产岗位进的来、走的出,退休有所养、下岗有去处。

(4)要建立新的运行机制,必须符合生产发展的客观要求。在农业用水机制上,水利工程管理单位一定要加快计量用水和节约用水的建设,在干渠的直灌斗和支渠及重要的分水节制闸安装计量用水设施,将按亩收费方式转变为按方计量收费,用基本水量收基本水费、超额用水累进加价的办法,促进节约用水工作向纵深发展。在维修养护机制上,要建立专业的水利工程养护维修队伍,实行企业化和市场化运作,专门负责水利工程设备、设施渠系工程的养护维修,将水利工程管理和养护维修分离,既可精简水管单位人员,节约维修养护经费,又可以提高维修质量,缩短工期,充分发挥工程的运行效益。在资产管理机制上,水行政主管部门和各级地方财政部门必须制定相关的管理规定,严密关注国有资产的保值增值,实施动态和静态的管理,水利工程管理单位有责任和义务管好用好现有的水利资产,建立健全严密的监督机制和运行管理机制。

7.3.11 建立适合灌区发展的农业水费征管机制、成立灌区农民用水者协会

通过近几年学习国内外大量经验,发现灌区制订合理的水价不仅是发展续建配套与节水灌溉的动力,也是水资源实现良性发展的关键。赵口灌区各县区自 2002 年以来基本没有收农业水费,灌区管理单位无资购买黄河水,灌区效益面积衰减,同时严重阻碍了灌区的健康发展。中央农村工作会议提出的 2010 年"三农"工作首要任务,即"三农"政策的十字方针"稳粮、增收、强基础、重民生",因此理顺赵口灌区农业水费征管体制是可持续发展的关键一步。建立灌区农业水费征管体制,加快整个灌区续建配套与节水改造步伐,发挥工程整体效益,更好地帮助农民减负增收。目前,各级水管单位体制改革已经完成,为此建议各地市政府采取得力措施,建立适合赵口灌区发展的农业水费征管机制,并且将末级渠系水价纳入政府价格管理范畴,依据末级渠系的运行管理成本核定末级渠系水价。根据赵口灌区各地市的实际情况,建议建立农民用水者协会,并使其作为主体参与水价的改革,建立用水者参与管理决策的民主管理机制,建立"供水公司+用水者协会"的管理模式,由用水者协会与水管单位签订目标管理合同,实行开票到户、责、权、利、相结合,奖罚分明,这样不仅减少中间环节,而且增加缴费透明度,能切实解决农业水费负担不合理等问题。

参照水利部出台的大型灌区续建配套与节水改造项目建设管理政策与法规,开封市赵口灌区于 2007~2008 年把农民用水者协会在各县区选 20 个试点开展了工作。由于当时节水改造与末级渠系工程刚刚启动,还不具备向全灌区推广试行的条件。2008 年各级水管单位体制改革已经完成,赵口灌区续建配套与节水改造工程也将在未来几年完成,这为灌区成立农民用水者协会创造了条件,并且让农民直接参与灌区管理是灌区提高农业用水效率的有效措施,是灌区发展的必由之路。建立农民用水者协会首先要得到灌区各地市政府的倡导与推动,为协会的建立和发展提供环境,加大对灌区农民的宣传、培训和指导工作,改变一些基层干部的思想意识和观点,要让农民和政府部门都认识到农民参与的潜在影响和长久效益。只有让农民主动参与管理,才能使续建配套与节水改造项目得到良好的管护,避免灌溉用水纠纷,减少灌区管理单位的工作负担,融合政府与农民的关系,从而促进赵口灌区的良性可持续发展。

参 考 文 献

[1] 河南省赵口灌区续建配套与节水改造工程可行性研究报告(第一期)[R]. 2007.

[2] 河南省赵口灌区第二期续建配套与节水改造工程可行性研究报告[R]. 2010.

[3] 河南省赵口灌区续建配套与节水改造工程第三期可行性研究报告[R]. 2013.

[4] 河南省赵口引黄灌区二期工程环境影响报告书[R]. 黄河水资源保护科学研究院, 2017.

[5] 宋国民. 武嘉灌区节水技术改造效益分析[J]. 河南水利与南水北调, 2016(7).

[6] 张治辉, 孙吉刚, 张治昊. 位山灌区节水改造工程中的新技术应用[J]. 南水北调与水利科技, 2009(4).

[7] 施熙灿. 水利工程经济学[M]. 北京: 中国水利水电出版社, 2010.

[8] 郑立梅. 水利工程经济学[M]. 郑州: 黄河水利出版社, 2007.

[9] 魏周龙. 水利工程项目的国民经济评价[J]. 水利电力机械, 2006, 28(6).

[10] 王丽萍. 水利工程经济学[M]. 北京: 中国水利水电出版社, 2008.

[11] 杨立魁, 刘安军, 何文龙, 等. 南阳某灌区工程经济效益分析[J]. 山西农业大学学报(自然科学版), 2014, 34(5).

[12] 赵丽娟. 柳林县薛家坪提黄灌溉工程经济评价分析研究[D]. 太原: 太原理工大学, 2013.

[13] 李爱霞. 红崖山灌区节水改造潜力与效益分析[J]. 甘肃水利水电技术, 2004(1).

[14] 张新玉. 水利投资效益评价理论、方法与应用[J]. 南京: 河海大学, 2002.

[15] 万晓文. 大型水利水电工程的社会效益与社会评价[C]//98 动能经济全国学术会议论文集, 1998.

[16] 余斌. 水利建设项目间接效益评价理论与应用研究[D]. 成都: 西南交通大学, 2002.

[17] 叶新霞, 蒋维, 周旭云. 水利投资效益评价的理论分析[J]. 水利科技与经济, 2004, 10(6).

[18] 朱翠民, 黄甫泽华, 皇甫玉锋. 河南省赵口灌区面临的问题与对策[J]. 河南水利与南水北调, 2012(23).

[19] 孙宇. 基于水利现代化视角下的赵口灌区发展研究[D]. 开封: 河南大学, 2013.

[20] 侯君, 蒋亚涛. 赵口引黄灌区存在的问题及建议[J]. 科技与传播, 2011(6).

[21] 渠桂芳, 王汴歌, 王海燕. 赵口引黄灌区存在的主要问题及改进措施[J]. 河南水利与南水北调, 2014(1).

[22] 侯君, 王汴歌, 孙国恩, 等. 赵口引黄灌区建设与管理的思考[J]. 河南水利与南水北调, 2018(8).

[23] 吴光辉, 侯晓丽, 闵超. 赵口引黄灌区水费计收的现状与建议[J]. 河南水利与南水北调, 2009(6).

[24] 周文治, 郝正洪. 浅论提高赵口引黄灌区工程效益的途径[J]. 河南水利与南水北调, 2000(5).

[25] 王书吉. 大型灌区节水改造项目综合后评价指标权重确定及评价方法研究[D]. 西安: 西安理工大学, 2009.

[26] 何克瑾. 大型自流灌区节水改造项目后评估方法及应用研究[D]. 西安: 西安理工大学, 2008.

[27] 刘树庄. 灌区经济评价方法与应用[D]. 南京: 河海大学, 2005.

[28] 郑捷. 节水灌溉条件下作物的经济效益分析[D]. 北京: 北京工业大学, 2005.

[29] 喻玉清. 青年运河灌区农业水费改革研究[D]. 武汉: 武汉大学, 2005.

[30] 杨永东. 水电工程项目后评价方法研究[D]. 北京: 华北电力大学, 2003.

[31] 李超. 水利工程项目可持续后评价体系研究[D]. 成都: 西南石油大学, 2011(6).

[32] 唐艳娟. 水利工程项目综合效益评价研究[D]. 石河子: 石河子大学, 2008.

[33] 徐尚友. 水利基建项目经济评价指标体系及运行管理模式研究[D]. 南京: 河海大学, 2003.

[34] 韩勇. 水利建设项目后评价中的社会评价研究[D]. 天津: 天津大学, 2004.

[35] 李昍煜. 水利建设项目综合效益评价指标体系构建与应用方法研究[D]. 天津: 天津大学, 2006.

[36] 姜春黎. 谢寨灌区续建配套与节水改造工程经济评价[D]. 哈尔滨: 哈尔滨工程大学, 2010.

[37] 许军. 大型灌区节水改造综合效益评价研究[D]. 兰州: 兰州大学, 2011.

[38] 荆云飞. 赵口灌区建设管理与现代化改造的思考[J]. 河南水利与南水北调, 2019(5).

[39] 靳玮. 开封市赵口灌区续建配套与节水改造工程的实施[J]. 建筑工程, 2011(10).

[40] 马泽朝. 宁夏黄河引水灌区灌溉技术及效益分析[J]. 中国优秀硕士学位论文全文数据库, 2011(S1).

[41] 赵阿丽. 灌区节水改造综合效益评价和灌溉水资源合理配置研究[D]. 西安: 西安理工大学, 2005.

[42] 迟俊民. 大型灌区水资源供需平衡与节水改造效益分析[J]. 中国水利水电, 2007(7).

［43］张嘉俊.河南省赵口灌区效益面积衰减成因分析及对策［J］.河南水利与南水北调,2008(9).

［44］陈功.宁夏扬黄新灌区生态环境变化及效益评估［J］.宁夏农林科技,1994(3).

［45］赵阿丽.关中灌区改造工程综合效益分析［J］.水土保持通报,2006(5).

［46］景明,程献国,蒋丙州,等.山东省大型引黄灌区综合效益影响因素评价［J］.人民黄河,2007(12).

［47］习振光,乌多佳.公乌素灌区效益分析［J］.内蒙古农业大学学报,2003(4).

［48］何阵营.陆浑灌区效益分析［J］.河南水利,2006(9).

［49］刘亚萍,袁新胜.太原市敦化灌区防渗节水及效益分析［J］.山西水利科技增刊,1996.

［50］杨文志,周宝龙,白文君.开封市引黄供水与区域经济发展关系分析［J］.黄河水利职业技术学院学报,2013(4).

［51］周念清,夏学敏,朱勍,等.许昌市水资源多模式联合调度与合理配置［J］.南水北调与水利科技,2017(1)

［53］巴丽敏,钟飞云.松木灌区节水改造效益综合评价指标体系研究［J］.东北水利水电,2011(7).

［54］姜开鹏.灌区对生态与环境的影响及有关问题的思考［J］.水利发展研究,2005(10).